工程建设安全技术与管理丛书

 建筑扣件式钢管模板支撑体系与安全

丛书主编　徐一骐

本书主编　吴　飞

U0196269

中国建筑工业出版社

图书在版编目（CIP）数据

建筑扣件式钢管模板支撑体系与安全 / 吴飞本书主编 . —北京：中国建筑工业出版社，2017.3
（工程建设安全技术与管理丛书 / 徐一骐丛书主编）
ISBN 978-7-112-20339-0

Ⅰ . ①建… Ⅱ . ①吴… Ⅲ . ①脚手架—安全技术 Ⅳ . ① TU731.2

中国版本图书馆 CIP 数据核字（2017）第 012643 号

　　本书通过对扣件式钢管模板支撑设计计算、构造要求、材料要求、施工安排、搭设与拆除、施工监测和安全防护进行讲解，并根据有关规范规定、现场实际情况及现有资料等，结合实际经验对扣件式钢管模板支撑体系的稳定性及常见的安全隐患进行了研究；提出了保证扣件式钢管模板支撑系统稳定性、消除施工过程中模板支撑系统常见的安全隐患及解决办法，实现确保安全生产的目的。

　　本书可供从事建筑工程的技术、管理和施工人员阅读使用，也可作为技术培训教材及大专院校师生参考书。

责任编辑：赵晓菲　朱晓瑜
版式设计：京点制版
责任校对：李美娜　李欣慰

工程建设安全技术与管理丛书
建筑扣件式钢管模板支撑体系与安全
丛书主编　徐一骐
本书主编　吴　飞
　　＊
中国建筑工业出版社出版、发行（北京海淀三里河路9号）
各地新华书店、建筑书店经销
北京京点图文设计有限公司制版
环球东方（北京）印务有限公司印刷
　　＊
开本：787×1092毫米　1/16　印张：18　字数：329千字
2018年1月第一版　2018年1月第一次印刷
定价：45.00元
ISBN 978-7-112-20339-0
　　　（29777）

丛书序一

　　建筑业是我国国民经济的重要支柱产业之一，在推动国民经济和社会全面发展方面发挥了重要作用。近年来，建筑业产业规模快速增长，建筑业科技进步和建造能力显著提升，建筑企业的竞争力不断增强，产业队伍不断发展壮大。由于建筑生产的特殊性等原因，建筑业一直是生产安全事故多发的行业之一。当前，随着法律法规制度体系的不断完善、各级政府监管力度的不断加强，建筑安全生产水平在提升，生产安全事故持续下降，但工程质量安全形势依然很严峻，建筑生产安全事故还时有发生。

　　质量是工程的根本，安全生产关系到人民生命财产安全，优良的工程质量、积极有效的安全生产，既可以促进建筑企业乃至整个建筑业的健康发展，也为整个经济社会的健康发展作出贡献。做好建筑工程质量安全工作，最核心的要素是人。加强建筑安全生产的宣传和培训教育，不断提高建筑企业从业人员工程质量和安全生产的基本素质与基本技能，不断提高各级建筑安全监管人员监管能力水平，是做好工程质量安全工作的基础。

　　《工程建设安全技术与管理丛书》是浙江省工程建设领域一线工作的同志们多年来安全技术与管理经验的总结和提炼。该套丛书选择了市政工程、安装工程、城市轨道交通工程等在安全管理中备受关注的重点问题进行研究与探讨，同时又将幕墙、外墙保温等热点融入其中。丛书秉着务实的风格，立足于工程建设过程安全技术及管理人员实际工作需求，从设计、施工技术方案的制定、工程的过程预控、检测等源头抓起，将各环节的安全技术与管理相融合，理论与实践相结合，规范要求与工程实际操作相结合，为工程技术人员提供了可操作性的参考。

　　编者用了五年的时间完成了这套丛书的编写，下了力气，花了心血。尤为令人感动的是，丛书编委会积极投身于公益事业，将本套丛书的稿酬全部捐出，并为青川灾区未成年人精神家园的恢复重建筹资，筹集资金逾千万元，表达了一个知识群体的爱心和塑造价值的真诚。浙江省是建筑大省和文化大省，也是建筑专业用书的大省，本套丛书的出版无疑是对浙江省建筑产业健康发展的支持和推动，也将对整个建筑业的质量安全水平的提高起到促进作用。

郭元冲

2015 年 5 月 6 日

丛书序二

《工程建设安全技术与管理丛书》就要出版了。编者邀我作序,我欣然接受,因为我和作者们一样都关心这个领域。这套丛书对于每一位作者来说,是他们对长期以来工作实践积累进行总结的最大收获。对于他们所从事的有意义的活动来说,是一项适逢其时的重要研究成果,是数年来建设领域少数涉及公共安全技术与管理系列著述的力作之一。

当今,我国正在进行历史上规模最大的基本建设。由于工程建设活动中的投资额大、从业人员多、建设规模巨大,设计和建造对象的单件性、施工现场作业的离散性和工人的流动性,以及易受环境影响等特点,使其安全生产具有与其他行业迥然不同的特点。在当下,我国经济社会发展已进入新型城镇化和社会主义新农村建设双轮驱动的新阶段,这使得安全生产工作显得尤为紧迫和重要。

工程建设安全生产作为保护和发展社会生产力、促进社会和经济持续健康发展的一个必不可少的基本条件,是社会文明与进步的重要标志。世界上很多国家的政府、研究机构、科研团队和企业界,都在努力将安全科学与建筑业的许多特点相结合,应用安全科学的原理和方法,改进和指导工程建设过程中的安全技术和安全管理,以期达到减少人员伤亡和避免经济损失的目的。

我们在安全问题上面临的矛盾是:一方面,工程建设活动在创造物质财富的同时也带来大量不安全的危险因素,并使其向深度和广度不断延伸拓展。技术进步过程中遇到的工程条件的复杂性,带来了工程安全风险、安全事故可能性和严重度的增加;另一方面,人们在满足基本生活需求之后,不断追求更安全、更健康、更舒适的生存空间和生产环境。

未知的危险因素的绝对增长和人们对各类灾害在心理、身体上承受能力相对降低的矛盾,是人类进步过程中的基本特征和必然趋势,这使人们诉诸于安全目标的向往和努力更加迫切。在这对矛盾中,各类危险源的认知和防控是安全工作者要认真研究的主要矛盾。建设领域安全工作的艰巨性在于既要不断深入地控制已有的危险因素,又要预见并防控可能出现的各种新的危险因素,以满足人们日益增长的安全需求。工程建设质量安全工作者必须勇敢地承担起这个艰巨且义不容辞的社会责任。

本丛书的作者们都是长期活跃在浙江省工程建设一线的专业技术人员、管理人员、科研工作者和院校老师，他们有能力，责任心强，敢担当，有长期的社会实践经验和开拓创新精神。

5年多来，丛书编委会专注于做两件事。一是沉下来，求真务实，在积累中研究和探索，花费大量时间精力撰写、讨论和修改每一本书稿，使实践理性的火花迸发，给知识的归纳带来了富有生命力的结晶；二是自发开展丛书援建灾区活动，知道这件事情必须去做，知道做的意义，而且在投入过程中掌握做事的方法，知难而上，建设性地发挥独立思考精神。正是在这一点上，本丛书的组织编写和丛书援建灾区系列活动，把用脑、用心、用力、用勤和高度的社会责任感结合在一起，化作一种自觉的社会实践行动。

本着将工程建设安全工作做得更深入、细致和扎实，本着让从事建设的人们都养成安全习惯的想法，作者们从解决工程一线工作人员最迫切、最直接、最关心的实际问题入手，目的是为广大基层工作者提供一套全面、可用的建设安全技术与管理方法，推广工程建设安全标准规范的社会实践经验，推行知行合一的安全文化理念。我认为这是一项非常及时和有意义的事情。

再就是，5年多前，正值汶川特大地震发生后不久灾后重建的岁月。地震所造成的刻骨铭心的伤痛总是回响在人们耳畔，惨烈的哭泣、哀痛的眼神总是那么让人动容。丛书编委会不仅主动与出版社签约，将所有版权的收入捐给灾区建设，更克服了重重困难，历经5年多的不懈努力，成功推动了极重灾区四川省青川县未成年人校外活动中心的建设。真情所至，金石为开。用行动展示了建设工作者的精神风貌。

浙江省是建筑业大省，文化大省，我们要铆足一股劲，为进一步做好安全技术、管理和安全文化建设工作而努力。时代要求我们在继续推进建设领域的安全执法、安全工程的标准化、安全文化和教育工作过程中，要有高度的责任感和信心，从不同的视野、不同的起点，向前迈进。预祝本套丛书的出版将推进工程建设安全事业的发展。预祝本套丛书出版成功。

2015年1月

丛书序三

　　安全是人类生存与发展活动中永恒的前提，也是当今乃至未来人类社会重点关注的重要议题之一。作为一名建筑师，我看重它与工程和建筑的关系，就如同看重探索神圣智慧和在其建筑法则规律中如何获取经验。工程建设的发展史在某种意义上说是解决建设领域安全问题的奋斗史。所以在本套丛书行将问世之际，我很高兴为之作序。

　　在世界建筑史上，维特鲁威最早提出建筑的三要素"实（适）用、坚固、美观"。"实用"还是"适用"，翻译不同，中文意思略有差别；而"坚固"，自有其安全的内涵在。20世纪50年代以来，不同的历史时期，我国的建筑方针曾有过调整。但从实践的角度加以认识，"安全、适用、经济、美观"应该是现阶段建筑设计的普遍原则。

　　建筑业是我国国民经济的重要支柱产业之一，也是我国最具活力和规模的基础产业，其关联产业众多，基本建设投资巨大，社会影响较大。但建筑业又是职业活动中伤亡事故多发的行业之一。

　　在建筑物和构筑物施工过程中，不可避免地存在势能、机械能、电能、热能、化学能等形式的能量，这些能量如果由于某种原因失去了控制，超越了人们设置的约束限制而意外地逸出或释放，则会引发事故，可能导致人员的伤害和财物的损失。

　　建筑工程的安全保障，需要有设计人员严谨的工作责任心来作支撑。在1987年的《民用建筑设计通则》JGJ 37—1987中，对建筑物的耐久年限、耐火等级就作了明确规定。要求必需有利于结构安全，它是建筑构成设计最基本的原则之一。根据荷载大小、结构要求确定构件的必须尺寸外，对零部件设计和加固必须在构造上采取必要措施。

　　我们关心建筑安全问题，包括建筑施工过程中的安全问题以及建筑本体服务期内的安全问题。设计人员需要格外看重这两方面，从图纸设计基本功做起，并遵循标准规范，预防因势能超越了人们设置的约束限制而引起的建筑物倒塌事故。

　　建筑造型再生动、耐看，都离不开结构安全本身。建筑是有生命的。美的建筑，当我们看到它时，立刻会产生一种或庄严肃穆或活跃充盈的印象。但切不可忘记，对空间尺度坚固平衡的适度把握和对安全的恰当评估。

如果说建筑艺术的特质是把一般与个别相联结、把一滴水所映照的生动造型与某个 idea 水珠莹莹的闪光相联结，那么，建筑本体的耐久性设计则使这一世界得以安全保存变得更为切实。

安全的实践知识是工程的一部分，它为工程师们提供了判别结构行为的方法。在一个成功的工程设计中，除了科学，工程师们还需要更多不同领域的知识和技能，如经济学、美学、管理学等。所以书一旦写出来，又要回到实践中去。进行交流很有必要，因为实践知识、标准给予了我们可靠的、可重复的、可公开检验的接触之门。

2008 年 5 月 12 日我国四川汶川地区发生里氏 8 级特大地震后，常存于我们记忆中的经验教训，便是一个突出例证。强烈地震发生的时间、地点和强度迄今仍带有很大的不确定性，这是众所周知的；而地震一旦发生，不设防的后果又极其严重。按照《抗震减灾法》对地震灾害预防和震后重建的要求，需要通过标准提供相应的技术规定。

随着我国城市轨道交通和地下工程建设规模的加大，不同城市的地层与环境条件及其相互作用更加复杂，这对城市地下工程的安全性提出了更高要求。艰苦的攀登和严格的求索，需要经历许多阶段。为了能坚持不懈地走在这一旅程中，我们需要一个巨大的公共主体，来加入并忠诚于事关安全核心准则的构建。在历史的旅程中，我们常常提醒自己，要学习，要实践，要记住开创公共安全旅程的事件以及由求是和尊重科学带来的希望。

考虑到目前我国隧道及地下工程建设规模非常之大、条件各异，且该类工程具有典型的技术与管理相结合的特点，在缺乏有效的理论作指导的情况下作业，是多起相似类型安全事故发生的重要原因。因此，在系统研究和实践的基础上，尽快制定相应的技术标准和技术指南就显得尤为紧迫。

科学技术的不断进步，使建筑形态突破固有模式而不断产生新的形态特征，这已被中外建筑史所一再证明。但不可忘记，随着建设工程中高层、超高层和地下建设工程的涌现，工程结构、施工工艺的复杂化，新技术、新材料、新设备等的广泛应用，不仅给城市、建筑物提出了更高的安全要求，也给建设工程施工安全技术与管理带来了新的挑战。

一个真正的建筑师，一个出色的建筑艺人，必定也是一个懂得如何在建筑的复杂性和矛盾性中，选择各种材料安全性能并为其创作构思服务的行家。这样的气质共同构成了自我国古代匠师之后，历史课程教给我们最清楚最重要的经验传统之一。

建筑安全与否唯一的根本之道，是人们在其对人文关怀和价值理想的反思中，如何彰显出一套更加严格的科学方法，负责任地对现实、对历史做出回答。

两年多前，同事徐一骐先生向我谈及数年前筹划编写《为了生命和家园》系列丛书的设想和努力，以及这几年丛书援建极重灾区青川县未成年人校外活动中心的经历和苦乐。寻路问学，掩不住矻矻求真的一瓣心香。它们深藏于时代，酝酿已久。人的自我融入世界事件之流，它与其他事物产生共振，并对一切事物充满热情和爱之关切。

这引起我的思索。在漫长的历史进程中，知识分子如何以独立的立场面对这种情况？他们不是随声附和的群体。而是以自己的独立精神勤于探索，敢于企求，以自己的方式和行动坚持正义，尊重科学，服务社会。奔走于祖国广袤的大地和人民之间，更耐人寻味和更引人注目，但也无法避免劳心劳力的生活。

书的写作是件艰苦之事，它要有积累，要有研究和探索；而丛书援建灾区活动，先后邀请到如此多朋友和数十家企业单位相助，要有忧思和热诚，要有恒心和担当。既要有对现实的探索和实践的总结，又要有人文精神的终极关怀和对价值的真诚奉献。

邀请援建的这一项目，是一个根据抗震设计标准规范、质量安全要求和灾区未成年人健康成长需求而设计、建设起来的民生工程。浙江大学建筑设计研究院提供的这一设计作品，构思巧妙，造型优美，既体现了建筑师的想象力和智慧，又是结构工程师和各专业背景设计人员劳动和汗水的结晶。

汶川大地震过后，人们总结经验教训，在灾区重新规划时避开地震断裂带，同时严格按照标准来进行灾区重建，以便建设一个美好家园。

岁月匆匆而过，但朋友们的努力没有白费。回到自己土地上耕耘的地方，不断地重新开始工作，耐心地等待平和曙光的到来。他们的努力留住了一个群体的爱心和特有的吃苦耐劳精神，把这份厚礼献给自己的祖国。现在，两者都将渐趋完成，我想借此表达一名建筑师由衷的祝贺！

胡理琛

2015 年 1 月

实践思维、理论探索和体制建设，给当代工程建设安全研究带来了巨大的推进，主要体现在对知识的归纳总结、开拓的研究领域、新的看待事物的态度以及厘清规律的方法。本着寻求此一领域的共同性依据和工程经验的系统结合，本套丛书从数年前着手筹划，作为《为了生命和家园》书系之一，其中选择具有应用价值的书目，按分册撰写出版。这套丛书宗旨是"实践文本，知行阅读"，首批 10 种即出。现将它奉献给建设界以及广大职业工作者，希望能对于促进公共领域建设安全的事业和交流有所裨益。

改革开放 30 多年来，国家的开放政策，经济上的快速发展，社会进步的诉求和人们观念的转变，大大改变了安全工作的地位并强调了其在经济社会发展中的重要性。特别是《建筑法》和《安全生产法》的颁布实施，使此一事业的发展不仅具有了法律地位，而且大大要求其体系建设从内涵上及其自身方面提高到一个新的高度。质言之，我们需要有安全和工程建设安全科学理论与实践对接点的系统研究，我们需要有优秀的富有实践经验的安全技术和管理人才。我们何不把为人、为社会服务的人本思想融入书本的实践主张中去呢？

这套书的丛书名表明了一个广泛的课题：建设领域公共安全的各类活动。这是人们一直在不倦地探索的一个领域。在整个世界范围内，建筑业都是属于最危险的行业之一，因此建筑安全也是安全科学最重要的分支之一。而从广义的工程建设来讲，安全技术与管理所涉及的范畴要更广，因此每册书的选题都需要我们认真对待。

当前，我国经济社会发展已进入新型城镇化和社会主义新农村建设双轮驱动的新阶段，安全工作站在这样一个新的起点上，这正是需要我们研究和开拓的。

进入 21 世纪以来，我国逐渐迈入地下空间大发展的历史时期。由于特殊的地理位置，城市地下工程通常是在软弱地层中施工，且周围环境极其复杂，这使得城市地下工程建设期间蕴含着不可忽视的安全风险。在工程科学研究中，需要我们注重实践经验的升华，注重科学原理与工程经验的结合，这样才能满足研究成果的普遍性和适用性。

关于新农村规划建设安全的研究，主要来自于这样一个事实：我国村庄抗灾防灾能力普遍薄弱，而广大农村和乡镇地区往往又是我国自然灾害的主要受害地区。火灾、洪灾、震灾、风灾、滑坡、泥石流、雷击、雪灾和冻融等多种自然灾害发生频繁。这要求我们站在相对的时空关系中，分层次地认识问题。作为规划、勘察、设计、施工、验收和制度建设等，更需要可操作性，并将其贯穿到科学的规划和建设中去。

我们常说研究安全技术与管理是一门综合性的大课题。近年来安全工程学、管理学、经济学，甚至心理学等学科中的许多研究都涉及这个领域，这说明学科交叉的必然性和重要性，另一方面也加深了我们对安全，特别是具有中国特色的工程建设安全的认识。

在这样的历史进程中，历史赋予我们的重任就是要学习，就是要实践，这不仅要从书本中学习，同时也要从总结既往实践经验中再学习，这是人类积累知识不可缺少的环节。

除了坚持"学习"的主观能动性外，我们坚决否认人能以旁观者的身份来认识和获得经验，那种传统经验主义所谓的"旁观者认知模式"，在我们的社会实践中行不通。我们是建设者，不是旁观者。知行合一，抱着躬自执劳的责任感去从事安全工作，就必然会引出这个问题：我们需要什么理念、什么方法和什么运作来训练我们自己成为习惯性的建设者？在生产作业现场，偶然作用——如能量意外释放、人类行为等造成局部风险难以避免。事故发生与否却划定了生死界线！许多工程案例所起到的"教鞭"作用，都告诫人们必须百倍重视已发生的事故，识别出各种体系和环节的缺陷，探索和总结事故规律，从中汲取经验教训。

为有效防范安全风险和安全事故的发生，我们希望通过努力对安全标准化活动作出必要的归纳总结。因为标准总是将相应的责任与预期的成果联系起来。而哪里需要实践规则，哪里就有人来发展其标准规范。

英语单词"standard"，它既可以解释为一面旗帜，也可以解释为一个准则、一个标准。另外，它还有一个暗含的意义，就是"现实主义的"。因为旗帜是一个外在于我们的客体，我们转而向它并且必须对它保持忠诚。安全标准化的凝聚力来自真知，来自对规律性的研究。但我们在认识这一点时，曾经历了多大的艰难啊！

人们通过标准来具体参与构建一个安全、可靠的现实世界。我国抗震防灾的经验已向我们反复表明了：凡是通过标准提供相应的技术规定进行设计、施工、验收的房屋基本"大震不倒"。因为工程建设抗震防灾技术标准编制的主要依据就是地震震害经验。1981年道孚地震、1988年澜沧耿马地震、1996年丽江地震，特别是2008年汶川地震中，严格按规范设计、施工的房屋建筑在无法预期的罕遇地震中没有倒塌，减少了人员的伤亡。

对工程安全日常管理的标准化转向可以看成工程实践和改革的一个长期结果。21世纪初，《工程建设标准强制性条文》的编制和颁布，正式开启了我国工程建设标准体制的改革。《强制性条文》颁布后，国家要求严格遵照执行。任何与之相违的行为，无论是否造成安全事故或经济损失，都要受到严厉处罚。

当然，须要说明的是，"强条"是国家对于涉及工程安全、环境、社会公众利益等方面最基本、最重要的要求，是每个人都必须遵守的最低要求，而不是安全生产的全部要求。我们还希望被写成书的经验解释，能在服务安全生产的过程中清晰地凸显出来，希望有效防控安全事故的措施，通过对事故及灾变发生机理以及演化、孕育过程的深入认识而凸显出来。为此，我们能做到的最好展示，便是竭尽全力，去共同构建科学的管理运作体系，推广有效的管理方法和经验，不断地总结工程安全管理的系统知识。

本套书强调对安全确定性的寻求，强调科学的系统管理，这是因为在复杂多变的工程现场，那迎面而来的作业环境，安全存在是不确定的。在建设活动中，事关安全生产的任何努力，无论是危险源的辨识和防控、安全技术措施和管理，还是安全生产保证体系和计划、安全检查和安全评价，抑或是对事故的分析和处理，都是对这一非确定性的应答。

它是一种文化构建，一种言行方式。而在我们对安全确定性的寻求过程中，所有安全警惕、团队工作、尊严和承诺、优秀、忠诚、沟通、领导和管理、创新以及培训等，都是十分必要的。在安全文化建设中，实践性知识是不会遭遗忘的。事关安全的实践性不同于随意行动，不可遗忘，因为实践性知识意识到，行动是不可避免的。

为了公众教育，需要得出一个结论。作者们通过专业性描述，使得安全技术和管理知识直接对接于实践，也使工程实践活动非常切合于企业的系统管理。一种更合社会之意的安全文化总在帮助我们照管和维护文明作业和职业健康，并警觉因主体异化带来的安全隐患和风险，避免价值关怀黯然不彰。

我坚持，公共空间、公共利益、公共服务、公益、公平等，是人文性的。它诉诸于城乡规划和建设的价值之维，并使我们的工作职责上升为一种公共生活方式。这种生活本身就应该是竭尽全力的。你所专注的不在你的背后，而是在前面。只有一个世界，我们的知识和行为给予我们所服务的世界，它将我们带进教室、临时工棚、施工现场、危险品仓库和一切可供交流沟通的地方。你的心灵是你的视域，是你关于世界以及你在公共生活中必须扮演的那个角色。

对这条漫漫长路的求索汇成了这样一套书。这条路穿越并串联起这片大地的景色。这条路是梦想之路，更是实践人生之路。有作者们的，有朋友们的，甚至有最深沉的印记——力求分担建设者的天职——忧思。

无法忘怀，在本套丛书申报选题的立项前期，正值汶川大地震发生后不久，我们奔赴现场，关注到极重灾区四川省青川县，还需要建设一座有利于5万名未成年人长期健康成长的精神家园。在该县财政极度困难的情况下，丛书编委会主动承担起了帮助青川县未成年人校外活动中心筹集建设资金和推动援建的责任。

积数年之功，青川这一民生工程即将交付使用，而丛书的10册书稿也将陆续完成，付梓出版。5年多的心血、5年多的坚守，皆因由筑而梦，皆希望有一天，凭着一份知识的良心，铺就一条用书铺成的路。假如历史终究在于破坏和培养这两种力量之间展开惊人的、不间断的、无止境的抗衡，那么这套丛书行将加入后者的奋争。

为此，热切地期待本丛书的出版能分担建设者天职的这份忧思，能对广大的基层工作者建设平安社会和美好的家园有所助益。同时，谨向青川县灾区的孩子们致以最美好的祝愿！

徐一暽

2014 年 12 月于杭州

　　随着我国社会的发展，建筑工程技术的进步，在混凝土结构等诸多工程施工中，扣件式钢管模板支撑有着极为重要的地位。

　　20 世纪 60 年代以前，我国的建筑多以民用建筑、单层工业厂房、少量的多层厂房和高耸结构物为主，主要采用木材、竹篙作为支模架的主材；60 年代以后，我国引进并推广以钢管为主材的多种形式的支模架，很好地满足了混凝土浇筑施工的要求。现今随着社会经济快速发展和城市建设进程的加速，超常规结构不断出现，对支模架的安全性提出了更高的要求。然而支模架作为临时性结构，钢管高大模板支撑结构的计算理论以及安全技术并没有随之得到显著的发展。对于常规结构的支模架，依靠工程实践经验一般不会引起坍塌事故的发生，然而高大支模架坍塌事故却时有发生，既造成了人员伤亡，也造成了巨大的经济损失和不良的社会影响。

　　对此，诸多国内外专家进行了深入研究，取得了一些成果，具有借鉴作用。在国内，浙江大学的金伟良、袁雪霞等人开展了"扣件式钢管支模承重脚手架施工安全分析与控制"科研项目的研究，对单个直角扣件抗弯刚度进行了试验研究，研究结果表明，扣件连接节点抗弯刚度与扣件螺栓拧紧力矩有直接的关系，对四周设置竖向剪刀撑的架体的计算模型进行分析；并提出了模板支撑体系的模糊理论和灰色关联安全风险评估方法，以此对扣件式钢管支模架的安全性进行定量评估；其他学者还通过对立杆的初始弯曲和新旧钢管差异对单根钢管立柱极限承载力影响的理论研究，给出了不同初弯曲率时的钢管稳定系数和钢管壁厚影响系数的计算方法和取值表格；并通过特征值屈曲分析，对扣件式钢管模板支架进行了稳定性分析。我国台湾地区开展了钢管支架（鹰架）模板支撑系统施工安全作业技术的建立与推广的研究，研究内容包括钢管支模架倒塌因子，钢管支模架施工安全作业技术的建立以及推广研究，取得了较好的成果。

　　在国外，英国等欧洲国家对扣件式钢管支架的理论分析和整架试验研究已进行到较为深入的阶段。Brand R E 将弹性稳定理论计算的稳定承载力与模型试验结果进行对比，结果表明模板支撑结构的稳定承载力应取计算长度为步距的弹性屈曲理论解。Homes M 和 Hindson D 对模板支撑结构的竖向和水平向极限承载力进行了足尺试验研究和理论分析。Lightfoot E 和 Oliveto G 分别采用弹性屈曲分析和塑性分析方法计算模板支撑结构的稳定承载力。美、英、日、澳等国先后制定了有关混凝土施工模板支撑结构安全技术的标准。Hadipriono F C 和 Wang H K 对在美国 23 年间发生的 85 起模板支架坍塌事故进行了调查研究，研究结果表明，72%的支模架事故发生在混凝土浇筑过程中，桥梁支撑架以及建筑施工高大支模架易发生坍塌事故；将引起坍塌事故的原因分为内部因素 (enabling event) 和外部因素 (triggering event)，内部因素是指能导致结构事故的设计和施工缺陷；外部因素是指能诱发结构事故的外部事件，如材料堆积过为集中、外部的撞击等。

高大支模架施工安全问题已经逐渐引起工程建设者的注意。对钢管高大模板支撑结构施工安全技术的研究可以弥补当前高支模架设计方法、施工安全技术的不足，在试验研究及理论研究的基础上，针对支撑结构的不同受力形式提出具体的设计、施工建议，从而促进我国钢管高支模架施工安全性的提高，避免钢管高大模架坍塌事故的发生。

本书通过对扣件式钢管模板支撑设计计算、构造要求、材料要求、施工安排、搭设与拆除、施工监测和安全防护，并根据有关规范规定、现场实际情况及现有资料、实际经验对扣件式钢管模板支撑体系的稳定性及常见的安全隐患、安全管理技术进行了研究，依托在建工程项目的实例，通过现场理论分析，进行施工影响效应分析及防治对策研究，提出相应的预防措施。主要内容来源于扣件式钢管模板支撑理论计算研究，对扣件式钢管模板支撑的力学性能，从现场试验数据采集以及有限元建模计算两方面进行研究，充分把握计算模型和构造措施，使得工程技术人员对扣件式钢管模板支撑的力学性能有了明确的认识，避免力学理论上的不足。本书重点提出了保证扣件式钢管模板支撑系统稳定性、消除施工过程中扣件式钢管模板支撑系统常见的安全隐患及解决办法，实现确保安全生产的目的；同时通过对扣件式钢管模板支撑坍塌机理及防坍塌安全管理技术措施的研究，致力于有效控制支模架安全事故的发生，促进我国支模架施工安全性的提高，同时保证一定的社会经济效益，从而体现对工程建设的实际意义和重要研究价值。

本书是编写者多年的工作经验和经历的教训总结，对发现的重大隐患的应急处理措施等进行了详细阐述，同时对一些典型的事故案例进行了分析。

本书在编写过程中参考了业内同行的著作，在此一并表示感谢。由于编写者的水平有限，书中难免有错漏之处，恳请读者在使用过程中将发现的纰漏、错误以及建议及时反馈给编写者，以完善本书，以利再版。

目 录 CONTENTS

第一章

概述

第一节　建筑扣件式钢管模板及支撑体系的构成

一、建筑扣件式钢管模板及支撑体系的构成

扣件式钢管脚手架，是以标准的钢管作杆件（立杆、横杆与斜杆），以特制的扣件作连接件，组成骨架，铺放脚手板，并用支撑与防护构配件搭设而成的多用途的脚手架支撑体系，如图 1-1 所示。

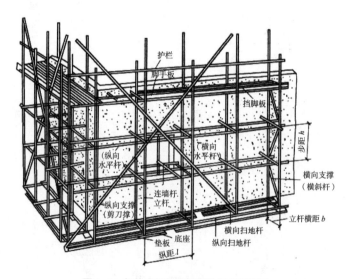

图 1-1　扣件式钢管脚手架的组成示意图

（一）扣件式钢管脚手架及其构配件组成

1. 钢管

钢管一般采用外径 48mm、壁厚 3.5mm（或外径 48.3mm、壁厚 3.6mm）的 Q235 焊接钢管。也可采用同样规格的无缝钢管或外径 50 ～ 51mm、壁厚 3 ～ 4mm 的焊接钢管。一个工地不宜采用两种型号规格的钢管，以提高其周转效率。

用于立杆、大横杆和斜杆的钢管长度，一般为 4 ～ 6m，小横杆的斜钢管长度一般为 1.9 ～ 2.3m 为宜。

2. 扣件

常用的扣件有以下三种：

（1）直角扣件（十字扣）。用于两根垂直交叉钢管的连接，如图 1-2（a）所示。

（2）旋转扣件（回转扣）。用于两根任意角度相交的钢管的连接，如图 1-2（b）所示。

（3）对接扣件（一字扣）。供对接钢管用，如图 1-2（c）所示。

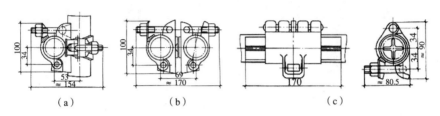

（a）　　　　　　　（b）　　　　　　　（c）

图 1-2　扣件

（a）直角扣件；（b）旋转扣件；（c）对接扣件

扣件的质量应符合《钢管脚手扣件》GB 15831—2006 的要求，使用的扣件要有出厂合格证。有脆裂、变形、滑扣的扣件禁止使用。扣件表面应进行防锈处理。扣件活动部位应能灵活转动。当扣件夹紧钢管时，开口处的最小距离应小于 5mm。

3. 脚手板。

脚手板一般用厚 2mm 钢板压制而成，其表面均匀分布防滑纹，板长 2 ～ 4m，宽 250mm。

如用木脚手板，一般长为 3 ～ 6m，宽不小于 150mm，厚不小于 50mm，其材质应符合现行国家规范《木结构工程施工质量验收规范》GB 50206—2012 中有关 Ⅱ 等材的规定。

（二）构造及搭设要求

用扣件式钢管搭设的脚手架，是施工临时结构，要承受施工过程中的各种垂直和水平荷载。因此，脚手架必须有足够的承载能力、刚度和稳定性。在施工过程中，保证各种荷载作用下不发生失稳倒塌以及超过容许要求的变形、倾斜、摇晃或扭曲现象，以确保安全施工。其构造及搭设要求如下：

（1）常用脚手架设计尺寸。在基本风压等于或小于 0.35kPa 的地区，对于仅有栏杆和挡脚板的敞开式脚手架，当每个连墙点覆盖的面积不大于 30m²，构造符合表 1-1 所列连墙件的规定时，验算脚手架立杆的稳定性，可不考虑风荷载作用。常用敞开式单、双排脚手架结构的设计尺寸，宜按表 1-1 和表 1-2 采用。

常用敞开式双排脚手架的设计尺寸（单位：m）   表 1-1

连墙件设置	立杆横距 l_b	步距 h	下列荷载时的立杆纵距 l_a				脚手架允许搭设高度 H
			$2+4×0.35$ /（kN/m²）	$2+2+4×0.35$ /（kN/m²）	$3+4×0.35$ /（kN/m²）	$3+2+4×0.35$ /（kN/m²）	
二步三跨	1.05	1.20 ~ 1.35	2.0	1.8	1.5	1.5	50
		1.80	2.0	1.8	1.5	1.5	50
	1.30	1.20 ~ 1.35	1.8	1.5	1.5	1.5	50
		1.80	1.8	1.5	1.5	1.2	50
	1.55	1.20 ~ 1.35	1.8	1.5	1.5	1.5	50
		1.80	1.8	1.5	1.5	1.2	37
三步三跨	1.05	1.20 ~ 1.35	2.0	1.8	1.5	1.5	50
		1.80	2.0	1.5	1.5	1.5	34
	1.30	1.20 ~ 1.35	1.8	1.5	1.5	1.5	50
		1.80	1.8	1.5	1.5	1.2	30

注：1. 表中所示 2+2+4×0.35（kN/m²），包括下列荷载：

2+2（kN/m²）是 2 层装修作业层施工荷载。

4×0.35（kN/m²）包括 2 层作业层脚手板，另两层脚手板是根据有关脚手板铺设的规定确定。

2. 作业层横向水平杆间距，应按不大于 l_a/2 设置。

常用敞开式单排脚手架的设计尺寸（单位：m）   表 1-2

连墙件设置	立杆横距 l_b	步距 h	下列荷载时的立杆纵距 l_a		脚手架允许搭设高度 H
			$2+2×0.35$/（kN/m²）	$3+2×0.35$/（kN/m²）	
二步三跨三步三跨	1.20	1.20 ~ 1.35	2.0	1.8	24
		1.80	2.0	1.8	24
	1.40	1.20 ~ 1.35	1.8	1.5	24
		1.80	1.8	1.5	24

（2）纵向水平杆、横向水平杆、脚手板。

纵向水平杆宜设置在立杆内侧，其长度不宜小于 3 跨；纵向水平杆接长宜采用对接扣件连接，也可采用搭接。对接、搭接应符合下列规定：

①纵向水平杆的对接扣件应交错布置：2 根相邻纵向水平杆的接头不宜设置在同步或同跨内；不同步或不同跨 2 个相邻接头在水平方向错开的距离不应小于 500mm；各接头中心至最近主节点的距离口不宜大于纵距 l_a 的 1/3。如图 1-3 所示。

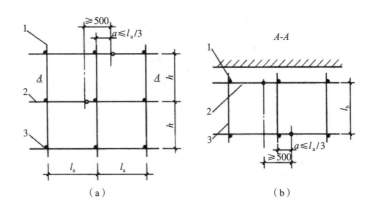

图 1-3　纵向水平杆对接接头布置

（a）接头不在同步内（立面）；（b）接头不在同步内（平面）

1—立杆；2—纵向水平杆；3—横向水平杆

②搭接长度不应小于 1m，应等间距设置 3 个旋转扣件进行固定，端部扣件盖板边缘至搭接纵向水平杆杆端的距离不应小于 100mm。

③当使用冲压钢脚手板、木脚手板、竹串片脚手板时，纵向水平杆应作为横向水平杆的支座，用直角扣件固定在立杆上；当使用竹笆脚手板时，纵向水平杆应采用直角扣件固定在横向水平杆上，并应等间距设置，间距不应大于 400mm。

二、建筑工程扣件式钢管模板支撑体系的构造稳定措施

（一）管理措施

（1）安全专项施工方案：安全专项施工方案必须结合施工现场的实际情况，以国家现行相关标准规范为依据，由公司技术负责人组织相关专业技术人员编制，方案的内容应全面、详细、有可靠的计算书和验算结果及相关图示，图示应包括支模区域立杆、纵横水平杆、竖向水平剪刀撑布置图、支撑体系

监测点布置图、连墙件和各个节点的施工大样图等，能够指导具体施工。安全专项施工方案的编制、审核、审批程序要符合要求。如果达到一定规模危险性较大的模板支撑体系，在经过总监审批后，应按照相关规定组织专家认证，并根据专家的意见修改完善，再依程序通过审批、认证后方可组织实施。这样才能保证模板支撑体系安全专项方案的严谨性、针对性、可操作性、科学性和可靠性。

（2）安全技术交底：施工单位技术负责人应把模板支撑体系中的关键因素，如支撑体系中立杆的纵、横向间距、步距、搭接方式、剪刀撑、连墙件的设置等向施工班组中的每位作业人员详细地交待清楚。所有搭设人员必须持特种作业人员上岗证上岗，熟悉专项方案，掌握操作规程和操作要领，了解施工关键环节、重点部位及存在的危险因素和注意事项。

（3）跟踪检查：在工程模板支撑系统施工过程中，项目技术负责人、安全管理人员应现场跟踪指导，发现问题及时整改。模板支撑体系搭设期间应每天对施工班组完成的工作量进行跟踪、批次检查，不让问题过夜，避免隐患形成，再来返工整改，造成不必要的工期延误和资金损失。由于模板支撑体系是一个复杂整体，搭设完成后发现问题整改起来非常困难，有的甚至是无法进行整改，只得返工重来，造成的工期延误和经济损失较大。监理单位应针对模板支撑体系编制安全监理实施细则，明确对高大模板支撑体系的监控重点、检查方法及检查频率，指派专业监理员与搭设工人同时上下班，现场监理指导，及时发现问题、及时制止。

（4）模板支撑系统的验收管理。模板支撑体系搭设前应对进场的承重杆件、连接杆、扣件等材料进行验收和抽检，验收检测合格后方可使用。在搭设过程中施工班组应建立每日验收制度，对当日完成的工作量进行验收。搭设完成后应对扣件螺栓的紧固力矩进行抽查，对梁底扣件进行 100% 检查。模板支撑系统施工完毕，由项目负责人组织施工单位和工程项目部技术人员、安全、质量、施工人员进行验收。合格后报监理单位验收，项目总监理工程师签字后，方可进入楼面面板、钢筋绑扎等下道工序的施工。在混凝土浇筑前，经施工单位项目技术负责人确认，项目总监理工程师批准后方可浇筑。

（5）有效监控：在楼面混凝土浇捣过程中，一定要组织专门力量对支撑系统的受力构件变形状况实施定期监控检查，尤其要对主要受力横杆、立杆的弯曲变形，立杆的垂直度以及立杆基础沉降实施有效监控。但对于大面积的高大超重模板支撑体系，由于杆件密度过大、人员无法穿梭于杆件之间且光线不足等原因，要在模板支撑体系内对受力杆件和基础变形实施有效监控条件不允许，且监控人员的安全也得不到保障。基于模板支撑体系任何一根杆件的变形和任何一个部位基础的沉降结果都集中表现在楼面板的变形上，因此，在混凝土浇捣前，可以在楼面板上合理分布固定的变形观测点，在主体结构周围搭设固定的观测平台，在楼面混凝土浇捣过程中，实施定期的变形观测。在实施有效的监测中，若发现变形超过设计确定的预警值，立即停止作业，疏散操作人员，找出原因，在确保安全前提下有针对性地加固整改，待确认隐患排除后，方可继续作业。

（二）技术措施

虽然《建筑施工模板安全技术规范》JGJ162—2008 和《建筑施工扣件式钢管脚手架安全技术规范》JGJ 130—2011 等对模板支撑体系均有不同的技术要求，但大量的工程实践表明有以下几个方面仍应予以重视。

1. 模板支架基础

基础承受上部结构施工及自身荷载的重量，因此基础必须要有足够的强度和抗变形能力，能承受立杆传来的全部荷载且不产生沉降。在房屋基础工程回填土时，就要认真按专项施工方案和有关回填土质量标准要求分层分步认真回填，检测达到设计要求密实度和承载力后，才可进行垫层浇捣和支模体系的搭设。在搭设过程中，立杆使用的垫板厚度和大小要能满足单根立杆底部有效受力面积的需要，并保障每根立杆均匀受力。避免因基础沉降或差异沉降或承载力不足而导致模板支撑体系失稳坍塌。

2. 立杆

作为模板支撑体系的主要受力构件，是整个模板支撑体系的支柱，如何保证立杆的稳定尤为重要。首先立杆的间距在满足计算要求的同时，立杆的间距必须相等或成模数，确保每排立杆纵、横向成线成面，每根立杆在每步上都能得到可靠的纵横向水平拉结。其次，在搭设时控制好立杆的垂直度，立杆接头必须采取对接，且接头不能位于同一个断面内，确保每根立杆从上至下轴向受力，且整个支撑体系无薄弱断面。

3. 水平杆

首先，模板支撑系统的水平步距应根据计算确定，高大支模架不宜大于1.5m，普通荷载的支模架不大于 1.8m。很多工程中由于工人的误操作或者习惯性地按照外架的搭设方法，将步距设为 1.8m，这样很容易导致立杆长细比过大而失稳。其次，水平杆的接头除特殊情况，两端能够顶紧时可采取对接接头外，其余一律采用搭接接头，且搭接长度和扣件设置要符合规范要求。最后，纵横水平杆设置除按步距设置外，要确保在立杆底距地面和立杆顶距梁板底面 20cm 的部位设置扫地杆和扫天杆，且每根立杆都要有可靠的连接。在立杆接头数量过多的薄弱断面还要加强纵横向拉结。

4. 剪刀撑

通过大量的实践证明，按照《建筑施工扣件的钢管脚手架安全技术规范》JGJ 130—2011 中满堂模板支架的搭设要求，设置水平、竖向（纵、横向）剪刀撑，既简单易操作，又能确保安全。即：（1）满堂模板支架四边与中间每隔四排支架立杆应设置一道纵向剪刀撑，从底至顶连续设置；（2）高于 4m 的模板支架其两端与中间每隔 4 排立杆从顶层开始向下每隔 2 步设置一道水平剪刀撑，且每个水平面上连续设置。剪刀撑杆件的接头采用搭接方式连接。

5. 连墙件

实际工程中模板支撑的连墙件以连柱件为常见，在结构柱混凝土先浇捣并达到一定强度后，建议每步水平杆遇到主体结构柱时，都以包柱方式与结构柱进行可靠连接，进一步增加架体整体稳定。

第二节　关于扣件式钢管模板及支撑体系安全性的研究成果

一、扣件式钢管模板支撑方案的模糊风险分析模型

扣件式钢管模板支撑架因其施工方便、适用性广等特点在多、高层建筑现浇混凝土施工中被广泛使用。确定合理的支模方案对解决结构施工中存在的安全和经济问题有着重要意义。

为确定经济合理的模板支撑方案，袁雪霞、金伟良等提出了基于可靠度分析和模糊集理论的扣件式钢管模板支撑方案的风险分析模型。利用施工现场调研统计资料，给出了扣件式钢管模板支撑架几何参数的概率模型。针对模板支撑架体系的主要失效模式，运用 Monte Carlo 数值模拟方法和插值法，计算了模板支撑架的体系可靠度，将模板支撑架体系的失效概率模糊化，建立了以模糊风险损失期望值最小为依据的风险决策模型，并通过对工程算例的风险分析表

明该模型考虑了支模方案中客观存在的众多不确定因素，兼顾了模板支撑架的安全性和经济性，可为支模方案的选择提供科学决策依据。

扣件式钢管模板支撑架是一个较复杂的临时结构体系，存在着众多不确定的因素，例如材料性能、搭设参数、荷载及其荷载效应等。因此在确定扣件式钢管模板支撑方案时，不可避免地伴随着一定的风险。而对扣件式钢管支撑方案进行风险的研究，目前开展较少。所谓风险是指损失发生的不确定性，它是采取此项活动的失效概率 P_f 与失效损失 C_f 的函数 $R=f(P_f, C_f)$。通常情况下，模板支撑架结构的 P_f 和 C_f 是通过现有的资料统计得到的，由于统计过程中各种因素的影响以及外部环境的变化，统计数据只能考虑支模架体系的随机不确定性，而不能考虑其本身具有的模糊不确定性。因此，有必要采用模糊函数来表示 P_f 与 C_f，以确定经济合理的模板支撑方案。

二、结构体系可靠度分析

历年来的模板支撑架倒塌事故表明，扣件式钢管模板支撑体系的主要失效模式有：支撑架失稳破坏、支承模板的水平杆弯曲破坏、扣件滑移破坏，相应的功能函数分别表示为

$$Z_1 = k_{p1}R(\varphi, A, f) - N(G, Q, l_a, l_b)$$

$$Z_2 = k_{p2}Wf - M(G, Q, l_a, l_b)$$

$$Z_3 = k_{p3}R_c - F(G, Q, l_a, l_b)$$

式中：右端第一项均为抗力；第二项均为荷载效应；k_{p1}、k_{p2}、k_{p3} 为各相应失效模式中实际抗力和计算抗力的比值；W 为水平杆截面抵抗矩；R 为支撑架的稳定承载力，是立杆的稳定系数 U、钢管的截面积 A、钢管的抗压屈服强度 f 的函数；R_c 为扣件抗滑承载力；M 为水平杆所受的最大弯矩；N 为支撑架立杆所受的轴压；F 为水平杆传给立杆的竖向作用力，M、N、F 均是恒荷载 G、活荷载 Q、立杆纵距 l_a 和横距 l_b 的函数。

假设模板支撑架结构体系可靠度问题为串联结构体系类型，即结构中一种失效模式出现则整个结构失效。若已知各基本变量的概率分布，则可利用 Monte Carlo 数值模拟法来计算模板支撑架的体系可靠度。

1. 荷载概率模型

模板支撑架承受的荷载可分为恒荷载、可变荷载和偶然荷载。恒荷载主

要包括新浇混凝土自重、钢筋自重、模板及其支架自重；可变荷载包括施工活荷载和风荷载，施工活荷载有施工人员重量、施工设备重量、施工材料堆积荷载、捣实混凝土时的振动荷载等；偶然荷载包括地震和火灾等。由于偶然荷载发生的概率较低，且模板支撑架的使用期相对较短，一般情况下不予考虑。

目前，还没有足够的模板支撑架荷载统计资料以确定荷载概率模型。恒载的统计结果比较一致，但是施工活荷载统计参数的取值差别较大。因此，在模板支撑架可靠度分析中，取恒荷载的设计参数与正常结构使用期的相同，即荷载 G 的平均值与标准值之比 $k_G = L_G / G_k = 1.06$，变异系数 $D_G = 0.07$，且服从正态分布。为反映施工活荷载具有影响因素多、离散性大的特点，取施工活荷载的平均值与标准值之比 $k_Q = L_Q / Q_k = 1.1$，变异系数 $D_Q = 1.0$，服从极值 I 型分布。

2. 抗力概率模型

（1）材料性能的不确定性

对模板支撑架而言，材料性能的不确定性表现为钢管抗压屈服强度的不确定性。钢管抗压屈服强度 f，由于钢管的质量、制作工艺、外形尺寸、环境条件等因素引起了变异性，钢管材料为 Q235A 型钢，其 f 的平均值与标准值的比值 $L_f / f_k = 1.27$。由此钢管抗压屈服平均值 $L_f = 298.5 \text{N/mm}^2$。另外其变异系数 $D_f = 0.08$，服从对数正态分布。

（2）几何参数的不确定性

几何参数的不确定性表现为钢管外径 d、壁厚 t，立杆的步距 h、纵距 l_a、横距 l_b 等材料参数和搭设参数的不定性。由于施工现场使用的钢管来源很杂，且制作尺寸有所偏差，钢管的外径和壁厚都存在变异性。虽然模板支撑架设计方案中明确了立杆的搭设参数，但是在实际搭设过程中，由于施工条件的限制，很难保证这些参数与设计值无偏差。

第三节　扣件式钢管模板及支撑体系事故的分析及存在问题

目前，在现浇混凝土工程中，模板支撑系统倒塌的重大安全事故在我国经常发生，为此，对模板支撑系统倒塌事故进行认真剖析，分析原因，提出预防措施，是十分紧迫和必要的。

一、模板支撑系统倒塌事故原因分析

（一）模板支撑系统设计计算模型问题

1. 钢管节点的处理

在模板支架的传统分析和设计中，主要采用将钢管支架的连接假设成理想铰接或完全刚接的计算模式。理想铰接的假设意味着立杆与水平杆之间不能传递弯矩，并用铰连接在一起的立杆与水平杆将独立地发生转动。而完全刚接的假设意味着钢管支架发生变形时，立杆与水平杆之间没有相对转角，其夹角保持不变。

虽然，上述对节点性能所作的理想化假设大大地简化了钢管支架的分析和设计过程，但是所预测的结构反应可能与实际不符。事实上，在荷载作用下，没有一种连接是完全刚性或理想铰接的。目前施工现场模板支撑架多采用$\phi 48 \times 3.5$钢管，1个扣件只能连接2根杆件，而且水平杆的连接点上扣件的松紧程度会对节点性能产生很大影响，即使扣件按要求安装，扣件与立杆间的微小滑移也是不可避免的，所以钢管节点性能既不是铰接也不是刚接。

2. 计算长度的处理

"模板支架计算"在《建筑施工扣件式钢管脚手架安全技术规范》JGJ 130—2011（以下简称《规范》）中作了4款规定，包括要求模板支架的荷载、压缩变形和抗倾覆计算应符合《混凝土结构工程施工规范》GB 50666—2011的规定。另外规定了支架立杆轴向力设计值N和立杆计算长度L_0。现行规范中，L_0的计算有如下两式：

$$L_0 = h + 2a \tag{1-1}$$

$$l_0 = k\mu h \tag{1-2}$$

式中：h——支架立杆步距；

a——立杆上端伸出顶层横杆中心线至模板支撑点的长度；

k——计算长度附加系数，按相应规范取值；

μ——考虑支架整体稳定因素的单杆等效计算长度系数，按相应规范取值。

式（1-1）见于《公路桥涵施工技术规范》JTG/T F 50—2011，式（1-2）见于《建筑施工扣件式钢管脚手架安全技术规范》JGJ 130—2011。关于计算长度 L_0 的取值有值得探讨之处。首先，以立杆步距作为基本的长度，将两端均作为铰接处理是一个近似的处理。其次，关于另加的 $2a$，这与立杆的实际工作状况出入较大。在目前大部分扣件式钢管模板支架体系中，立杆一般是不与模板直接接触的，模板及模板以上部分

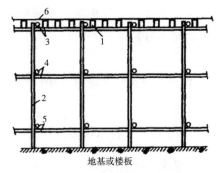

图 1-4　扣件式钢管模板支撑体系的基本形式图

1—檩条或肋板；2—立杆；3—顶层水平横杆；
4—中间水平横杆；5—扫地杆；6—平台板

的荷载是通过檩条或肋板传递给顶层水平杆，再由顶层水平杆与立杆的连接传递给立杆，如图 1-4 所示，最上步距顶层水平杆中心线至模板支撑点部分立杆实际上处于自由状态，而中间步距计算长度与顶层立杆的伸出与否也没有关系。实际上，长度 a 是檩条或肋板的稳定计算中需要考虑的参数。所以，式（1-1）笼统地增加一个并不相关的长度来作近似处理，缺乏科学性。

3. 忽略支架斜杆作用

大多数模板倒塌事故中，并不是钢管承载能力不足，而是钢管支撑系统失稳或杆件局部失稳。而钢管支撑系统失稳是该系统侧向变形能力不足造成的，也就是说该系统的斜杆（剪刀撑）数量不足或布置不合理。但《规范》中对钢管支撑系统中斜杆（剪刀撑）只提出构造上要求，未列入设计计算要求，因此在对模板支撑系统设计时，没有对斜杆进行力学计算。对于搭设高度较高的支模架抗侧向位移的能力通常不足，特别是混凝土柱与楼层梁板一起浇筑时，其支模架抗侧向变形较差，容易产生失稳现象。

（二）模板支撑系统搭设过程中的问题

在设计合理、安全、可靠的前提下，必须保证支架的搭设质量。由于支架的搭设质量不符合要求而发生的支架坍塌事故，主要表现为以下几个方面：

（1）未按设计计算进行搭设，立杆的间距、纵横排数、水平杆的步距未满足设计要求，支架的承载力不够，造成支架失衡，垂直坍塌。

（2）支架的搭设构造未满足要求，例如未按规定设置纵横向剪刀撑，斜撑设置未达到有效高度；虽设置了连墙点和拉结点的支架，但连墙点和拉结点的数量和质量不满足要求；虽做了拉顶结合的支架，但只拉不顶等。

（3）支架的搭设不符合规范、规程基本要求，如支架的垂直度、立杆的接头未错开，甚至立杆的接头采取搭接、扣件松紧不一等。

（4）支架搭设的材质不符合要求，如立杆的直径或钢管壁厚没有达到规范要求，钢管锈蚀、弯曲、有裂缝等。

（5）支架的基础不平整，局部不密实，或者立柱的木垫板有空隙，有螺杆的钢支柱，其顶托或底托螺杆过长，有纵横坡的横板支撑体系未找平等。

（三）建筑市场较乱，工程管理不到位

随着建筑业的蓬勃发展，出现众多而大小不一的施工队伍，使得施工队伍迅速膨胀，并且不少大的施工队伍承包不到工程而不少小的施工队伍建筑工程一个接一个。这些都由于施工队伍和施工人员的低素质和管理不到位而给施工安全带来一些固有的隐患，如：只重速度不重安全；只讲进度，不讲安全；只顾蛮干，不顾安全等。

（四）钢管扣件材料问题

1. 钢管壁厚变薄

目前，许多钢管生产厂家为了抢占市场，降低质量，低价竞争，如 $\phi48mm$ 厚3.5mm钢管，实际生产的钢管壁厚只有 3 ~ 3.2mm，而且经过施工应用后，钢管的锈蚀进一步使壁厚减薄。然而在设计计算中是按标准壁厚3.5mm的理论值，这样一来，惯性矩损失将达到10%左右，抗压能力降低13.3% ~ 18.7%。

2. 钢管弯曲

经过多年使用后的钢管将产生变形和弯曲，加大了初始偏心距的影响。而设计时均按直线钢管来考虑，这样就造成了误差，留下了安全隐患。如某工程发生重大事故后对钢管进行检查，其合格率仅为50%。

3. 扣件合格率低

《规范》规定扣件螺栓拧紧力矩不应小于 $40N \cdot m$，且不应大于 $65N \cdot m$；对接扣件抗滑承载力为 3.2kN，直角与旋转扣件抗滑承载力为 8kN。而现场检查结果很难达到此规定，如某工程发生重大事故后对扣件进行检查，其合格率仅为10%。这都会造成模板支撑系统的安全隐患。

（五）施工现场管理问题

（1）不少施工现场项目部对模板支撑系统技术要求观念不强，作业人员思想松懈，未按施工组织设计和施工方案进行作业，简化操作程度。未按公司规

定的程度进行搭设,未进行严格检查或检查不彻底,致使薄弱环节未能及时发现,检查责任又不到位。

（2）现场管理人员更换频繁,建筑现场一线作业人员素质较低,存在技术交底和安全培训不到位现象。

（3）由于公司项目部多,地点分散,各种检查很难全面铺开,特别对于新招民工,民工培训和安全责任制不能及时落实,安全措施不到位。

（4）建筑市场竞争激烈,部分企业在招标文件中绝大多数不提及施工安全投入费用单项,施工企业为了提高中标率,只能采用低价投标,施工安全投入费用自然减小。

二、模板支架必须有设计计算和搭设方案

模板支架计算的内容一般为立杆的强度、刚度和稳定性,扣件的抗滑能力,水平杆的强度和刚度验算,立杆地基承载力或支承立杆的楼面的承载力等。通过计算确定出立杆的间距、步距等,并结合构造措施形成搭设方案。构造措施是非常重要的,由于立杆的计算是建立在一些假定的基础之上,施工过程中不安全的因素又很多,所以仅仅依靠计算是不够的,必须有一系列构造措施来保证计算条件的实现,保证各种不安全因素都有所考虑。

三、模板支架搭设过程中的安全控制

（1）模板支架支承在地面时,安装前,在室内部位应先浇筑地面垫层混凝土。非室内部位松散的土应夯实,在其上铺设木垫板,厚度不小于5cm。地面强度达不到支承要求时,可打木桩及用其他方式加固。在模板的支架支承范围内,地面应采取排水措施。

（2）当建筑物层间高度大于5m时,宜选用桁架支模或多层支架支模。采用多层支架支模时,支架的横垫板应平整,支柱应垂直,上下层支柱应在同一竖向中心线上。

（3）模板及其支架在安装过程中,必须设置防倾覆的临时固定设施。

（4）支架应设置纵横水平拉杆和剪刀撑,加强支架系统的整体刚度和稳定。水平拉杆距地面20cm设1道,然后沿竖向每隔1.5~1.8m设1道。剪刀撑与地面成45°~60°角,由地面一直到顶连续设置,与支架连接牢固,每隔3~5m设1组。

（5）非常规工程的模板工程，施工前应先作施工方案，根据工程结构形式、荷载大小、地基土质、施工设备、材料供应等情况通盘考虑，以决定采用合理的施工方法。对所用的材料及结构按设计要求进行认真计算、验算，达到要求方可采用。对重要的计算难以保证的方案还应通过试验确定。

（6）建立支架的验收制度。未经验收，支架不得使用。支架出现问题往往是由于大意，所以浇混凝土前必须全面验收一次，重点查立杆的间距、步距、接头、垂直度、基础等是否满足设计要求，立杆的纵横拉结（包括扫地杆）、扣件拧紧力、剪刀撑等构造方面是否达到了要求。没有达到设计和规范要求时必须坚决返工或采取有效措施加固，不得迁就，绝对不能抱有侥幸心理。整改后要重新组织验收，验收要做记录，有会签。

（7）支架使用中要加强观察，发现有变形、沉降、松动或异常响声等情况时必须作出处理后才允许继续施工。

现浇混凝土浇筑时，模板支架整体倒塌事故频发，钢管、扣件本身质量的问题及施工现场管理不当是造成事故的重要原因。但扣件式钢管模板支架的结构构成和结构计算缺乏完善的理论指导应当是另一个关键问题，因此对钢管支撑架的理论研究就成为当务之急。扣件式钢管模板支架体系是一个板、杆、块体等不同构件组成的空间结构体系，其受力过程受到施工工艺的反复影响，要全面分析这个体系中各构件的受力特性是比较困难的。但在设计与分析中仅以立杆作为设计与分析对象是远远不够的，立杆本身也不是一根简单的单向受力杆件，它受到体系中水平杆、楼板刚度、上部檩条和肋板等构件的作用影响。因此，要从整体上来认识扣件式钢管模板支架体系，全面分析各构件间的连接特征和相互作用关系，从而归纳出针对各构件的切合实际的计算模式，才能从本质上认识该类支架体系，从根本上杜绝发生事故的源头。

四、过程安全控制要点

（一）组织开展危险源辨识

由于扣件钢管脚手架模板高支撑架是一个较复杂的临时结构体系，存在着众多不确定的因素，例如材料性能、支撑面基础条件、搭设参数、荷载及其荷载效应等，在施工过程中，不可避免地伴随着一定的风险。因此，在施工专项方案制定前，施工单位应组织技术管理人员学习图纸、技术规范和标准，对现场进行查勘，对施工条件进行分析，明确工程特点、难点，开展危险源辨识，制定应对策略和应急预案。

（二）认真编制方案

施工企业必须根据工程结构形式、施工荷载大小、立杆支承面条件、施工方式、混凝土施工方法、现场施工条件和气象条件等认真制定高大模板支撑施工专项方案，充分考虑各种荷载因素。高大模板支撑专项施工方案内容应包括：计算书、支撑平面布置、立面布置、构造详图、施工搭设方法与构造要求、混凝土施工方法、浇筑路径与顺序、模板支撑拆除方法、顺序及要求、高大模板应急预案和应急措施，并按要求认真组织不少于 5 人的技术专家到施工现场对高大模板支撑专项施工方案进行论证，以确保方案的科学性、可行性和安全性。

（三）加强对班组培训与技术交底

（1）扣件钢管脚手架的搭设施工必须由专业施工队伍承担，施工人员必需按照施工技术专项方案操作，确保支撑系统的整体稳定性。

（2）混凝土的浇筑方向尽可能对称，以确保模板高支撑系统受荷均衡，优先考虑从中部开始向四周扩展的浇筑程序。施工人员须持有建筑脚手架搭设特种作业上岗证。必须坚持先教育、后培训、再上岗的原则，严禁无证人员上岗操作。作业前，施工企业和项目部必须对操作班组人员及现场施工管理人员就施工技术专项方案、搭设要求、构造要求、技术参数和安全质量注意事项等进行书面和口头技术交底。

（四）严格检查钢管和扣件的质量

必须具有产品生产许可证、质量合格检测证明和厂家标识，杜绝假冒、伪劣的壁厚或承载力达不到设计要求的，出现弯曲变形、裂缝、严重腐蚀的钢管和扣件进场。

（五）认真核查立杆支撑面质量

对支撑面承载力应认真核查，防止由于支撑面的过大变形或破坏引起支撑系统的失稳倒塌。

（六）重视支撑系统安装的过程检查与验收

发现问题应及时向班组提出，并督促其彻底整改。支撑架搭设完毕后，应由技术负责人组织检查验收。检查验收不合格严禁进入下道工序施工。

（七）控制浇筑阶段的施工荷载和浇筑顺序

（1）严禁将泵管固定在支撑系统上，避免混凝土泵的振动作用破坏支撑系统。

（2）对于高、大跨的大梁混凝土应水平分层浇筑，使其支撑系统受力均衡。

（3）控制浇筑混凝土的堆积高度，以防止支撑局部荷载过大导致失稳。

（4）指派专业人员对模板、支撑系统的受荷、变形情况进行监测。发现异常现象应立即停止浇筑，果断采取对策排险。

第二章

设计计算

第一节　荷载状况与取值

一、荷载分类

作用于扣件式钢管模板支撑体系的荷载可分为永久荷载（恒荷载）与可变荷载（活荷载）。

永久荷载（恒荷载）包括：模板及支架自重标准值、新浇混凝土自重、钢筋自重、振捣混凝土作用于模板的侧压力等。

可变荷载（活荷载）包括：（1）施工活荷载：施工人员及施工设备荷载、结构构件和施工材料荷载、振捣混凝土时产生的荷载、倾倒混凝土时对垂直模板产生的水平荷载、泵送混凝土或不均匀堆载等因素产生的附加水平荷载；（2）风荷载。

二、荷载大小

（1）模板及支架自重标准值：包括立杆、纵向水平杆、横向水平杆、剪刀撑、横向斜撑和可调托撑、扣件等的自重；构、配件及可调托撑上主梁、次梁、支撑板等的自重。

（2）新浇筑混凝土自重标准值：包括普通混凝土、特殊混凝土等的自重。

（3）钢筋自重标准值：包括钢筋、型钢等的自重。

（4）振捣混凝土作用于模板的侧压力标准值：包括新浇混凝土振捣对梁侧模板的压力值。

（5）施工人员及施工设备荷载标准值：包括施工人员、振捣器、操作工具、电箱、大型浇筑设备（如布料机等）的自重。

（6）振捣混凝土时产生的荷载标准值：包括对水平面模板、垂直面模板的荷载。

（7）倾倒混凝土时对垂直模板产生的水平荷载标准值：包括溜槽、串筒或导管，及容量有大小的运输器具倾倒混凝土对垂直模板产生的水平荷载。

（8）泵送混凝土或不均匀堆载等因素产生的附加水平荷载的标准值：包括泵送混凝土、不均匀堆载等因素产生的附加水平荷载。

（9）风荷载标准值：作用在模板支架上的水平风荷载。

三、荷载取值

因相关国家规范和行业标准等对荷载取值的规定内容不同，具体荷载取值的相关内容在各规范计算方法中加以详细说明。

四、荷载效应组合

因相关国家规范和行业标准等对荷载效应组合的规定内容不同，具体荷载效应组合的相关内容在各规范计算方法中加以详细说明。

第二节 计算方法及相关依据规范

一、依据《建筑施工模板安全技术规范》JGJ 162—2008 规范

（一）荷载取值

（1）模板及其支架自重标准值（G_{1k}）应根据模板设计图纸计算确定。肋形或无梁楼板模板自重标准值应按表 2-1 采用。

楼板模板自重标准值（kN/m²）		表 2-1
楼板构件的名称	木模板	定型组合钢模板
平板的模板及小梁	0.30	0.50
楼板模板（其中包括梁的模板）	0.50	0.75
楼板模板及其支架（楼层高度为 4m 以下）	0.75	1.10

（2）新浇筑混凝土自重标准值（G_{2k}），对普通混凝土可采用 24kN/m³，其他混凝土可根据实际重力密度确定或按《建筑施工模板安全技术规范》JGJ 162—2008 规范附录 B 确定。

（3）钢筋自重标准值（G_{3k}）应根据工程设计图确定。对一般梁板结构的钢筋自重标准值：楼板可取 1.1kN/m³；梁可取 1.5kN/m³。

（4）当采用内部振捣器时，新浇筑的混凝土作用于模板的侧压力标准值（G_{4k}），可按下列公式计算，并取其中的较小值：

$$F = 0.22\gamma_{C} t_0 \beta_1 \beta_2 V^{\frac{1}{2}} \qquad\qquad (2\text{-}1)$$

$$F = \gamma_{C} H \qquad\qquad (2\text{-}2)$$

式中：F ——新浇混凝土对模板的侧压力计算值（kN/m²）；

γ_{C} ——混凝土的重力密度（kN/m³）；

V ——浇筑速度，取混凝土浇筑高度（厚度）与浇筑时间的比值（m/h）；

t_0 ——新浇混凝土的初凝时间（h），可按试验确定；当缺乏试验资料时可采用 $t_0 = 200 / (T+15)$ 计算，T 为混凝土的温度（℃）；

β_1 ——外加剂影响修正系数；不掺外加剂时取 1.0，掺具有缓凝作用的外加剂时取 1.2；

β_2 ——混凝土坍落度影响修正系数：当坍落度小于 30mm 时，取 0.85；坍落度在 50 ~ 90mm 时，取 1.00；坍落度在 110 ~ 150mm 时，取 1.15；

H ——混凝土侧压力计算位置处至新浇筑混凝土顶面的总高度（m）。混凝土侧压力的计算分布图形如图 2-1 所示，图中 $h = F / \gamma_{C}$，h 为有效压头高度。

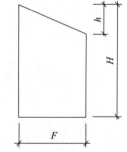

图 2-1　混凝土侧压力计算分布图形

（5）施工人员及施工设备荷载标准值（Q_{1k}），当计算模板和直接支承模板的小梁时，均布活荷载可取 2.5kN/m²，再用集中荷载 2.5kN 进行验算，比较两者所得的弯矩值取其大值；当计算直接支承小梁的主梁时，均布活荷载标准值可取 1.5kN/m²；当计算支架立柱及其他支承结构构件时，均布活荷载标准值可取 1.0kN/m²。

注：①对大型浇筑设备，如上料平台、混凝土输送泵等按实际情况计算；若采用布料机上料浇筑混凝土时，活荷载标准值取 4kN/m²；

②混凝土堆积高度超过 100mm 以上者按实际高度计算；

③模板单块宽度小于 150mm 时，集中荷载可分布于相邻的 2 块板面上。

（6）振捣混凝土时产生的荷载标准值（Q_{2k}），对水平面模板可采用 2kN/m²，对垂直面模板可采用 4kN/m²，且作用范围在新浇筑混凝土侧压力的有效压头高度之内。

（7）倾倒混凝土时，对垂直面模板产生的水平荷载标准值（Q_{3k}）可按表 2-2 采用。

倾倒混凝土时产生的水平荷载标准值（kN/m²） 表 2-2

模板内供料方法	水平荷载
溜槽、串筒或导管	2
容量小于 0.2m³ 的运输器具	2
容量为 0.2 ~ 0.8m³ 的运输器具	4
容量大于 0.8m³ 的运输器具	6

注：作用范围在有效压头高度以内。

（8）风荷载标准值应按现行国家标准《建筑结构荷载规范》GB 50009—2012 中的规定计算，其中基本风压值应按该规范附录 E 中的附表 E.5 中 $n=10$ 年的规定采用，并取风振系数 $\beta_z = 1$。

（二）荷载设计值

（1）计算模板及支架结构或构件的强度、稳定性和连接强度时，应采用荷载设计值（荷载标准值乘以荷载分项系数）。

（2）计算正常使用极限状态的变形时，应采用荷载标准值。

（3）荷载分项系数应按表 2-3 采用。

荷载分项系数 表 2-3

荷载类别	分项系数 γ_f
模板及支架自重标准值（G_{1k}）	永久荷载的分项系数：
新浇混凝土自重标准值（G_{2k}）	（1）当其效应对结构不利时；对由可变荷载效应控制的组合，应取 1.2；对由永久荷载效应控制的组合，应取 1.35；
钢筋自重标准值（G_{3k}）	（2）当其效应对结构有利时，一般情况应取 1；
新浇混凝土对模板的侧压力标准值（G_{4k}）	对结构的倾覆、滑移验算，应取 0.9
施工人员及施工设备荷载标准值（Q_{1k}）	可变荷载的分项系数：
振捣混凝土时产生的荷载标准值（Q_{2k}）	一般情况下应取 1.4；
倾倒混凝土时产生的荷载标准值（Q_{3k}）	对标准值大于 4kN/m² 的活荷载应取 1.3
风荷载（W_k）	1.4

（4）钢面板及支架作用荷载设计值可乘以系数 0.95 进行折减。当采用冷弯薄壁型钢时，其荷载设计值不应折减。

（三）荷载组合

（1）按极限状态设计时，其荷载组合应符合下列规定：

1）对于承载力极限状态，应按荷载效应的基本组合采用，并应采用下列设计表达式进行模板设计：

$$r_0 S \leq R$$

式中：r_0——结构重要性系数，其值按 0.9 采用；

$\quad S$——荷载效应组合的设计值；

$\quad R$——结构构件抗力的设计值，应按各有关建筑结构设计规范的规定确定。

对于基本组合，荷载效应组合的设计值 S 应从下列组合值中取最不利值确定：

①由可变荷载效应控制的组合：

$$S = \gamma_G \sum_{i=1}^{n} G_{ik} + \gamma_{Q1} Q_{1k} \qquad (2\text{-}3)$$

$$S = \gamma_G \sum_{i=1}^{n} G_{ik} + 0.9 \sum_{i=1}^{n} \gamma_{Qi} Q_{ik} \qquad (2\text{-}4)$$

式中：γ_G——永久荷载分项系数，应按表 2-3 采用；

$\quad \gamma_{Qi}$——第 i 个可变荷载的分项系数，其中 γ_{Q1} 为可变荷载 Q_1 的分项系数，应按表 2-3 采用；

$\quad G_{ik}$——按各永久荷载标准值 G_k 计算的荷载效应值；

$\quad Q_{ik}$——按可变荷载标准值计算的荷载效应值，其中 Q_{1k} 为诸可变荷载效应中起控制作用者；

$\quad n$——参与组合的可变荷载数。

②由永久荷载效应控制的组合：

$$S = \gamma_G G_{ik} + \sum_{i=1}^{n} \gamma_{Qi} \psi_{ci} Q_{ik} \qquad (2\text{-}5)$$

式中：ψ_{ci}——可变荷载 Q_i 的组合值系数，当按本书中规定的各可变荷载采用时，其组合值系数可为 0.7。

注：1. 基本组合中的设计值仅适用于荷载与荷载效应为线性的情况；

2. 当对 Q_{1k} 无明显判断时，轮次以各可变荷载效应为 Q_{1k}，选其中最不利的荷载效应组合；

3. 当考虑以竖向的永久荷载效应控制的组合时，参与组合的可变荷载仅限于竖向荷载。

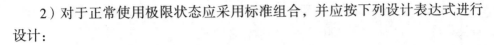

2）对于正常使用极限状态应采用标准组合，并应按下列设计表达式进行设计：

$$S \leqslant C \qquad (2\text{-}6)$$

式中：C——结构或结构构件达到正常使用要求的规定限值，应符合《建筑施工模板安全技术规范》JGJ 162—2008 第 4.4 节有关变形值的规定。

对于标准组合，荷载效应组合设计值 S 应按下式采用：

$$S = \sum_{i=1}^{n} G_{ik} \qquad (2\text{-}7)$$

（2）参与计算模板及其支架荷载效应组合的各项荷载的标准值组合应符合表 2-4 的规定。

模板及其支架荷载效应组合的各项荷载标准值组合 表 2-4

项目		参与组合的荷载类别	
		计算承载能力	验算挠度
1	平板和薄壳的模板及支架	$G_{1k} + G_{2k} + G_{3k} + Q_{1k}$	$G_{1k} + G_{2k} + G_{3k}$
2	梁和拱模板的底板及支架	$G_{1k} + G_{2k} + G_{3k} + Q_{2k}$	$G_{1k} + G_{2k} + G_{3k}$
3	梁、拱、柱（边长不大于 300mm）、墙（厚度不大于 100mm）的侧面模板	$G_{4k} + Q_{2k}$	G_{4k}
4	大体积结构、柱（边长大于 300mm）、墙（厚度大于 100mm）的侧面模板	$G_{4k} + Q_{3k}$	G_{4k}

注：验算挠度应采用荷载标准值；计算承载能力应采用荷载设计值。

（四）基本设计规定

（1）模板及其支架的设计应符合下列规定：

1）应具有足够的承载能力、刚度和稳定性，应能可靠地承受新浇混凝土的自重、侧压力和施工过程中所产生的荷载及风荷载。

2）构造应简单，装拆方便，便于钢筋的绑扎、安装和混凝土的浇筑、养护。

3）混凝土梁的施工应采用从跨中向两端对称进行分层浇筑，每层厚度不得大于 400mm。

4）当验算模板及其支架在自重和风荷载作用下的抗倾覆稳定性时，应符合相应材质结构设计规范的规定。

（2）模板结构构件的长细比应符合下列规定：

1）受压构件长细比：支架立柱及桁架，不应大于150；拉条、缀条、斜撑等连系构件，不应大于200；

2）受拉构件长细比：钢杆件，不应大于350；木杆件，不应大于250。

（3）用扣件式钢管脚手架作支架立柱时，应符合下列规定：

1）连接扣件和钢管立杆底座应符合现行国家标准《钢管脚手架扣件》GB 15831—2006 的规定；

2）承重的支架柱，其荷载应直接作用于立杆的轴线上，严禁承受偏心荷载，并应按单立杆轴心受压计算；钢管的初始弯曲率不得大于1/1000，其壁厚应按实际检查结果计算；

3）当露天支架立柱为群柱架时，高宽比不应大于5；当高宽比大于5时，必须加设抛撑或缆风绳，保证宽度方向的稳定。

（五）模板设计计算

（1）面板可按简支跨计算，应验算跨中和悬臂端的最不利抗弯强度和挠度，并应符合下列规定：

①抗弯强度计算

胶合板面板抗弯强度应按下式计算：

$$\sigma_j = \frac{M_{max}}{W_j} \leqslant f_{jm} \qquad （2\text{-}8）$$

式中：M_{max}——最不利弯矩设计值，取均布荷载与集中荷载分别作用时计算结果的大值；

W_j——胶合板毛截面抵抗矩；

f_{jm}——胶合板的抗弯强度设计值，应按《建筑施工模板安全技术规范》 JGJ 162—2008 规范附录 A 的表 A.5.1 ~ 表 A.5.3 采用。

②挠度应按下列公式进行验算：

$$v = \frac{5q_g L^4}{384 EI_x} \leqslant [v] \qquad （2\text{-}9）$$

或

$$v = \frac{5q_g L^4}{384 EI_x} + \frac{PL^3}{48 EI_x} \leqslant [v] \qquad （2\text{-}10）$$

式中：q_g——恒荷载均布线荷载标准值；

P——集中荷载标准值；

E——弹性模量；

I_x——截面惯性矩；

L——面板计算跨度；

$[v]$——容许挠度。胶合板面板应按《建筑施工模板安全技术规范》JGJ 162—2008 规范第 4.4.1 条采用。

（2）支承檩梁计算时，次檩一般为两跨以上连续檩梁，可按《建筑施工模板安全技术规范》附录 C 计算，当跨度不等时，应按不等跨连续檩梁或悬臂檩梁设计；主檩可根据实际情况按连续梁、简支梁或悬臂梁设计；同时次、主檩梁均应进行最不利抗弯强度与挠度计算，并应符合下列规定：

①次、主木檩梁抗弯强度计算

$$\sigma = \frac{M_{\max}}{W} \leqslant f_m \qquad (2\text{-}11)$$

式中：$M_{\max}$——最不利弯矩设计值。应从均布荷载产生的弯矩设计值 M_1、均布荷载与集中荷载产生的弯矩设计值 M_2 和悬臂端产生的弯矩设计值 M_3 三者中，选取计算结果较大者；

W——截面抵抗矩，按《建筑施工模板安全技术规范》JGJ 162—2008 规范表 5.2.2-1 查用；

f_m——木材抗弯强度设计值，按《建筑施工模板安全技术规范》JGJ 162—2008 规范附录 B 的表 B.3.1-3、表 B.3.1-4 及表 B.3.1-5 的规定采用。

②次、主檩梁抗剪强度计算

在主平面内受弯的木截面构件，其抗剪强度应按下式计算：

$$\tau = \frac{V S_0}{I b} \leqslant f_v \qquad (2\text{-}12)$$

式中：V——计算截面沿主平面作用的剪力设计值；

S_0——计算剪力应力处以上毛截面对中和轴的面积矩；

I——毛截面惯性矩；

B——构件的截面宽度；

f_v——木材顺纹抗剪强度设计值。查《建筑施工模板安全技术规范》JGJ 162—2008 规范表 B.3.1-3、表 B.3.1-4 和表 B.3.1-5。

③挠度计算

1）简支檩梁应按《建筑施工模板安全技术规范》公式（5.2.1-4）或公式（5.2.1-5）

验算。

2）连续檩梁应按《建筑施工模板安全技术规范》附录 C 中的表验算。

（3）钢立柱应承受模板结构的垂直荷载，其计算应符合下列规定（扣件式钢管立柱计算）：

1）用对接扣件连接的钢管立柱应按单杆轴心受压构件计算，其计算应符合《建筑施工模板安全技术规范》JGJ 162—2008 规范公式（5.2.5-10），公式中计算长度采用纵横向水平拉杆的最大步距，最大步距不得大于 1.8m，步距相同时应采用底层步距；

$$\frac{N}{\varphi A} \leqslant f \tag{2-13}$$

式中：N——轴心压力设计值；

    φ——轴心受压稳定系数（取截面两主轴稳定系数中的较小者），并根据构件长细比和钢材屈服强度（f_y）按《建筑施工模板安全技术规范》JGJ 162—2008 规范附录 D 表 D 采用；

    A——轴心受压杆件毛截面面积；

    f——钢材抗压强度设计值，按《建筑施工模板安全技术规范》JGJ 162—2008 规范附录 B 表 B.1.1-1 和表 B.2.1-1 采用。

2）室外露天支模组合风荷载时，立柱计算应符合下式要求：

$$\frac{N_w}{\varphi A} + \frac{M_w}{W} \leqslant f \tag{2-14}$$

$$N_w = 0.9 \times (1.2 \sum_{i=1}^{n} N_{Gik} + 0.9 \times 1.4 \sum_{i=1}^{n} N_{Qik}) \tag{2-15}$$

$$M_w = \frac{0.9^2 \times 1.4 \ \omega_k \ell_a h^2}{10} \tag{2-16}$$

式中：$\sum_{i=1}^{n} N_{Gik}$——各恒载标准值对立杆产生的轴向力之和；

    $\sum_{i=1}^{n} N_{Qik}$——各活荷载标准值对立杆产生的轴向力之和，另加 $\frac{M_w}{\ell_b}$ 的值；

    ω_k——风荷载标准值，按《建筑施工模板安全技术规范》JGJ 162—2008 规范第 4.1.3 条规定计算；

    h——纵横水平拉杆的计算步距；

    ℓ_a——立柱迎风面的间距；

ℓ_b——与迎风面垂直方向的立柱间距。

（4）立柱底地基承载力应按下列公式计算：

$$p = \frac{N}{A} \leqslant m_f f_{ak} \qquad (2\text{-}17)$$

式中：p——立柱底垫木的底面平均压力；

N——上部立柱传至垫木顶面的轴向力设计值；

A——垫木底面面积；

f_{ak}——地基土承载力设计值，应按现行国家标准《建筑地基基础设计规范》
GB 50007—2011 的规定或工程地质报告提供的数据采用；

m_f——立柱垫木地基土承载力折减系数，应按表 2-5 采用。

地基土承载力折减系数（m_f）　　　　　　　　表 2-5

地基土类别	折减系数	
	支承在原土上时	支承在回填土上时
碎石土、砂土、多年填积土	0.8	0.4
粉土、黏土	0.9	0.5
岩石、混凝土	1.0	—

注：1. 立柱基础应有良好的排水措施，支安垫木前应适当洒水将原土表面夯实夯平；

2. 回填土应分层夯实，其各类回填土的干重度应达到所要求的密实度。

二、依据《建筑施工扣件式钢管脚手架安全技术规范》JGJ 130—2011规范

（一）荷载分类

（1）作用于脚手架的荷载可分为永久荷载（恒荷载）与可变荷载（活荷载）。

（2）满堂支撑架永久荷载应包含下列内容：

1）架体结构自重：包括立杆、纵向水平杆、横向水平杆、剪刀撑、可调托撑、扣件等的自重；

2）构、配件及可调托撑上主梁、次梁、支撑板等的自重。

（3）满堂支撑架可变荷载应包含下列内容：

1）作业层上的人员、设备等的自重；

2）结构构件、施工材料等的自重；

3）风荷载。

（4）用于混凝土结构施工的支撑架上的永久荷载与可变荷载，应符合现行行业标准《建筑施工模板安全技术规范》JGJ 162—2008 的规定。

（二）荷载标准值

（1）永久荷载标准值的取值应符合下列规定：

1）满堂支撑架立杆承受的每米结构自重标准值，宜按《建筑施工扣件式钢管脚手架安全技术规范》JGJ 130—2011 附录 A 表 A.0.3 采用。

2）支撑架上的可调托撑上主梁、次梁、支撑板等自重应按实际计算。对于下列情况可按表 2-6 采用：

①普通木质主梁（含 ϕ48.3×3.6 双钢管）、次梁，木支撑板；

②型钢次梁自重不超过 10 号工字钢自重，型钢主梁自重不超过 H100mm×100mm×6mm×8mm 型钢自重，支撑板自重不超过木脚手板自重。

主梁、次梁及支撑板自重标准值（kN/m²）　　表 2-6

类别	立杆间距（m）	
	> 0.75 × 0.75	≤ 0.75 × 0.75
木质主梁（含 ϕ48.3×3.6 双钢管）、次梁，木支撑板	0.6	0.85
型钢主梁、次梁、木支撑板	1.0	1.2

（2）满堂支撑架上荷载标准值取值应符合下列规定：

1）永久荷载与可变荷载（不含风荷载）标准值总和不大于 4.2kN/m² 时，施工均布荷载标准值应按《建筑施工扣件式钢管脚手架安全技术规范》JGJ 130—2011 表 4.2.2 采用；

2）永久荷载与可变荷载（不含风荷载）标准值总和大于 4.2kN/m² 时，应符合下列要求：

①作业层上的人员及设备荷载标准值取 1.0kN/m²；大型设备、结构构件等可变荷载按实际计算；

②用于混凝土结构施工时，作业层上荷载标准值的取值应符合现行行业标准《建筑施工模板安全技术规范》JGJ 162—2008 的规定。

（3）作用于脚手架上的水平风荷载标准值，应按下式计算：

$$W_k = \mu_z \mu_s \omega_0 \qquad (2\text{-}18)$$

式中：W_K——风荷载标准值（kN/m²）；

　　　μ_z——风压高度变化系数，按现行国家标准《建筑结构荷载规范》GB 50009—2012 的规定采用；

　　　μ_s——脚手架风荷载体型系数，应按表 2-7 的规定采用；

　　　ω_0——基本风压值（kN/m²），应按现行国家标准《建筑结构荷载规范》GB 50009—2012 的规定采用，取重现值 n=10 对应的风压值。

（4）脚手架的风荷载体系系数，应按表 2-7 的规定采用。

脚手架的风荷载体型系数 μ_S　　　　　　　　表 2-7

背靠建筑物的状况		全封闭墙	敞开、框架和开洞墙
脚手架状况	全封闭、半封闭	1.0φ	1.3φ
	敞开	μ_{stw}	

注：1. μ_{stw} 值可将模板支架视为桁架，按现行国家标准《建筑结构荷载规范》GB 50009—2012 表 7.3.1 第 32 项和第 36 项的规定计算。

　　2. φ 为挡风系数，$\varphi=1.23A_n/A_w$，其中 A_n 为挡风面积；A_w 为迎风面积。敞开式模板支架的 φ 值应按表 2-8 的规定采用。

敞开式满堂支撑架的挡风系数 φ 值　　　　　　　　表 2-8

步距（m）	纵距（m）										
	0.4	0.6	0.75	0.9	1.0	1.2	1.3	1.35	1.5	1.8	2.0
0.60	0.260	0.212	0.193	0.180	0.173	0.164	0.160	0.158	0.154	0.148	0.144
0.75	0.241	0.192	0.173	0.161	0.154	0.144	0.141	0.139	0.135	0.128	0.125
0.90	0.228	0.180	0.161	0.148	0.141	0.132	0.128	0.126	0.122	0.115	0.112
1.05	0.219	0.171	0.151	0.138	0.132	0.122	0.119	0.117	0.113	0.106	0.103
1.20	0.212	0.164	0.144	0.132	0.125	0.115	0.112	0.110	0.106	0.099	0.096
1.35	0.207	0.158	0.139	0.126	0.120	0.110	0.106	0.105	0.094	0.094	0.091
1.50	0.202	0.154	0.135	0.122	0.115	0.106	0.102	0.100	0.096	0.090	0.086
1.60	0.200	0.152	0.132	0.119	0.113	0.103	0.100	0.098	0.094	0.087	0.084
1.80	0.1959	0.148	0.128	0.115	0.109	0.099	0.096	0.094	0.090	0.083	0.080
2.00	0.1927	0.144	0.125	0.112	0.106	0.096	0.092	0.091	0.086	0.080	0.077

（三）荷载效应组合

（1）设计脚手架的承重构件时，应根据使用过程中可能出现的荷载取其最不利组合进行计算，荷载效应组合宜按表 2-9 采用。

计算项目	荷载效应组合
纵向、横向水平杆承载力与变形	永久荷载＋施工荷载
脚手架立杆地基承载力	①永久荷载＋施工荷载
	②永久荷载＋0.9（施工荷载＋风荷载）
立杆稳定	①永久荷载＋可变荷载（不含风荷载）
	②永久荷载＋0.9（可变荷载＋风荷载）

荷载效应组合　　　　　　　　　　　　　　表 2-9

（2）满堂支撑架用于混凝土结构施工时，荷载组合与荷载设计值应符合现行行业标准《建筑施工模板安全技术规范》JGJ 162—2008 的规定。

（四）基本设计规定

（1）脚手架的承载能力应按概率极限状态设计法的要求，采用分项系数设计表达式进行设计。可只进行下列设计计算：

①纵向、横向水平杆等受弯构件的强度和连接扣件抗滑承载力计算；

②立杆的稳定性计算；

③立杆地基承载力计算。

（2）计算构件的强度、稳定性与连接强度时，应采用荷载效应基本组合的设计值。永久荷载分项系数应取 1.2，可变荷载分项系数应取 1.4。

（3）脚手架中的受弯构件，尚应根据正常使用极限状态的要求验算变形。验算构件变形时，应采用荷载效应标准组合的设计值。各类荷载分项系数均应取 1.0。

（4）当纵向或横向水平杆的轴线对立杆轴线的偏心距不大于 55mm 时，立杆稳定性计算中可不考虑此偏心距的影响。

（5）当采用《建筑施工扣件式钢管脚手架安全技术规范》JGJ 130—2011 第 6.1.1 条规定的构造尺寸，其相应杆件可不再进行设计计算。但立杆地基承载力仍应根据实际荷载进行设计计算。

（6）钢材的强度设计值与弹性模量应按表 2-10 采用。

钢材的强度设计值与弹性模量（N/mm^2）　　　　　　表 2-10

Q235 钢抗拉、抗压和抗弯强度设计值 f	205
弹性模量 E	2.06×10^5

（7）扣件、底座、可调托撑的承载力设计值应按表 2-11 采用。

扣件、底座、可调托撑的承载力设计值（kN） 表2-11

项目	承载力设计值
对接扣件（抗滑）	3.20
直角扣件、旋转扣件（抗滑）	8.00
底座（受压）、可调托撑（受压）	40.00

（8）受弯构件的挠度不应超过表2-12中规定的容许值。

受弯构件的容许挠度 表2-12

构件类别	容许挠度 $[v]$
脚手板、脚手架纵向、横向水平杆	$\ell/150$ 与 10mm
脚手架悬挑受弯杆件	$\ell/400$

注：ℓ 为受弯构件的跨度。对悬挑杆件为其悬伸长度的2倍。

（9）受压、受拉构件的长细比不应超过表2-13中规定的容许值。

受压、受拉构件的容许长细比 表2-13

构件类别		容许长细比 $[\lambda]$
立杆	满堂支撑架	210
横向斜撑、剪刀撑中的压杆		250
拉杆		350

（五）满堂支撑架计算

（1）满堂支撑架顶部施工层荷载应通过可调托撑传递给立杆。

（2）满堂支撑架根据剪刀撑的设置不同分为普通型构造与加强型构造，其构造设置应符合《建筑施工扣件式钢管脚手架安全技术规范》JGJ 130—2011 第6.9.3条规定，两种类型满堂支撑架立杆的计算长度应符合《建筑施工扣件式钢管脚手架安全技术规范》JGJ 130—2011 第5.4.6条规定。

（3）纵向或横向水平与立杆连接时，其扣件的抗滑承载力应符合下式规定：

$$R \leqslant R_c \qquad (2\text{-}19)$$

式中：R——纵向或横向水平杆传给立杆的竖向作用力设计值；

R_c——扣件抗滑承载力设计值，应按《建筑施工扣件式钢管脚手架安全技术规范》JGJ 130—2011 表 5.1.7 采用。

（4）立杆的稳定性应按下列公式计算：

不组合风荷载时：

$$\frac{N}{\varphi A} \leqslant f \tag{2-20}$$

组合风荷载时：

$$\frac{N}{\varphi A} + \frac{M_w}{W} \leqslant f \tag{2-21}$$

式中：N——计算立杆的轴向力设计值（N），应按《建筑施工扣件式钢管脚手架安全技术规范》JGJ 130—2011 式（5.2.7-1）、式（5.2.7-2）计算；

φ——轴心受压构件的稳定系数，应根据长细比 λ 由《建筑施工扣件式钢管脚手架安全技术规范》JGJ 130—2011 附录 A 表 A.0.6 取值；

λ——长细比，$\lambda = \dfrac{\ell_0}{i}$；

ℓ_0——计算长度（mm），应按《建筑施工扣件式钢管脚手架安全技术规范》JGJ 130—2011 第 5.4.6 条的规定计算；

i——截面回转半径，可按《建筑施工扣件式钢管脚手架安全技术规范》JGJ 130—2011 附录 B 表 B.0.1 采用；

A——立杆截面面积（mm^2），可按《建筑施工扣件式钢管脚手架安全技术规范》JGJ 130—2011 附录 B 表 B.0.1 采用；

M_w——计算立杆段由风荷载设计值产生的弯矩（N·mm），可按《建筑施工扣件式钢管脚手架安全技术规范》JGJ 130—2011 式（5.2.9）计算；

f——钢材的抗压强度设计值（N/mm^2），应按《建筑施工扣件式钢管脚手架安全技术规范》JGJ 130—2011 表 5.1.6 用。

（5）由风荷载产生的立杆段弯矩 M_w，应按下列公式计算：

$$M_w = 0.9 \times 1.4 M_{wk} = \frac{0.9 \times 1.4 \omega_k \ell_a h^2}{10} \tag{2-22}$$

式中：M_{wk}——风荷载产生的弯矩标准值（kN·mm）；

ω_k——风荷载标准值（kN/m^2），应按《建筑施工扣件式钢管脚手架安全技术规范》JGJ 130—2011 式（4.2.5）式计算；

ℓ_a——立杆纵距（m）。

（6）计算立杆段的轴向力设计值 N，应按下列公式计算：

不组合风荷载时： $N = 1.2\sum N_{Gk} + 1.4\sum N_{Qk}$ （2-23）

组合风荷载时： $N = 1.2\sum N_{Gk} + 0.9 \times 1.4\sum N_{Qk}$ （2-24）

式中：$\sum N_{Gk}$——永久荷载对立杆产生的轴向力标准值总和（kN）；

$\sum N_{Qk}$——可变荷载对立杆产生的轴向力标准值总和（kN）。

（7）立杆稳定性计算部位的确定应符合下列规定：

①当满堂支撑架采用相同的步距、立杆纵距、立杆横距时，应计算底层立杆段；

②当架体的步距、立杆纵距、立杆横距有变化时，除计算底层立杆段外，还必须对出现最大步距、最大立杆纵距、立杆横距等部位的立杆段进行验算；

③当架体上有集中荷载作用时，尚应计算集中荷载作用范围内受力最大的立杆段。

（8）满堂支撑架立杆的计算长度应按下式计算，取整体稳定计算结果最不利值：

顶部立杆段： $\ell_0 = k\mu_1(h + 2a)$ （2-25）

非顶部立杆段： $\ell_0 = k\mu_2 h$ （2-26）

式中：k——满堂支撑架立杆计算长度附加系数，应按表 2-14 采用；

h——步距；

a——立杆伸出顶层水平杆中心线至支撑点的长度；应不大于 0.5m。当 0.2m $< a <$ 0.5m 时，承载力可按线性插入值；

μ_1、μ_2——考虑满堂支撑架整体稳定因素的单杆计算长度系数，普通型构造应按《建筑施工扣件式钢管脚手架安全技术规范》JGJ 130—2011 附录 C 表 C-2、表 C-4 采用；加强型构造应按《建筑施工扣件式钢管脚手架安全技术规范》JGJ 130—2011 附录 C 表 C-3、表 C-5 采用。

满堂支撑架立杆计算长度附加系数 表 2-14

高度 H（m）	$H \leqslant 8$	$8 < H \leqslant 10$	$10 < H \leqslant 20$	$20 < H \leqslant 30$
k	1.155	1.185	1.217	1.291

注：当验算立杆允许长细比时，取 $k=1$。

（六）脚手架地基承载力计算

（1）立杆基础底面的平均压力应满足下式的要求：

$$p_k = \frac{N_k}{A} \leqslant f_g \qquad (2\text{-}27)$$

式中：p_k——立杆基础底面处的平均压力标准值（kPa）；

$\quad\ N_k$——上部结构传至立杆基础顶面的轴向力标准值（kN）；

$\quad\ A$——基础底面面积（m^2）；

$\quad\ f_g$——地基承载力特征值（kPa），应按《建筑施工扣件式钢管脚手架安全
技术规范》JGJ 130—2011 第 5.5.2 条规定采用。

（2）地基承载力特征值的取值应符合下列规定：

①当为天然地基时，应按地质勘探报告选用；当为回填土地基时，应对地
质勘探报告提供的回填土地基承载力特征值乘以折减系数 0.4；

②由载荷试验或工程经验确定。

（3）对搭设在楼面等建筑结构上的脚手架，应对支撑架体的建筑结构进行
承载力验算，当不能满足承载力要求时应采取可靠的加固措施。

三、依据《建筑施工临时支撑结构技术规范》JGJ300—2013 规范

（一）一般规定

（1）框架式支撑结构应采用半刚性节点连接的框架计算模型；桁架式支撑
结构应采用铰接节点连接的桁架计算模型。

（2）支撑结构的设计应包括下列内容：

1）水平杆设计计算；

2）构件长细比验算；

3）稳定性计算；

4）抗倾覆验算；

5）地基承载力验算。

（3）支撑结构受压构件的长细比不应大于 180；受拉构件及剪刀撑等一般连
系构件的长细比不应大于 250。

（4）框架式支撑结构的节点转动刚度值 k 应按表 2-15 的规定取值，其他形

式节点的转动刚度可通过试验确定。

节点转动刚度值 k	表 2–15
节点形式	k（kN·m/rad）
扣件式	35
碗扣式	25
承插式	20

（5）钢材的强度设计值与弹性模量应本规范表 2-16 取值。

钢材的强度设计值与弹性模量（N/mm²）		表 2–16
钢材抗拉、抗压、抗弯强度设计值 f	Q345 钢	300
	Q235 钢	205
弹性模量 E		2.06×10^5

（二）荷载与效应组合

（1）作用于支撑结构的荷载可分为永久荷载与可变荷载。

（2）永久荷载可包括下列内容：

1）被支撑的结构自重（G_1）；

2）支撑结构自重（G_2）：包括立杆、纵向水平杆、横向水平杆、剪刀撑、斜杆和它们之间连接件等的自重；

3）其他材料自重（G_3）：包括脚手板、栏杆、挡脚板和安全网等防护设施的自重。

（3）可变荷载可包括下列内容：

1）施工荷载（Q_1）；

2）风荷载（Q_2）；

3）泵送混凝土或不均匀堆载等因素产生的附加水平荷载（Q_3）；

（4）永久荷载标准值应符合下列规定：

1）被支撑的结构自重（G_1）的标准值应按实际重量计算；

2）支撑结构自重（G_2）的标准值应按实际支撑结构重量计算；

3）其他材料自重（G_3）的标准值：脚手板自重标准值应按表 2-17 采用；栏杆与挡脚板自重标准值应按表 2-18 采用；支撑结构上安全设施的荷载应按实际

情况采用。密目式安全立网均布荷载标准值不应低于 0.01kN/m²。

脚手板自重标准值 表 2-17

类别	标准值（kN/m²）
冲压钢脚手板	0.30
竹串片脚手板	0.35
木脚手板	0.35
竹笆脚手板	0.10

栏杆、挡脚板自重标准值 表 2-18

类别	标准值（kN/m）
栏杆、冲压钢脚手板挡板	0.16
栏杆、竹串片脚手板挡板	0.17
栏杆、木脚手板挡板	0.17

（5）可变荷载标准值应符合下列规定：

1）施工荷载（Q_1）的标准值不应低于表 2-19 的规定。

施工荷载标准值 表 2-19

类别	标准值（kN/m²）
模板支撑结构	2.5
钢结构施工支撑结构	3
其他支撑结构	根据实际情况确定，不小于 2

2）风荷载（Q_2）的标准值，应按下式计算：

$$W_K = \beta_Z \mu_Z \mu_S \omega \qquad (2\text{-}28)$$

式中：W_K——风荷载标准值（N/mm²）；

β_Z——高度 z 处的风振系数，应按现行国家标准《建筑结构荷载规范》GB 50009—2012 规定采用；

ω——基本风压（N/mm²），应按现行国家标准《建筑结构荷载规范》GB 50009—2012 规定采用，取重现期 n=10 对应的风压值；

μ_Z——风压高度变化系数，应按现行国家标准《建筑结构荷载规范》GB 50009—2012 规定采用；

μ_S——支撑结构风荷载体型系数，应按本规范表 2-20 的规定采用。

支撑结构风荷载体型系数 μ_S　　　　　　　表 2-20

背靠建筑物状况		全封闭墙	敞开、框架和开洞墙
支撑结构状况	全封闭、半封闭	1.0ϕ	1.3ϕ
	敞开	μ_{stw}	

注：1. μ_{stw} 值可将模板支架视为桁架，按现行国家标准《建筑结构荷载规范》GB 50009—2012 的规定计算。

2. ϕ 为挡风系数，$\phi=1.2A_n/A_w$，其中 A_n 为挡风面积；A_w 为迎风面积。

3. 全封闭：沿支撑架外侧全高全长用密目网封闭；

4. 半封闭：沿支撑架外侧全高全长用密目网封闭 30% ~ 70%；

5. 敞开：沿支撑架外侧全高全长无密目网封。

3）密目式安全立网全封闭支撑架挡风系数 ϕ 不宜小于 0.8。

4）泵送混凝土或不均匀堆载等因素产生的附加水平荷载（Q_3）的标准值应符合现行国家标准《混凝土结构工程施工规范》GB 50666—2011 的有关规定。

（6）荷载分项系数应按表 2-21 确定。

荷载分项系数　　　　　　　表 2-21

序号	验算项目		荷载分项系数	
			永久荷载 γ_G	可变荷载 γ_Q
1	稳定性验算 强度验算	永久荷载控制	1.35	1.4
		可变荷载控制	1.2	1.4
2	倾覆验算	倾覆	1.35	1.4
		抗倾覆	0.9	0
3	变形验算		1.0	1.0

（7）支撑结构设计时应取最不利荷载计算，参与支撑结构计算的各项荷载组合应符合表 2-22 规定。

参与支撑结构计算的各项荷载组合　　　　　　　表 2-22

计算内容	荷载效应组合
水平杆内力计算 水平杆变形计算 节点剪力计算	永久荷载（G_1，G_2，G_3）+ 施工荷载（Q_1）
立杆内力计算 立杆基础底面处的平均压力计算 单元桁架内力计算	永久荷载（G_1，G_2，G_3）+ 施工荷载（Q_1）
	永久荷载（G_1，G_2，G_3）+ 0.9[施工荷载（Q_1）+ 风荷载（Q_2）]

注：表中"+"仅表示各项荷载参与组合，而不代表数相加。

（三）水平杆设计计算

（1）水平杆抗弯强度验算应按下式计算：

$$\sigma = \frac{M}{W} \leqslant f$$

式中：M——水平杆弯矩设计值（N·mm）；

W——杆件截面模量（mm³）；

f——钢材强度设计值（N/mm²）。

（2）节点抗剪强度验算应符合下式要求：

$$R \leqslant V_R$$

式中：R——水平杆剪力设计值（N）；

V_R——节点抗剪承载力设计值，应按表 2-23 确定。

节点抗剪承载力设计值　　　　　　　表 2-23

节点类型		V_R（kN）
扣件节点	单扣件	8
	双扣件	12

（3）水平杆变形验算应符合下式要求：

$$v \leqslant [v]$$

式中：v——挠度（mm）；

$[v]$——受弯构件容许挠度，为跨度的 1/150 和 10mm 中的较小值。

（4）水平杆的弯矩与挠度计算应符合下列规定：

1）对水平杆为连续的支撑结构，当连续跨数超过三跨时宜按三跨连续梁计算；当连续跨数小于三跨时，应按实际跨连续梁计算。对水平杆不连续的支撑结构，应按单跨简支梁计算。

2）当计算纵向水平杆时，跨度宜取立杆纵向间距（ℓ_a），当计算横向水平杆时，跨度宜取立杆横向间距（ℓ_b）。

（四）稳定性计算

（1）立杆稳定性计算公式应符合下列规定：

1）不组合风荷载时：

$$\frac{N}{\varphi A} \leqslant f$$

2）组合风荷载时：

$$\frac{N}{\varphi A} + \frac{M}{W\left(1-1.1\varphi\dfrac{N}{N_E'}\right)} \leqslant f$$

式中：N——立杆轴力设计值（N）；

    ϕ——轴心受压构件的稳定系数，应根据长细比 λ 按《建设施工临时支撑结构技术规范》JGJ 300—2013 附录 A 取值。

    A——杆件截面积（mm^2）；

    f——钢材的抗压强度设计值（N/mm^2）；

    M——立杆弯矩设计值（$N\cdot mm$）；

    W——杆件截面模量（mm^3）；

    N_E'——立杆的欧拉临界力（N），$N_E' = \dfrac{\pi^2 EA}{\lambda^2}$；

    λ——杆件长细比，$\lambda = \ell_0 / i$；

    ℓ_0——立杆计算长度（mm）；

    i——杆件截面回转半径（mm）；

    E——钢材弹性模量（N/mm^2）。

（2）立杆轴力设计值（N）应按下列公式计算：

1）不组合风荷载时：

$$N = \gamma_G N_{Gk} + \gamma_Q N_{QK} \tag{2-29}$$

2）考虑风荷载组合时：

$$N = \gamma_G N_{Gk} + \psi_Q \gamma_Q (N_{QK} + N_{WK}) \tag{2-30}$$

式中：N_{Gk}——永久荷载引起的轴力标准值（N）；

    N_{QK}——施工荷载引起的轴力标准值（N）；

    N_{WK}——风荷载引起的立杆轴力标准值（N），按《建设施工临时支撑结构技术规范》JGJ 300—2013 第 4.4.5 条计算；

    γ_G——永久荷载分项系数；

    γ_Q——可变荷载分项系数；

ψ_Q——可变荷载组合值系数，取 0.9。

（3）风荷载作用于支撑结构，引起的立杆轴力标准值（N_{WK}）应按下列公式计算：

1）无剪刀撑框架式支撑结构：

$$N_{WK} = p_{WK}H^2 / 2B \qquad (2\text{-}31)$$

2）有剪刀撑框架式支撑结构：

$$N_{WK} = n_{wk}p_{wk}H^2 / 2B \qquad (2\text{-}32)$$

3）桁架式支撑结构中的单元桁架：

矩阵形组合时：

$$N_{WK} = p_{wk}H^2 / B \qquad (2\text{-}33)$$

梅花形组合时：

$$N_{WK} = 3p_{wk}l_bH^2 / B^2 \qquad (2\text{-}34)$$

式中：P_{WK}——风荷载的线荷载标准值（N/mm），$P_{WK} = w_k l_a$；

H——支撑结构高度（mm）；

B——支撑结构横向宽度（mm）；

n_{WK}——单元框架的纵向跨数；

W_K——H 高度处风荷载标准值（N/mm^2）；

l_a——立杆纵向间距（mm）；

l_b——立杆横向间距（mm）。

（4）立杆弯矩设计值（M）应按下列公式计算：

$$M = \gamma_Q M_{WK}$$

1）有剪刀撑框架式支撑结构、桁架式支撑结构：

$$M_{WK} = M_{LK}$$

2）无剪刀撑框架式支撑结构：

$$M_{WK} = M_{LK} + M_{TK}$$

其中：

$$M_{LK} = \frac{p_{wk}h^2}{10}$$

$$M_{TK} = \frac{p_{wk}hH}{2(n_b-1)}$$

式中：γ_Q——可变荷载分项系数；

M_{wk}——风荷载引起的立杆弯矩标准值（N·mm）；

M_{LK}——风荷载直接作用于立杆引起的立杆局部弯矩标准值（N·mm）；

M_{TK}——风荷载作用于无剪刀撑框架式支撑结构引起的立杆弯矩标准值（N·mm）；

h——立杆步距（mm）；

n_b——支撑结构立杆横向跨数。

（5）当支撑结构通过连墙件与既有结构做可靠连接时，可不考虑风荷载作用于支撑结构引起的立杆轴力（M_{wk}）和弯矩（M_{TK}）。

（6）无剪刀撑框架式支撑结构的立杆稳定性验算时，立杆计算长度（ℓ_0）应按下式计算：

$$\ell_0 = \mu h$$

式中：μ——立杆计算长度系数，应按《建筑施工临时支撑结构技术规范》JGJ 300—2013 附录 B 表 B-1 或表 B-2 取值。

（7）有剪刀撑框架式支撑结构中的单元框架稳定性验算时，立杆计算长度（ℓ_0）应按下式计算：

$$\ell_0 = \beta_H \beta_a \mu h$$

式中：μ——立杆计算长度系数，应按《建筑施工临时支撑结构技术规范》JGJ 300—2013 附录 B 表 B-3 或表 B-4 取值；

β_a——扫地杆高度与悬臂长度修正系数，应按《建筑施工临时支撑结构技术规范》JGJ 300—2013 附录 B 表 B-5 或表 B-6 取值；

β_H——高度修正系数，应按表 2-24 取值。

单元框架计算长度的高度修正系数 β_H　　　　　表 2-24

H（m）	5	10	20	30	40
β_H	1.00	1.11	1.16	1.19	1.22

（8）有剪刀撑框架式支撑结构和桁架式支撑结构的单元桁架在进行局部稳定性验算时，立杆计算长度（ℓ_0）应按下式计算：

$$\ell_0 = (1+2\alpha) h$$

式中：α——为 α_1、α_2 中的较大值；

α_1——扫地杆高度 h_1 与步距 h 之比；

α_2——悬臂长度 h_2 与步距 h 之比。

（五）抗倾覆验算

（1）抗倾覆验算应符合下式要求：

$$\frac{H}{B} \leq 0.54 \frac{g_k}{\omega_k}$$

式中：g_k——支撑结构自重标准值与受风面积的比值（N/mm^2），$g_k = \dfrac{G_{2k}}{LH}$；

G_{2k}——支撑结构自重标准值（N）；

L——支撑结构纵向长度（mm）；

B——支撑结构横向宽度（mm）；

H——支撑结构高度（mm）；

ω_k——风荷载标准值（N/mm^2）。

（2）符合下列情况之一时，可不进行支撑结构的抗倾覆验算：

1）支撑结构与既有结构有可靠连接时；

2）支撑结构高度（H）小于或等于支撑结构横向宽度（B）的3倍时。

（六）地基承载力验算

（1）支撑结构立杆基础底面的平均压力应符合下式要求：

$$P \leq f_g$$

式中：P——立杆基础底面的平均压力设计值（N/mm^2），$P=N/A_g$；

N——支撑结构传至立杆基础底面的轴力设计值（N）；

f_g——地基承载力设计值（N/mm^2）；

A_g——立杆基础底面积（mm^2）。

（2）支撑结构地基承载力应符合下列规定：

1）支承于地基土上时，地基承载力设计值应按下式计算：

$$f_g = k_c f_{ak}$$

式中：f_{ak}——地基承载力特征值。岩石、碎石土、砂土、粉土、黏性土及回
填土地基的承载力特征值，应按《建筑地基基础设计规范》GB
50007—2011 的规定确定。

k_c——支撑结构的地基承载力调整系数，宜按表 2-25 确定。

地基承载力调整系数 k_c　　　　　　　　　　　　　　　　表 2-25

地基类别	岩石、混凝土	黏性土、粉土	碎石土、砂土、回填土
k_c	1.0	0.5	0.4

2）当支承于结构构件上时，应按现行国家标准《混凝土结构设计规范》
GB 50010—2010 或《钢结构设计规范》GB 50017—2003 的有关规定对结构构
件承载能力和变形进行验算。

（3）立杆基础底面积（A_g）的计算应符合下列规定：

1）当立杆下设底座时，立杆基础底面积（A_g）取底座面积；

2）当在夯实整平的原状土或回填土上的立杆，其下铺设厚度为 50 ~ 60mm、
宽度不小于 200mm 的木垫板或木脚手板时，立杆基础底面积可按下式计算：

$$A_g = ab$$

式中：A_g——立杆基础底面积（mm^2），不宜超过 0.3m^2；

a——木垫板或木脚手板宽度（mm）；

b——沿木垫板或木脚手板铺设方向的相邻立杆间距（mm）。

四、依据《混凝土结构工程施工规范》GB 50666—2011 规范

（一）设计基本规定

（1）模板及支架的形式和构造应根据工程结构形式、荷载大小、地基土类别、
施工设备和材料供应等条件确定。

（2）模板及支架设计应包括下列内容：

1）模板及支架的选型及构造设计；

2）模板及支架上的荷载及其效应计算；

3）模板及支架的承载力、刚度验算；

4）模板及支架的抗倾覆验算；

5）绘制模板及支架施工图。

（3）模板及支架的设计应符合下列规定：

1）模板及支架的结构设计宜采用以分项系数表达的极限状态设计方法；

2）模板及支架的结构分析中所采用的计算假定和分析模型，应有理论或试验数据，或经工程验证可行；

3）模板及支架应根据施工过程中各种受力工况进行结构分析，并确定其最不利的作用效应组合；

4）承载力计算应采用荷载基本组合；变形验算可仅采用永久荷载标准值。

（4）模板及支架设计时，应根据实际情况计算不同工况下的各项荷载及其组合。各项荷载的标准值可按《混凝土结构工程施工规范》GB 50666—2011 附录 A 确定。

（5）模板及支架结构构件应按短暂设计状况进行承载力计算。

承载力计算应符合下式要求：

$$\gamma_0 S \leq \frac{R}{\gamma_R} \qquad (2\text{-}35)$$

式中：γ_0——结构重要性系数，对重要的模板及支架宜取 $\gamma_0 \geq 1.0$；对一般的模板及支架应取 $\gamma_0 \geq 0.9$；

S——模板及支架按荷载基本组合计算的效应设计值；

R——模板及支架结构构件的承载力设计值，应按国家现行有关标准计算；

γ_R——承载力设计值调整系数，应根据模板及支架重复使用情况取用，不应小于 1.0。

（6）模板及支架的荷载基本组合的效应设计值，可按下式计算：

$$S = 1.35\alpha \sum_{i \geq 1} S_{G_{ik}} + 1.4\psi_{cj} \sum_{j \geq 1} S_{Q_{jk}} \qquad (2\text{-}36)$$

式中：$S_{G_{ik}}$——第 i 个永久荷载标准值产生的效应值；

$S_{Q_{jk}}$——第 j 个可变荷载标准值产生的效应值；

α——模板及支架的类型系数：对侧面模板，取 0.9；对底面模板及支架，取 1.0；

ψ_{cj}——第 j 个可变荷载的组合值系数，宜取 $\psi_{cj} \geq 0.9$。

（7）模板及支架承载力计算的各项荷载可按表 2-26 确定，并应采用最不利的荷载基本组合进行设计。参与组合的永久荷载应包括模板及支架自重（G_1）、新浇筑混凝土自重（G_2）、钢筋自重（G_3）及新浇筑混凝土对模板的侧压力（G_4）

等；参与组合的可变荷载宜包括施工人员及施工设备产生的荷载（Q_1）、混凝土下料产生的水平荷载（Q_2）、泵送混凝土或不均匀堆载等因素产生的附加水平荷载（Q_3）及风荷载（Q_4）等。

参与模板及支架承载力计算的各项荷载 表 2-26

计算内容		参与荷载项
模板	底面模板的承载力	$G_1 + G_2 + G_3 + Q_1$
	侧面模板的承载力	$G_4 + Q_2$
支架	支架水平杆及节点的承载力	$G_1 + G_2 + G_3 + Q_1$
	立杆的承载力	$G_1 + G_2 + G_3 + Q_1 + Q_4$
	支架结构的整体稳定	$G_1 + G_2 + G_3 + Q_1 + Q_3$ $G_1 + G_2 + G_3 + Q_1 + Q_4$

注：表中的"+"仅表示各项荷载参与组合，而不代表代数相加。

（8）模板及支架的变形验算应符合下列规定：

$$a_{fG} \leqslant a_{f, lim} \qquad (2-37)$$

式中：a_{fG}——按永久荷载标准值计算的构件变形值；

$a_{f, lim}$——构件变形限值，按《混凝土结构工程施工规范》GB 50666—2011 第 4.3.9 条的规定确定。

（9）模板及支架的变形限值应根据结构工程要求确定，并宜符合下列规定：

1）对结构表面外露的模板，其挠度限值宜取为模板构件计算跨度的 1/400；

2）对结构表面隐蔽的模板，其挠度限值宜取为模板构件计算跨度的 1/250；

3）支架的轴向压缩变形限值或侧向挠度限值，宜取为计算高度或计算跨度的 1/1000。

（10）支架的高宽比不宜大于 3；当高宽比大于 3 时，应加强整体稳固性措施。

（11）支架应按混凝土浇筑前和混凝土浇筑时两种工况进行抗倾覆验算。支架的抗倾覆验算应满足下式要求：

$$\gamma_0 M_0 \leqslant M_r \qquad (2-38)$$

式中：M_0——支架的倾覆力矩设计值，按荷载基本组合计算，其中永久荷载的分项系数取 1.35，可变荷载的分项系数取 1.4；

M_r——支架的抗倾覆力矩设计值，按荷载基本组合计算，其中永久荷载的分项系数取 0.9，可变荷载的分项系数取 0。

（12）支架结构中钢构件的长细比不应超过表2-27规定的容许值。

支架结构钢构件容许长细比　　　　　　　　　　　表2-27

构件类别	容许长细比
受压构件的支架立柱及桁架	180
受压构件的斜撑、剪刀撑	200
受拉构件的钢杆件	350

（13）多层楼板连续支模时，应分析多层楼板间荷载传递对支架和楼板结构的影响。

（14）支架立柱或竖向模板支承在土层上时，应按现行国家标准《建筑地基基础设计规范》GB 50007—2011的有关规定对土层进行验算；支架立柱或竖向模板支承在混凝土结构构件上时，应按现行国家标准《混凝土结构设计规范》GB 50010—2010的有关规定对混凝土结构构件进行验算。

（15）采用钢管和扣件搭设的支架设计时，应符合下列规定：

1）钢管和扣件搭设的支架宜采用中心传力方式；

2）单根立杆的轴力标准值不宜大于12kN，高大模板支架单根立杆的轴力标准值不宜大于10kN；

3）立杆顶部承受水平杆扣件传递的竖向荷载时，立杆应按不小于50mm的偏心距进行承载力验算，高大模板支架的立杆应按不小于100mm的偏心距进行承载力验算；

4）支承模板的顶部水平杆可按受弯构件进行承载力验算；

5）扣件抗滑移承载力验算可按现行行业标准《建筑施工扣件式钢管脚手架安全技术规范》JGJ 130—2011的有关规定执行。

（二）荷载分类及大小

（1）模板及支架自重（G_1）的标准值应根据模板施工图确定。有梁楼板及无梁楼板的模板及支架自重的标准值，可按表2-28采用。

模板及支架的自重标准值（kN/m²）　　　　　　　　表2-28

项目名称	木模板	定型组合钢模板
无梁楼板的模板及小楞	0.30	0.50
有梁楼板模板（包含梁的模板）	0.50	0.75
楼板模板及支架（楼层高度为4m以下）	0.75	1.10

（2）新浇筑混凝土自重（G_2）的标准值宜根据混凝土实际重力密度 γ_c 确定，普通混凝土 γ_c 可取 24kN/m³。

（3）钢筋自重（G_3）的标准值应根据施工图确定。一般梁板结构，楼板的钢筋自重可取 1.1kN/m³，梁的钢筋自重可取 1.5kN/m³。

（4）采用插入式振动器且浇筑速度不大于 10m/h、混凝土坍落度不大于 180mm 时，新浇筑混凝土对模板的侧压力（G_4）的标准值，可按下列公式分别计算，并应取其中的较小值：

$$F = 0.28\gamma_c t_0 \beta V^{\frac{1}{2}} \tag{2-39}$$

$$F = \gamma_c H \tag{2-40}$$

当浇筑速度大于 10m/h，或混凝土坍落度大于 180mm 时，侧压力（G_4）的标准值可按公式（2-40）计算。

式中：F——新浇筑混凝土作用于模板的最大侧压力标准值（kN/m²）；

γ_c——混凝土的重力密度（kN/m³）；

t_0——新浇混凝土的初凝时间（h），可按试验确定；当缺乏试验资料时可采用 $t_0 = 200/(T+15)$ 计算，T 为混凝土的温度（℃）；

β——混凝土坍落度影响修正系数：当坍落度大于 50mm 且不大于 90mm 时，β 取 0.85；坍落度大于 90mm 且不大于 130mm 时，β 取 0.90；坍落度大于 130mm 且不大于 180mm 时，β 取 1.0；

V——浇筑速度，取混凝土浇筑高度（厚度）与浇筑时间的比值（m/h）；

H——混凝土侧压力计算位置处至新浇筑混凝土顶面的总高度（m）。

混凝土侧压力的计算分布图形如图 2-2 所示，图中 $h = F/\gamma_c$。

（5）施工人员及施工设备产生的荷载（Q_1）的标准值，可按实际情况计算，且不应小于 2.5kN/m²。

（6）混凝土下料产生的水平荷载（Q_2）的标准值可按表 2-29 采用，其作用范围可取为新浇筑混凝土侧压力的有效压头高度 h 之内。

（7）泵送混凝土或不均匀堆载等因素产生的附加水平荷载（Q_3）的标准值，可取计算工况下竖向永久荷载标准值的 2%，并应作用在模板支架上端水平方向。

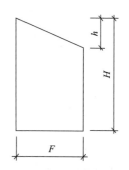

图 2-2　混凝土侧压力分布

h—有效压头高度；H—模板内混凝土总高度；F—最大侧压力

混凝土下料产生的水平荷载标准值（kN/m²）　　　　表 2-29

下料方式	水平荷载
溜槽、串筒、导管或泵管下料	2
吊车配备斗容器下料或小车直接倾倒	4

（8）风荷载（Q_4）的标准值，可按现行国家标准《建筑结构荷载规范》GB 50009—2012 的有关规定确定，此时基本风压可按 10 年一遇的风压取值，但基本风压不应小于 0.20kN/m²。

五、综合各规范的计算依据及算式

综合上述各规范的计算依据及算式，以下计算方法与工程实际相对比较吻合。

（一）荷载取值

（1）模板及支架自重标准值：应根据模板设计图纸计算及支架布置确定。

1）有梁楼板及无梁楼板的模板及支架自重的标准值，可参照表 2-30。

模板及支架的自重标准值（kN/m²）　　　　表 2-30

项目名称	木模板	定型组合钢模板	钢框架胶合板模板
无梁楼板的模板及小楞	0.30	0.50	0.4
有梁楼板模板（包含梁的模板）	0.50	0.75	0.6
楼板模板及支架（楼层高度为4m以下）	0.75	1.10	—

注：除钢、木外，其他材质模板重量见表 2-31。

模板设计中常用建筑材料自重表　　　　表 2-31

材料名称	单位	自重	备注
胶合三夹板（杨木）	kN/m²	0.019	—
胶合三夹板（椴木）	kN/m²	0.022	—
胶合三夹板（水曲柳）	kN/m²	0.028	—
胶合五夹板（杨木）	kN/m²	0.030	—
胶合五夹板（椴木）	kN/m²	0.034	—
胶合五夹板（水曲柳）	kN/m²	0.040	—
铸铁	kN/m³	72.50	—
钢	kN/m³	78.50	—
铝	kN/m³	27.00	—

续表

材料名称	单位	自重	备注
铝合金	kN/m³	28.00	—
普通砖	kN/m³	19.00	ρ=2.5 λ=0.81
黏土空心砖	kN/m³	11.00 ~ 4.50	ρ=2.5 λ=0.47
水泥空心砖	kN/m³	9.8	290×290×140, 85块
石灰炉渣	kN/m³	10 ~ 12	—
水泥炉渣	kN/m³	12 ~ 14	—
石灰锯末	kN/m³	3.4	石灰：锯末 = 1：3
水泥砂浆	kN/m³	20	
素混凝土	kN/m³	22 ~ 24	振捣或不振捣
矿渣混凝土	kN/m³	20	
焦渣混凝土	kN/m³	16 ~ 17	承重用
焦渣混凝土	kN/m³	10 ~ 14	填充用
铁屑混凝土	kN/m³	28 ~ 65	
浮石混凝土	kN/m³	9 ~ 14	—
泡沫混凝土	kN/m³	4 ~ 6	
钢筋混凝土	kN/m³	24 ~ 25	—
膨胀珍珠岩粉料	kN/m³	0.8 ~ 2.5	干，松散 λ=0.045 ~ 0.065
水泥珍珠岩制品	kN/m³	3.5 ~ 4	
膨胀蛭石	kN/m³	0.8 ~ 2	
聚苯乙烯泡沫塑料	kN/m³	0.5	λ < 0.03
稻草	kN/m³	1.2	
锯末	kN/m³	2 ~ 2.5	

2）满堂支撑架立杆承受的每米结构自重标准值，宜按表 2-32 取用。

满堂支撑架立杆承受的每米结构自重标准值 g_k（kN/m）　　　　表 2-32

步距 h (m)	横距 l_b (m)	纵距 l_a（m）							
		0.4	0.6	0.75	0.9	1.0	1.2	1.35	1.5
0.60	0.4	0.1691	0.1875	0.2012	0.2149	0.2241	0.2424	0.2562	0.2699
	0.6	0.1877	0.2062	0.2201	0.2341	0.2433	0.2619	0.2758	0.2897
	0.75	0.2016	0.2203	0.2344	0.2484	0.2577	0.2765	0.2905	0.3045
	0.9	0.2155	0.2344	0.2486	0.2627	0.2722	0.2910	0.3052	0.3194
	1.0	0.2248	0.2438	0.2580	0.2723	0.2818	0.3008	0.3150	0.3292
	1.2	0.2434	0.2626	0.2770	0.2914	0.3010	0.3202	0.3346	0.3490

续表

步距 h (m)	横距 l_b (m)	纵距 l_a (m)							
		0.4	0.6	0.75	0.9	1.0	1.2	1.35	1.5
0.75	0.6	0.1636	0.1791	0.1907	0.2024	0.2101	0.2256	0.2372	0.2488
0.90	0.4	0.1341	0.1474	0.1574	0.1674	0.1740	0.1874	0.1973	0.2073
	0.6	0.1476	0.1610	0.1711	0.1812	0.1880	0.2014	0.2115	0.2216
	0.75	0.1577	0.1712	0.1814	0.1916	0.1984	0.2120	0.2221	0.2323
	0.9	0.1678	0.1815	0.1917	0.2020	0.2088	0.2225	0.2328	0.2430
	1.0	0.1745	0.1883	0.1986	0.2089	0.2158	0.2295	0.2398	0.2502
	1.2	0.1880	0.2019	0.2123	0.2227	0.2297	0.2436	0.2540	0.2644
1.05	0.9	0.1541	0.1663	0.1755	0.1846	0.1907	0.2029	0.2121	0.2212
1.20	0.4	0.1166	0.1274	0.1355	0.1436	0.1490	0.1598	0.1679	0.1760
	0.6	0.1275	0.1384	0.1466	0.1548	0.1603	0.1712	0.1794	0.1876
	0.75	0.1357	0.1467	0.1550	0.1632	0.1687	0.1797	0.1880	0.1962
	0.9	0.1439	0.1550	0.1633	0.1716	0.1771	0.1882	0.1965	0.2048
	1.0	0.1494	0.1605	0.1689	0.1772	0.1828	0.1939	0.2023	0.2106
	1.2	0.1603	0.1715	0.1800	0.1884	0.1940	0.2053	0.2137	0.2221
1.35	0.9	0.1359	0.1462	0.1538	0.1615	0.1666	0.1768	0.1845	0.1921
1.50	0.4	0.1061	0.1154	0.1224	0.1293	0.1340	0.1433	0.1503	0.1572
	0.6	0.1155	0.1249	0.1319	0.1390	0.1436	0.1530	0.1601	0.1671
	0.75	0.1225	0.1320	0.1391	0.1462	0.1509	0.1604	0.1674	0.1745
	0.9	0.1296	0.1391	0.1462	0.1534	0.1581	0.1677	0.1748	0.1819
	1.0	0.1343	0.1438	0.1510	0.1582	0.1630	0.1725	0.1797	0.1869
	1.2	0.1437	0.1533	0.1606	0.1678	0.1726	0.1823	0.1895	0.1968
	1.35	0.1507	0.1604	0.1677	0.1750	0.1799	0.1896	0.1969	0.2042
1.80	0.4	0.0991	0.1074	0.1136	0.1198	0.1240	0.1323	0.1385	0.1447
	0.6	0.1075	0.1158	0.1221	0.1284	0.1326	0.1409	0.1472	0.1535
	0.75	0.1137	0.1222	0.1285	0.1348	0.1390	0.1475	0.1538	0.1601
	0.9	0.1200	0.1285	0.1349	0.1412	0.1455	0.1540	0.1603	0.1667
	1.0	0.1242	0.1327	0.1391	0.1455	0.1498	0.1583	0.1647	0.1711
	1.2	0.1326	0.1412	0.1476	0.1541	0.1584	0.1670	0.1734	0.1799
	1.35	0.1389	0.1475	0.1540	0.1605	0.1648	0.1735	0.1800	0.1864
	1.5	0.1452	0.1539	0.1604	0.1669	0.1713	0.1800	0.1865	0.1930

注：ϕ48.3×3.6 钢管，扣件自重按表 2-33 采用。表内中间值可按线性插入计算。

常用构配件与材料、人员的自重 表 2-33

名称	单位	自重	备注
扣件：直角扣件 旋转扣件 对接扣件	N / 个	13.2 14.6 18.4	—
人	N	800 ~ 850	—
灰浆车、砖车	kN/ 辆	2.04 ~ 2.50	—
普通砖 240mm×115mm×53mm	kN/m³	18 ~ 19	684 块 /m³，湿
灰砂砖	kN/m³	18	砂：石灰 = 92：8
瓷面砖 150mm×150mm×8mm	kN/m³	17.8	5556 块 /m³
陶瓷锦砖（马赛克）δ=5mm	kN/m³	0.12	—
石灰砂浆、混合砂浆	kN/m³	17	—
水泥砂浆	kN/m³	20	—
素混凝土	kN/ m³	22 ~ 24	—
加气混凝土	kN/ 块	5.5 ~ 7.5	—
泡沫混凝土	kN/m³	4 ~ 6	—

（2）新浇筑混凝土自重标准值：对普通混凝土可采用 24kN/m³，对其他混凝土应根据实际重力密度确定，也可按表 2-31 确定。

（3）钢筋自重标准值：对一般梁板结构每立方米钢筋混凝土的钢筋自重标准值，对楼板可采用 1.1kN/m³；对梁可采用 1.5kN/m³。当采用型钢混凝土结构时，型钢重量应根据实际情况确定。

（4）振捣混凝土作用于模板的侧压力标准值：采用插入式振动器且浇筑速度不大于 10m/h、混凝土坍落度不大于 180mm 时，新浇筑混凝土对模板的侧压力的标准值，可按下列公式分别计算，并应取其中的较小值：

$$F = 0.28\gamma_c t_0 \beta V^{\frac{1}{2}} \tag{2-41}$$

当浇筑速度大于 10m/h，或混凝土坍落度大于 180mm 时，侧压力的标准值可按公式（2-42）计算。

$$F = \gamma_c H \tag{2-42}$$

式中：F ——新浇筑混凝土作用于模板的最大侧压力标准值（kN/m²）；

γ_c ——混凝土的重力密度（kN/m³）；

t_0 ——新浇混凝土的初凝时间（h），可按试验确定；当缺乏试验资料时可采用 $t_0 = 200 /（T+15）$ 计算，T 为混凝土的温度（℃）；

β——混凝土坍落度影响修正系数:当坍落度大于50mm且不大于90mm时,
β取0.85;坍落度大于90mm且不大于130mm时,β取0.90;坍落度
大于130mm且不大于180mm时,β取1.0;

V——浇筑速度,取混凝土浇筑高度(厚度)与
浇筑时间的比值(m/h);

H——混凝土侧压力计算位置处至新浇筑混凝土
顶面的总高度(m)。

混凝土侧压力的计算分布图形如图2-3所示,图
中 $h=F/\gamma_C$。

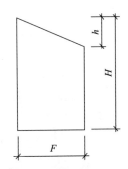

图2-3 混凝土侧压力分布

h—有效压头高度;H—模板内
混凝土总高度;F—最大侧压力

(5)施工人员及施工设备荷载标准值:当计算模板
和直接支承模板的小梁时,均布活荷载可取2.5 kN/m²,
再用集中荷载2.5kN进行验算,比较两者所得的弯矩
值取其大值;当计算直接支承小梁的主梁时,均布活
荷载标准值可取1.5kN/m²;当计算支架立柱及其他支
承结构构件时,均布活荷载标准值可取1.0kN/m²。

注:①对大型浇筑设备,如上料平台、混凝土输送泵等按实际情况计算;若采用布料机上料进行浇筑混凝
土时,活荷载标准值取4kN/m²。

②混凝土堆积高度超过100mm以上者按实际高度计算;

③模板单块宽度小于150mm时,集中荷载可分布于相邻的两块板面上。

(备注:施工人员及施工设备产生的荷载的标准值,可按实际情况计算,且不应小于2.5kN/m²)

(6)振捣混凝土时产生的荷载标准值:对水平面模板可采用2kN/m²,对垂
直面模板可采用4kN/m²(作用范围在新浇筑混凝土侧压力的有效压头高度之内)。

(7)倾倒混凝土时对垂直模板产生的水平荷载标准值:可按表2-34采用。

倾倒混凝土时产生的水平荷载标准值(kN/m²)　　　　表2-34

模板内供料方法	水平荷载
溜槽、串筒或导管	2
容量小于0.2m³的运输器具	2
容量为0.2～0.8m³的运输器具	4
容量大于0.8m³的运输器具	6

注:作用范围在有效压头高度以内。

(8)泵送混凝土或不均匀堆载等因素产生的附加水平荷载的标准值:可取
计算工况下竖向永久荷载标准值的2%,并应作用在模板支架上端水平方向。

（9）风荷载标准值：风荷载标准值应按现行国家标准《建筑结构荷载规范》GB 50009—2012 中的规定计算，其中基本风压值应按该规范附录 E 中的附表 E.5 中 $n=10$ 年的规定采用，并取风振系数 $\beta_z=1$。

$$w_K = \beta_z \mu_z \mu_s \omega_0 \qquad (2\text{-}43)$$

式中：w_K——风荷载标准值（kN/m^2）；

β_z——高度 z 处的风振系数，$\beta_z=1$；

μ_z——风压高度变化系数，按现行国家标准《建筑结构荷载规范》GB 50009—2012 的规定采用；

μ_s——模板支架风荷载体型系数，按表 2-35 的规定采用。

ω_0——基本风压值（kN/m^2），应按现行国家标准《建筑结构荷载规范》GB 50009—2012 的规定采用，取重现期 $n=10$ 对应的风压值，但基本风压不应小于 $0.20kN/m^2$。

模板支架风荷载体型系数　　　　　　　　　　表 2-35

背靠建筑物的状况		全封闭墙	敞开、框架和开洞墙
模板支架	全封闭、半封闭式	1.0φ	1.3φ
	敞开	μ_{stw}	
模　板		1.0	

注：1. μ_{stw} 值可将模板支架视为桁架，按现行国家标准《建筑结构荷载规范》GB 50009—2012 有关规定计算。

2. φ 为挡风系数，$\varphi_w=1.2A_n/A_w$，其中 A_n 为挡风面积；A_w 为迎风面积。敞开式模板支架的 φ 值应按表 2-36 的规定采用。

3. 全封闭：沿支撑架外侧全高全长用密目网封闭。

4. 半封闭：沿支撑架外侧全高全长用密目网封闭 30% ~ 70%。

5. 敞开：沿支撑架外侧全高全长无密目网封。

密目式安全立网全封闭支撑架挡风系数 φ 不宜小于 0.8。

敞开式满堂支撑架的挡风系数 φ 值　　　　　　表 2-36

步距 （m）	纵距										
	0.4	0.6	0.75	0.9	1.0	1.2	1.3	1.35	1.5	1.8	2.0
0.60	0.260	0.212	0.193	0.180	0.173	0.164	0.160	0.158	0.154	0.148	0.144
0.75	0.241	0.192	0.173	0.161	0.154	0.144	0.141	0.139	0.135	0.128	0.125
0.90	0.228	0.180	0.161	0.148	0.141	0.132	0.128	0.126	0.122	0.115	0.112
1.05	0.219	0.171	0.151	0.138	0.132	0.122	0.119	0.117	0.113	0.106	0.103
1.20	0.212	0.164	0.144	0.132	0.125	0.115	0.112	0.110	0.106	0.099	0.096

续表

步距 (m)	纵距										
	0.4	0.6	0.75	0.9	1.0	1.2	1.3	1.35	1.5	1.8	2.0
1.35	0.207	0.158	0.139	0.126	0.120	0.110	0.106	0.105	0.100	0.094	0.091
1.50	0.202	0.154	0.135	0.122	0.115	0.106	0.102	0.100	0.096	0.090	0.086
1.60	0.200	0.152	0.132	0.119	0.113	0.103	0.100	0.098	0.094	0.087	0.084
1.80	0.1959	0.148	0.128	0.115	0.109	0.099	0.096	0.094	0.090	0.083	0.080
2.00	0.1927	0.144	0.125	0.112	0.106	0.096	0.092	0.091	0.086	0.080	0.077

注：$\phi 48.3 \times 3.6$ 钢管。

（二）荷载效应组合

设计模板支架的承重构件时，应根据使用过程中可能出现的荷载取其最不利组合进行计算，荷载效应组合按表 2-37 采用。

模板及支架承载力计算的各项荷载可按 2-37 确定，并应采用最不利的荷载基本组合进行设计。参与组合的永久荷载应包括模板及支架自重（G_1）、新浇混凝土自重（G_2）、钢筋自重（G_3）及新浇混凝土对模板的侧压力（G_4）等；参与组合的可变荷载宜包括施工人员及施工设备产生的荷载（Q_1）、混凝土下料产生的水平荷载（Q_2）、泵送混凝土或不均匀堆载等因素产生的附加水平荷载（Q_3）及风荷载（Q_4）等。

参与模板及支架承载力计算的各项荷载组合　　　　表 2-37

计算内容		参与荷载项
模板	底面模板的承载力	$G_1 + G_2 + G_3 + Q_1$
	侧面模板的承载力	$G_4 + Q_2$
支架	支架水平杆及节点的承载力	$G_1 + G_2 + G_3 + Q_1$
	立杆的承载力	$G_1 + G_2 + G_3 + Q_1 + Q_4$
	支架结构的整体稳定	$G_1 + G_2 + G_3 + Q_1 + Q_3$ $G_1 + G_2 + G_3 + Q_1 + Q_4$

注：1. 表中"+"仅表示各项荷载参与组合，而不代表数相加。
2. 验算水平杆件挠度时，可变荷载不参与计算，永久荷载采用荷载标准值。

模板及支架结构构件应按短暂设计状况进行承载力计算。承载力计算应符合下列要求：

$$\gamma_0 S \leqslant \frac{R}{\gamma_R} \qquad (2\text{-}44)$$

式中：γ_0——结构重要性系数，对重要的模板及支架宜取 $\gamma_0 \geqslant 1.0$；对一般的模板及支架应取 $\gamma_0 \geqslant 0.9$；

S——模板及支架按荷载基本组合计算的效应设计值；

R——模板及支架结构构件的承载力设计值，应按国家现行有关标准计算；

γ_R——承载力设计值调整系数，应根据模板及支架重复使用情况取用，不应小于 1.0。

荷载分项系数应按表 2-38 确定。

荷载分项系数　　　　　　　　　　　　表 2-38

序号	验算项目		荷载分项系数	
			永久荷载 γ_G	可变荷载 γ_Q
1	稳定性验算 强度验算	永久荷载控制	1.35	1.4
		可变荷载控制	1.2	1.4
2	倾覆验算	倾覆	1.35	1.4
		抗倾覆	0.9	0
3	变形验算		1.0	1.0

模板及支架的荷载基本组合的效应设计值，可按下式计算：

$$S = 1.35\alpha \sum_{i \geqslant 1} S_{G_{ik}} + 1.4\psi_{cj} \sum_{j \geqslant 1} S_{Q_{jk}} \qquad (2\text{-}45)$$

式中：$S_{G_{ik}}$——第 i 个永久荷载标准值产生的效应值；

$S_{Q_{jk}}$——第 j 个可变荷载标准值产生的效应值；

α——模板及支架的类型系数：对侧面模板，取 0.9；对底面模板及支架，取 1.0；

ψ_{cj}——第 j 个可变荷载的组合值系数，宜取 $\psi_{cj} \geqslant 0.9$。

（三）基本设计规定

（1）模板支架的承载能力应按概率极限状态设计法的要求，采用分项系数设计表达式进行设计。应进行下列设计计算：

1）水平杆件计算；

2）立杆的稳定性计算；

3）连接扣件抗滑承载力（或可调托撑承载力）计算；

4）立杆地基承载力计算；

（2）计算构件的强度、稳定性与连接强度时，应采用荷载效应基本组合的设计值。永久荷载分项系数：对由永久荷载效应控制的组合，取1.35；对由可变荷载效应控制的组合，应取1.2；可变荷载分项系数应取1.4。

（3）脚手架中的受弯构件，尚应根据正常使用极限状态的要求验算变形。验算构件变形时，应采用荷载效应标准组合的设计值。各类荷载分项系数均应取1.0。

（4）当纵向或横向水平杆的轴线对立杆轴线的偏心距不大于55mm时，立杆稳定性计算中可不考虑此偏心距的影响。

（5）模板支架计算时，应先确定计算单元，明确荷载传递路径，并根据实际受力情况绘出计算简图。

（6）钢管、方木截面特性取值应根据材料进场后的抽样检测结果确定。无抽样检测结果时，可按表2-39查取相关数据。

脚手架钢管、方木截面几何特性表　　　　　　　　表2-39

类别	规格 （mm）	理论重量 （N/m）	截面积 A （cm²）	惯性矩 I （cm⁴）	截面模量 W （cm³）	回转半径 i （cm）
钢管	$\phi 48 \times 3.5$	38.4	4.89	12.19	5.077	1.58
	$\phi 48.3 \times 3.6$	39.7	5.06	12.71	5.26	1.59
方木	80×60	28.8	48.0	256.00	64.00	2.312
	80×80	38.4	64.0	341.33	85.33	2.312
	90×60	32.4	54.0	364.50	81.00	2.601
	100×50	30.0	50.0	416.67	83.33	2.890
	100×100	60.0	100.0	833.33	166.66	2.890

注：1. 钢管截面特性计算公式：

$$I = \frac{\pi}{64}(D^4 - d^4) \quad W = \frac{\pi}{32}\left[D^3 - \frac{d^4}{D}\right] \quad i = \frac{1}{4}\sqrt{D^2 + d^2}$$

式中：D——钢管外直径；

　　　d——钢管内直径。

2. 方木截面特性计算公式：

$$I = \frac{bh^3}{12} \quad W = \frac{bh^2}{6} \quad i = 0.289h$$

式中：b——方木宽度；

　　　h——方木高度。

（7）优先选用在梁两侧设置立杆的支撑模式，通过调整立杆纵向间距使其满足受力要求。在梁两侧设置立杆的基础上再在梁底增设立杆时，应按等跨连续梁进行计算，按表2-40、表2-41查取相关系数。

二等跨梁内力和挠度系数表　　　　　　　表 2-40

序次	荷载图	跨内最大弯矩		支座弯矩	剪力			跨度中点挠度	
		M_1	M_2	M_B	V_A	$V_{B左}$ $V_{B右}$	V_C	w_1	W_2
1		0.070	0.070	−0.125	0.375	−0.625 0.625	−0.375	0.521	0.521
2		0.156	0.156	−0.188	0.312	−0.688 0.688	−0.312	0.911	0.911
3		0.222	0.222	−0.333	0.667	−1.333 1.333	−0.667	1.466	1.466

注：1. 在均布荷载作用下：$M=$表中系数$\times ql^2$；$V=$表中系数$\times ql$；$V=$表中系数$\times ql^4/100EI$。

　　2. 在集中荷载作用下：$M=$表中系数$\times Fl$；$V=$表中系数$\times F$；$V=$表中系数$\times Fl^3/100EI$。

三等跨梁内力和挠度系数　　　　　　　表 2-41

序次	荷载图	跨内最大弯矩		支座弯矩		剪力				跨度中点挠度		
		M_1	M_2	M_B	M_C	V_A	$V_{B左}$ $V_{B右}$	$V_{C左}$ $V_{C右}$	V_D	w_1	w_2	w_3
1		0.080	0.025	−0.100	−0.100	0.400	−0.600 0.500	−0.500 0.600	−0.400	0.677	0.052	0.677
2		0.175	0.100	−0.150	−0.150	0.350	−0.650 0.506	−0.500 0.650	−0.350	1.146	0.208	1.146
3		0.244	0.067	−0.267	−0.267	0.733	−1.267 1.000	−1.000 1.267	−0.733	1.883	0.216	1.883

注：1. 在均布荷载作用下：$M=$表中系数$\times ql^2$；$V=$表中系数$\times ql$；$V=$表中系数$\times ql^4/100EI$。

　　2. 在集中荷载作用下：$M=$表中系数$\times Fl$；$V=$表中系数$\times F$；$V=$表中系数$\times Fl^3/100EI$。

（8）钢材的强度设计值与弹性模量应按表 2-42 采用。

钢材的强度设计值与弹性模量（N/mm²）		表 2-42
钢材抗拉、抗压、抗弯强度设计值 f	Q345 钢	300
	Q235 钢	205
弹性模量 E	2.06 × 10⁵	

（9）扣件、底座的承载力设计值应按表 2-43 采用。

扣件、底座、可调托撑的承载力设计值（kN）	表 2-43
项目	承载力设计值
对接扣件（抗滑）	3.20
直角扣件、旋转扣件（抗滑）	8.00
底座（抗压）、可调托撑（受压）	40.00

注：扣件螺栓拧紧扭力矩值不应小于 40N·m，且不应大于 65N·m。

（10）木材的强度设计值与弹性模量可参照表 2-44 采用。

木材强度设计值和弹性模量参考值（N/mm²）			表 2-44
名称	抗弯强度设计值 f_m	抗剪强度设计值 f_v	弹性模量 E
方木	13	1.3	9000
胶合板	15	1.4	6000

（11）受弯构件的挠度不应超过表 2-45 中规定的容许值。

受弯构件的容许挠度		表 2-45
结构表面状态		容许挠度 [v]
面板、水平杆件	结构表面外露	ℓ /400 与 5mm
	结构表面隐蔽	ℓ /250 与 5mm

注：ℓ 为受弯构件的跨度，对悬挑杆件为其悬伸长度的 2 倍。

（12）受压、受拉构件的长细比不应超过表 2-46 中规定的容许值。

受压、受拉构件的容许长细比 表 2-46

构件类别		容许长细比 [λ]
立杆	满堂支撑架	210
横向斜撑、剪刀撑中的压杆		250
拉杆		350

（四）水平构件设计计算

（1）模板支架水平构件的抗弯强度应按下列公式计算：

$$\sigma_m = \frac{M}{W} \leq f_m \qquad (2\text{-}46)$$

式中：σ_m——弯曲应力（N/mm²）；

M——弯矩设计值（N·mm），应按式（2-47）计算；

W——截面模量（mm³），按表 2-39 采用；

f_m——抗弯强度设计值（N/mm²），根据构件材料类别按表 2-42、表 2-44 采用，也可参考《建筑施工模板安全技术规范》JGJ 162—2008 规范附录 A 的表 A.5.1 ~ 表 A.5.3 采用。

（2）模板支架水平构件弯矩设计值应按下列公式计算：

$$M = \gamma_G \sum M_{Gk} + 1.4 \sum M_{Qk} \qquad (2\text{-}47)$$

式中：γ_G——永久荷载的分项系数：对由可变荷载效应控制的组合，应取 1.2；而对由永久荷载效应控制的组合，应取 1.35；

$\sum M_{Gk}$——模板自重、新浇混凝土自重与钢筋自重标准值产生的弯矩总和；

$\sum M_{Qk}$——施工人员及施工设备荷载标准值、振捣混凝土时产生的荷载标准值等产生的弯矩总和。

（3）在主平面内受弯的木实截面构件，其抗剪强度应按下式计算：

$$\tau = \frac{V S_0}{I b} \leq f_v \qquad (2\text{-}48)$$

式中：V——计算截面沿主平面作用的剪力设计值；

S_0——计算剪力应力处以上毛截面对中和轴的面积矩；

I——毛截面惯性矩；

b——构件的截面宽度；

f_v——木材顺纹抗剪强度设计值。查《建筑施工模板安全技术规范》JGJ 162—2008 规范表 B.3.1-3、表 B.3.1-4 和表 B.3.1-5。

（4）模板支架水平构件的挠度应符合下列公式规定：

$$v \leqslant [v] \tag{2-49}$$

式中：v——挠度（mm）；

简支梁承受均布荷载时：$v = \dfrac{5ql^4}{384EI}$

简支梁跨中承受集中荷载时：$v = \dfrac{Pl^3}{48EI}$

等跨连续梁的挠度见表 2-40、表 2-41。

q——均布荷载（N/mm）；

P——跨中集中荷载（N）；

E——弹性模量（N/mm²）；

I——截面惯性矩（mm⁴）；

ℓ——梁的计算长度（mm）；

$[v]$——容许挠度，不应大于受弯构件计算跨度的 1/250 或 5mm。

（5）计算横向、纵向水平杆的内力和挠度时，横向水平杆宜按简支梁计算；纵向水平杆宜按三跨连续梁计算。

（五）立杆设计计算

（1）计算立杆段的轴向力设计值 N_{ut}，应按下列公式计算：

不组合风荷载时：

$$N_{ut} = \gamma_G \sum N_{Gk} + 1.4 \sum N_{Qk} \tag{2-50}$$

组合风荷载时：

$$N_{ut} = \gamma_G \sum N_{Gk} + 0.9 \times 1.4 \sum N_{Qk} \tag{2-51}$$

式中：N_{ut}——计算段立杆的轴向力设计值（N）；

$\sum N_{Gk}$——模板及支架自重、新浇混凝土自重与钢筋自重标准值产生的轴向力总和（N）；

$\sum N_{Qk}$——施工人员及施工设备荷载标准值、振捣混凝土时产生的荷载标准值等产生的轴向力总和（N）。

（2）对单层模板支架，立杆的稳定性应按下列公式计算：

不组合风荷载时：

$$\frac{N_{ut}}{\varphi A K_H} + \frac{M_e}{W} \leqslant f \qquad (2\text{-}52)$$

组合风荷载时：

$$\frac{N_{ut}}{\varphi A K_H} + \frac{M_e}{W} + \frac{M_w}{W} \leqslant f \qquad (2\text{-}53)$$

对两层及两层以上模板支架，考虑叠合效应，立杆的稳定性应按下列公式计算：

不组合风荷载时：

$$\frac{K_d N_{ut}}{\varphi A K_H} + \frac{M_e}{W} \leqslant f \qquad (2\text{-}54)$$

组合风荷载时：

$$\frac{K_d N_{ut}}{\varphi A K_H} + \frac{M_e}{W} + \frac{M_w}{W} \leqslant f \qquad (2\text{-}55)$$

式中：N_{ut}——计算立杆段的轴向力设计值（N）；

φ——轴心受压立杆的稳定系数，应根据长细比 λ 和钢材屈服强度（f_y）由表 2-47 采用；

K_d——符合效应系数，取 1.05；

b 类截面轴心受压钢构件稳定系数 φ 表 2-47

$\lambda\sqrt{\dfrac{f_y}{235}}$	0	1	2	3	4	5	6	7	8	9
0	1.000	1.000	1.000	0.999	0.999	0.998	0.997	0.996	0.995	0.994
10	0.992	0.991	0.989	0.987	0.985	0.983	0.981	0.978	0.976	0.973
20	0.970	0.967	0.963	0.960	0.957	0.953	0.950	0.946	0.943	0.939
30	0.936	0.932	0.929	0.925	0.922	0.918	0.914	0.910	0.906	0.903
40	0.899	0.895	0.891	0.887	0.882	0.878	0.874	0.870	0.865	0.861
50	0.856	0.852	0.847	0.842	0.838	0.833	0.828	0.822	0.818	0.813
60	0.807	0.802	0.797	0.791	0.786	0.780	0.774	0.769	0.763	0.757

续表

$\lambda\sqrt{\dfrac{f_y}{235}}$	0	1	2	3	4	5	6	7	8	9
70	0.751	0.745	0.739	0.732	0.726	0.720	0.714	0.707	0.701	0.694
80	0.688	0.681	0.675	0.668	0.661	0.655	0.648	0.641	0.635	0.628
90	0.621	0.614	0.608	0.601	0.594	0.588	0.581	0.575	0.568	0.561
100	0.555	0.549	0.542	0.536	0.529	0.523	0.517	0.511	0.505	0.499
110	0.493	0.487	0.481	0.475	0.470	0.464	0.458	0.452	0.447	0.442
120	0.437	0.432	0.426	0.421	0.416	0.411	0.406	0.402	0.397	0.392
130	0.387	0.383	0.378	0.374	0.370	0.365	0.361	0.357	0.353	0.349
140	0.345	0.341	0.337	0.333	0.329	0.326	0.322	0.318	0.315	0.311
150	0.308	0.304	0.301	0.298	0.295	0.291	0.288	0.285	0.282	0.279
160	0.276	0.273	0.270	0.267	0.265	0.262	0.259	0.256	0.254	0.251
170	0.249	0.246	0.244	0.241	0.239	0.236	0.234	0.232	0.229	0.227
180	0.225	0.223	0.200	0.198	0.197	0.195	0.193	0.191	0.190	0.188
190	0.204	0.202	0.200	0.198	0.197	0.195	0.193	0.191	0.190	0.188
200	0.186	0.184	0.183	0.181	0.180	0.178	0.176	0.175	0.173	0.172
210	0.170	0.169	0.167	0.166	0.165	0.163	0.162	0.160	0.159	0.158
220	0.156	0.155	0.154	0.153	0.151	0.150	0.149	0.148	0.146	0.145
230	0.144	0.143	0.142	0.141	0.140	0.138	0.137	0.136	0.135	0.134
240	0.133	0.132	0.131	0.130	0.129	0.128	0.127	0.126	0.125	0.124
250	0.123									

λ——长细比，$\lambda=\dfrac{l_0}{i}$；

l_0——立杆计算长度（mm），按公式（2-56）、式（2-57）计算；

i——截面回转半径（mm），按表 2-39 采用；

A——立杆的截面面积（mm²），按表 2-39 采用；

K_H——高度调整系数，模板支架高度超过 4m 时采用，按公式（2-58）计算；

M_w——计算立杆段由风荷载设计值产生的弯矩（N·mm），应按公式（2-59）计算；

W——截面模量（mm³），按表 2-39 采用；

f——钢材的抗压强度设计值（N/mm²），按表 2-42 采用；

M_e——偏心距产生的附加弯矩，$M_e=N_{ut}e$，e 为偏心距。

（3）立杆计算长度 l_0 应按下列表达式计算的结果取最大值：

$$l_0 = h + 2a \qquad (2\text{-}56)$$

$$l_0 = k\mu h \qquad (2\text{-}57)$$

式中：h——立杆步距（mm）；

　　　a——模板支架立杆伸出顶层横向水平杆中心线至模板支撑点的长度（mm）；

　　　k——计算长度附加系数，按表 2-48 采用；

计算长度附加系数 k　　　　　　　　　　表 2-48

步距 h（m）	$h \leqslant 0.9$	$0.9 < h \leqslant 1.2$	$1.2 < h \leqslant 1.5$	$1.5 < h \leqslant 2.0$
k	1.243	1.185	1.167	1.163

　　　μ——考虑支架整体稳定因素的单杆等效计算长度系数，按表 2-49 采用。

模板支架的等效计算长度系数 μ　　　　　　　表 2-49

h/l_b ＼ h/l_a	1	1.2	1.4	1.6	1.8	2
1	1.845	1.804	1.782	1.768	1.757	1.749
1.2	1.804	1.720	1.671	1.649	1.633	1.623
1.4	1.782	1.671	1.590	1.547	1.522	1.507
1.6	1.768	1.649	1.547	1.473	1.432	1.409
1.8	1.757	1.633	1.522	1.432	1.368	1.329
2	1.749	1.623	1.507	1.409	1.329	1.272

注：h——立杆步距（m）；

　　l_a——立杆纵距（m）；

　　l_b——立杆横距（m）。

　　当 h/l_a 或 h/l_b 大于 2 时，应按 2.0 取值。

（4）当模板支架高度超过 4m 时，应采用高度调整系数 K_H 对立杆的稳定承载力进行调降，按下列公式计算：

$$K_H = \frac{1}{1 + 0.005(H-4)} \qquad (2\text{-}58)$$

式中：H——模板支架高度（m）。

（5）由风荷载产生的弯矩设计值 M_w，应按下列公式计算：

$$N_w = 0.9 \times (1.35 \sum_{i=1}^{n} N_{Gik} + 1.4 \sum_{i=1}^{n} N_{Qik}) \tag{2-59}$$

$$M_w = \frac{1.4 w_k \ell_a h^2}{10} \tag{2-60}$$

式中：$\displaystyle\sum_{i=1}^{n} N_{Gik}$——各恒载标准值对立杆产生的轴向力之和；

$\displaystyle\sum_{i=1}^{n} N_{Qik}$——各活荷载标准值对立杆产生的轴向力之和，另加 $\dfrac{M_w}{\ell_b}$ 的值；

M_w——风荷载标准值产生的弯矩（N·mm）；

W_k——风荷载标准值（N/mm²），按公式（2-43）计算；

ℓ_a——立杆纵距（mm）；

ℓ_b——与迎风面垂直方向的立柱间距；

h——立杆步距（mm）。

（6）考虑风荷载产生的附加轴力，验算边梁和中间梁下立杆的稳定性，对单层支架按下式重新验算：

$$\sigma = \frac{N_{ut} + N_i}{\varphi A K_H} \leqslant f \tag{2-61}$$

对两层及两层以上支架，考虑叠合效应，按下式验算：

$$\frac{K_d N_{ut} + N_i}{\varphi A K_H} \leqslant f \tag{2-62}$$

式中：N_i——验算立杆的附加轴力；

K_d——叠合效应系数，取 1.05。

（六）抗倾覆验算

（1）抗倾覆验算应符合下式要求：

$$\frac{H}{B} \leqslant 0.54 \frac{g_k}{w_k} \tag{2-63}$$

式中：g_k——支撑结构自重标准值与受风面积的比值（N/mm²），$g_k = \dfrac{G_{2k}}{LH}$；

G_{2k}——支撑结构自重标准值（N）；

L——支撑结构纵向长度（mm）；

B——支撑结构横向宽度（mm）；

H——支撑结构高度（mm）；

w_k——风荷载标准值（N/mm²）。

（2）符合下列情况之一时，可不进行支撑结构的抗倾覆验算：

1）支撑结构与既有结构有可靠连接时；

2）支撑结构高度（H）小于或等于支撑结构横向宽度（B）的3倍时。

支架应按混凝土浇筑前和混凝土浇筑时两种工况进行抗倾覆验算。支架的抗倾覆验算应满足下式要求：

$$\gamma_0 M_0 \leqslant M_r \qquad (2\text{-}64)$$

式中：M_0——支架的倾覆力矩设计值，按荷载基本组合计算，其中永久荷载的分项系数取 1.35，可变荷载的分项系数取 1.4；

M_r——支架的抗倾覆力矩设计值，按荷载基本组合计算，其中永久荷载的分项系数取 0.9，可变荷载的分项系数取 0。

（七）立杆地基承载力计算

（1）立杆基础底面的平均压力应满足下列公式的要求：

$$p = \frac{N}{A} \leqslant m_f f_{ak} \qquad (2\text{-}65)$$

式中：p——立柱底垫木的底面平均压力；

N——上部立柱传至垫木顶面的轴向力设计值；

A——垫木底面面积；

f_{ak}——地基土承载力设计值，应按现行国家标准《建筑地基基础设计规范》GB 50007—2011 的规定或工程地质报告提供的数据采用；

m_f——立柱垫木地基土承载力折减系数，应按表 2-50 采用。

地基土承载力折减系数（m_f）　　　　　表 2-50

地基土类别	折减系数	
	支承在原土上时	支承在回填土上时
碎石土、砂土、多年填积土	0.8	0.4
粉土、黏土	0.9	0.5
岩石、混凝土	1.0	—

注：1. 立柱基础应有良好的排水措施，支安垫木前应适当洒水将原土表面夯实夯平；

　　2. 回填土应分层夯实，其各类回填土的干重度应达到所要求的密实度。

建筑扣件式钢管模板支撑体系与安全

（2）对搭设在楼面等建筑结构上的脚手架，应对支撑架体的建筑结构进行承载力验算，当不能满足承载力要求时应采取可靠的加固措施。

第三节　特殊情况下的计算方法

一、型钢混凝土梁

型钢混凝土梁的模板支撑形式种类很多，根据工程情况的不同，可以合理地选择型钢混凝土梁的模板支撑形式，既要满足强度和承载力的要求，又要兼顾经济效益。常见的模板支撑形式有落地扣件式钢管支撑法、吊模施工法、架设钢结构支撑法、埋设型钢及钢桁架等。

（一）落地支撑施工法

落地扣件式钢管支撑法是最为常见的模板支撑形式，在型钢混凝土梁施工时，将所有荷载通过支撑体系传递到地面或楼板。为保证荷载传递的正确性，与普通混凝土梁相比，型钢梁的模板体系要承受更大的荷载，因此需要对支撑体系立杆的强度和稳定性进行验算，为了保证模板变形在规定范围内，应使用刚度大的模板。如图2-4所示。

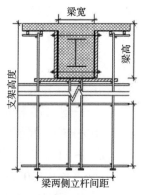

图2-4　型钢混凝土梁落地支撑法示意图（单位：m）

安全计算方法：由于型钢梁混凝土结构截面大，安全度高，承受上部的荷载较大，梁的钢筋配筋率相对也高，所以在钢筋自重荷载标准值的取值要考虑多一点，一般采用3kN/m³。其他荷载取值、分项系数及采用的计算公式与普通梁模板支架计算一致。

（二）挂模施工法

挂模施工法的原理是充分利用了型钢梁结构的承载力，通过外加辅助构件，使混凝土自重荷载和施工荷载由其本身承担，并且传递给下部受力结构。这种

68

施工方法可以取消下部的支撑体系，在不设下部支撑结构的情况下进行型钢梁混凝土的施工，极大节约了模板支撑材料。吊模系统的主要组成部分以及荷载的传递路径如图2-5～图2-7所示。

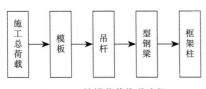

图2-5 挂模荷载传递路径

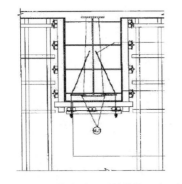

图2-6 型钢梁自承重挂模体系（一）

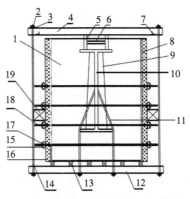

图2-7 型钢梁自承重挂模体系（二）

1—混凝土；2—螺母；3—垫片；4—上挂型钢梁；5—工字翼缘；6—工字腹板；7—连接角钢；8—侧模板；9—加筋肋；10—型钢梁；11—吊筋；12—下挂型钢梁；13—方木；14—吊杆；15—钢管；16—竖楞；17—山形销；18—对拉螺杆；19—固定方木

安全计算方法：挂模施工法是利用已成型的型钢骨架平衡全部或部分施工荷载，可以极大地改善支撑受力性能的一种模板支撑施工方法。采用挂模施工时应考虑型钢的受力必须满足：① 最大挠度小于型钢混凝土梁的挠度允许值 v（一般取梁计算跨度的 $\ell/250$）；②最大应力小于型钢的强度设计值。

挂模体系的受力分析包括对型钢梁、吊杆、吊杆连接槽钢、对拉螺杆、侧模板、底模板、侧模内外龙骨和底模内外龙骨的受力计算分析。

①型钢梁受力分析：根据选择挂模体系的判定条件，需要计算出施工阶段型钢梁的最大应力和最大挠度。与此相关的基本参数有型钢梁计算跨度、吊杆沿纵向分布的间距、挂模体系单元承受的施工集中荷载、型钢梁的刚度和截面抵抗矩。力学分析模型见图2-8。

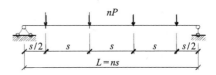

图2-8 施工阶段型钢梁的力学分析模型

由简支梁弹性弯曲理论，得施工阶段型钢梁的最大应力 σ_{max} 和最大挠度 v_{max}，为：

$$v_{max} = \frac{(5n^4 + 2n^2 + 1) P_3 L^3}{384 n^3 EI} \quad (n\ 为奇数)$$

$$\sigma_{max} = \frac{n^2 + 1}{8nW} P_1 L \quad (n\ 为奇数)$$

$$v_{max} = \frac{5n^2 + 2}{384nEI} P_3 L^3 \quad (n\ 为偶数)$$

$$\sigma_{max} = \frac{n}{8W} P_1 L \quad (n\ 为偶数)$$

其中，$L=ns$，为型钢梁计算跨度；s 为吊杆沿纵向分布的间距，按工程经验一般为 400 ~ 800mm；n 为挂模单元个数；S_1 和 S_3 分别为施工线荷载效应组合设计值和标准值，与型钢混凝土梁截面尺寸有关，参考《建筑施工模板安全技术规范》JGJ 162—2008 取值；P_1 和 P_3 分别为吊模体系单元施工集中力荷载效应组合设计值和标准值，$P_1=S_1 \cdot s$，$P_3=S_3 \cdot s$；EI 为型钢刚度；W 为型钢截面抵抗矩。

②吊杆受力分析：每个挂模体系单元中含有内侧和外侧吊杆各 2 根，平均承受挂模体系单元的荷载，按拉杆考虑，仅需验算抗拉强度

$$\sigma = F/A \leqslant f_a$$

其中，F 为一根吊杆所承受的拉力 $F=1/4S_1 \cdot s$；A 为吊杆截面积；f_a 为吊杆抗拉强度设计值。

③吊杆连接槽钢受力分析：吊杆连接槽钢按弯剪钢结构构件考虑，需要分析抗弯强度、抗剪强度和整体稳定性。

最大弯矩为 $\quad M_x = F(b - b_1)/2$

最大剪力为 $\quad V_x = F$

抗弯强度验算 $\quad \sigma = M_x/(\gamma_x W_x) \leqslant f$

抗剪强度验算 $\quad \tau = VS_x/(It_w) \leqslant f_v$

整体稳定验算 $\quad \sigma = M_x/(\varphi_b W_x) \leqslant f$

其中，b 为连接槽钢上吊杆孔位中心距离；b_1 为槽钢支脚间距；γ_x 为截面塑性发展系数；M_x 为截面绕 x 轴的弯矩；W_x 为对 x 轴的净截面模量；t_w 为腹板厚度；S_x 为计算剪应力处以上毛截面对中和轴的面积距；φ_b 为梁的整体稳定性系数；

f为钢材抗弯强度设计值;f_v为钢材抗剪强度设计值。

④其他构件受力分析:对拉螺杆按拉杆进行抗拉强度验算。侧模板、底模板、侧模内外龙骨和底模内外龙骨均按多跨连续梁(弯剪构件)考虑,并对抗弯强度、抗剪强度和变形等进行受力分析和验算。

(三)组合式挂模施工法

考虑到采用挂模时上部支撑构件较高,稳定性不够,挂模体系的安全性难以保证,在这种情况下应优先采用组合式挂模支撑体系(图2-9、图2-10)。组合式挂模支撑体系荷载传递路径分两部分,一部分为:型钢梁施工荷载→模板→吊杆→型钢→框架柱;另一部分为:型钢梁施工荷载→模板→支撑纵向钢管→立杆→基础。

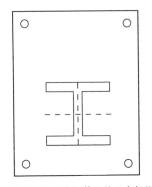

图2-9 型钢在梁截面的下半部位

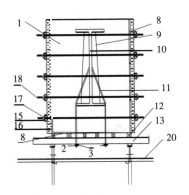

图2-10 组合式挂模体系

安全计算方法:参照落地支撑法与挂模施工法并结合两者的计算步骤和内容进行计算。

二、桁架梁

桁架梁的承重支模架上部荷载取值按最不利因素考虑,即取上、下弦杆及腹杆的总荷载进行计算。如图2-11 ~ 图2-13 所示。

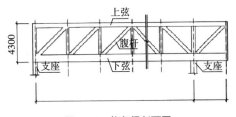

图2-11 桁架梁剖面图

承重支模架计算高度取上弦梁面标高至支撑基础面标高的高度。桁架混凝土分两次浇筑,先浇筑下弦,再浇筑腹杆及上弦混凝土,对支架在浇筑混凝土的过程中的安全有利；一般设计桁架为简支结构，混凝土浇筑完成后支座仍未受力，全部荷载（包括联系梁、板）最终仍由该部分的支架承担，因此仍须按照全部荷载验算立杆稳定性及地基承载力。为方便计算，整个桁架（包括联系梁、板）折算为等效矩形单梁进行验算。

①在桁架混凝土浇筑完成前，其下部结构的支模架不得拆除，在整个施工过程中施工部位周边的防护结构不得拆除。②在浇筑桁架部位梁板混凝土时，必须确保下部柱子已经浇筑完成并达到80%设计强度，桁架部位支模架必须与周边柱子有效连接。③在浇筑混凝土时应确保分层对称，避免集中堆放和荷载不均对架体稳定性产生影响。④施工过程中应配置专人监测承重架并对架体进行检查，如发现松动或变形应及时停止浇筑混凝土并分析原因，待异常情况排除后方可继续施工。⑤搭设承重支模架的操作人员必须持有上岗证，拆除过程

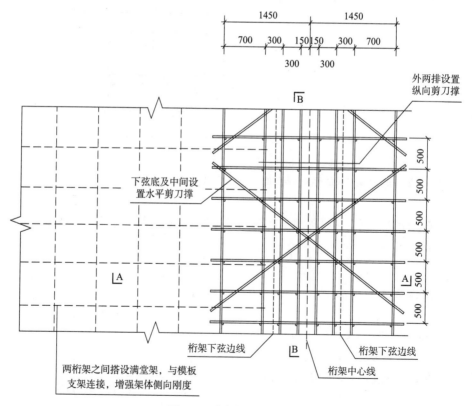

图 2-12 桁架梁支模平面图

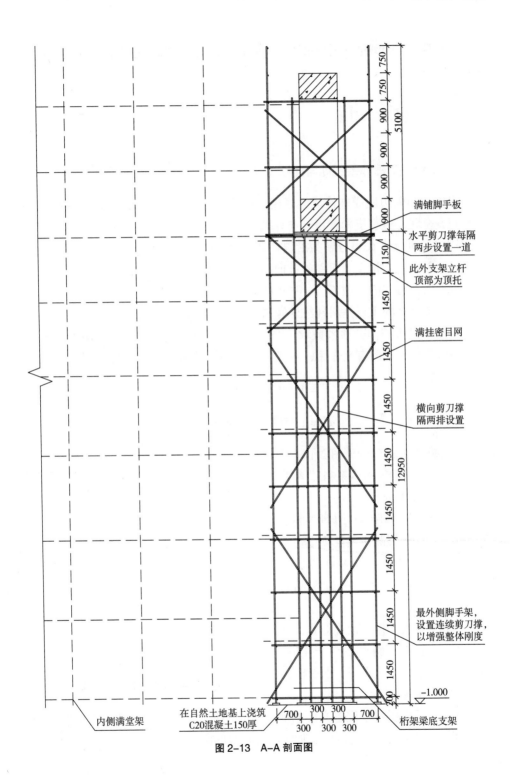

图 2-13 A-A 剖面图

中必须加强防护和增设安全警戒人员,地面应设围栏和警戒标志,并派专人看守,防止坠物伤人。

三、斜柱、斜板、斜梁

(一)斜柱支撑体系设计与计算

将斜柱的侧边底模转换成梁底模,按照最大截面尺寸、最高点支撑高度及最不利安全状态进行支模架设计与计算。

斜柱竖向荷载 G 可分解为沿斜柱和垂直于斜柱 2 个方向,斜柱模板支撑系统实际上只要能承担垂直于斜柱方向的荷载即可保证承载安全。

垂直斜柱方向的荷载 G_1 又可分解为竖向和水平荷载。经力的分解,斜柱模板支撑系统承载的重点是斜柱往外倾斜的水平荷载 F_x。

斜柱整段重 G,分项系数取 1.35,斜柱与水平面夹角 α,不考虑混凝土浇筑速度对荷载形成的有利作用,水平和竖向荷载可分别按下式计算,偏于安全:

$$F_x = 1.35G\cos\alpha\sin\alpha \qquad (2\text{-}66)$$

$$F_y = 1.35G\cos\alpha\cos\alpha \qquad (2\text{-}67)$$

斜柱施工荷载分解见图 2-14。

扣件式钢管支撑体系搭设参数及构造加强措施如下:

(1)立杆纵、横距 1m,步距 1.5m,整体宽出拟浇筑混凝土斜柱顶端距离 ≥ 2 跨。其中为保证 ϕ900 斜柱钢模安装操作空间需要,斜柱两侧立杆间距为 1.5m。

(2)模板底板设置钢管斜撑,倾角 ≥ 20° 的斜柱,斜撑不少于 4 道。斜撑与预埋锚固件、立杆、水平杆扣接,以防斜撑滑动。

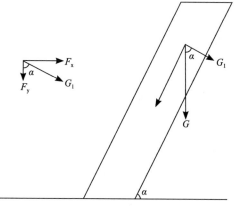

图 2-14 斜柱施工荷载分解图

(3)除了按照规范设置必要的剪刀撑外,在排架外立面设置连续的竖向剪刀撑,同时在斜柱排架范围内增加竖向剪刀撑的设置。

（4）混凝土浇筑过程中，振捣棒产生的冲击荷载及混凝土的自重因素等作用下可能导致斜柱模板支撑体系往外倾斜，因此，斜柱模板顶部预先内倾 10～20mm，以抵消此不利因素造成的影响。

斜柱模板支撑体系平面、剖面示意图见图 2-15、图 2-16。

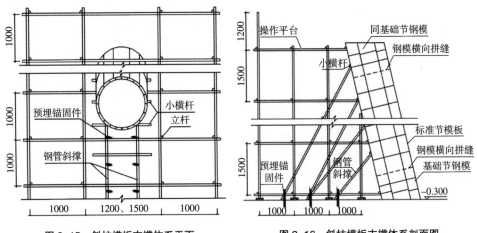

图 2-15 斜柱模板支撑体系平面　　　　　图 2-16 斜柱模板支撑体系剖面图

（二）斜梁板支撑体系设计与计算

斜梁、斜板结构一般在大型体育场馆、异形结构及斜屋面等建筑中常见，如图 2-17 所示。

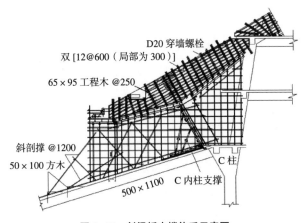

图 2-17 斜梁板支撑体系示意图

在模板支撑系统搭设时，由于支撑系统要承受斜梁、斜板传来的横向推力，因此支撑架体应增加斜撑和水平横杆，与承重架体连成整体，以防止斜梁、斜板混凝土浇筑时产生的水平作用力将支撑系统破坏而导致质量安全事故。

其支撑架安全计算方法参见斜柱的计算方法。

第三章

构造要求

第一节　水平杆的设置构造要求

在模架搭设过程中纵向水平杆接长宜采用对接扣件连接，也可采用搭接；纵向水平杆应设置在立杆内侧，其长度不宜小于 3 跨；横向水平杆应放置在纵向水平杆上部，主节点处必须设置横向水平杆；杆件接头应交错布置，两根相邻杆件接头不应设置在同步或同跨内，接头位置错开距离不应小于 500mm，各接头中心至主节点的距离不宜大于纵距的 1/3；搭接接头的搭接长度不应小于 1m，应采用不少于 3 个旋转扣件固定。其水平杆的设置构造要求，在《建筑施工扣件式钢管脚手架安全技术规范》JGJ 130—2011 等规范中各自有相应条文规定，各条文的表述见表 3-1；应结合工程项目具体情况，合理的设置水平杆，确保支架在施工期间的安全。

水平杆的设置构造要求   表 3-1

《建筑施工扣件式钢管脚手架安全技术规范》JGJ 130—2011	《建筑施工扣件式钢管模板支架技术规程》DB 33/1035—2006	《建筑施工模板安全技术规范》JGJ 162—2008	《混凝土结构工程施工规范》GB 50666—2011	《建筑施工临时支撑结构技术规范》JGJ 300—2013
6.2.1 水平杆应采用对接扣件连接或搭接，水平杆的接头不应设置在同步或同跨内，不同步或不同跨两个相邻接头在水平方向错开的距离不应小于 500mm，各接头中心至最近主节点的距离不应大于纵距的 1/3；搭接长度不应小于 1m，应等距设置 3 个旋转扣件固定；端部扣件盖板边缘至搭接水平杆杆端的距离不应小于 100mm。 6.2.2 作业层上非主节点的横向水平杆，宜根据支承脚手板的需要等间距设置，最大间距不应大于纵距的 1/2 6.2.3 主节点处必须设置一根横向水平杆，用直角扣件且严禁拆除	6.2.1 水平杆接长宜采用对接扣件连接也可采用搭接，对接扣件应交错布置，两根相邻纵向水平杆的接头不宜设置在同步或同跨内，不同步或不同跨两个相邻接头在水平方向错开的距离不应小于 500mm，接头至最近主节点的距离不宜大于纵距的 1/3，搭接长度不应小于 1m，应等距设置 3 个旋转扣件固定，端部扣件盖板边缘至搭接水平杆杆端的距离不应小于 100mm 6.2.2 主节点处必须设置一根横向水平杆，用直角扣件且严禁拆除。主节点两个直角扣件的中心距不应大于 150mm 6.2.3 每步的纵、横向水平杆应双向拉通	6.1.9 第 3 条：在满足模板设计所确定的水平拉杆步距要求条件下，进行平均分配步距，在每个步距间横向应各设一道水平拉杆；当层高在 8-20m 时，在最顶步距两个水平拉杆中间应加设一道水平拉杆；当层高大于 20m 时，在最顶两步步水平拉杆中间应分别增加一道水平拉杆。所有水平拉杆的端部均应与四周建筑物顶紧顶牢。 6.1.9 第 4 条：水平拉杆应采用搭接，并应用铁钉钉牢，搭接长度不得小于 500mm，用两个旋转扣件分别在离杆端不小于 100mm 处进行固定	4.4.7 第 4 条：立杆步距的上下两端应设置双向水平杆，水平杆与立杆的交错点应采用扣件连接，双向水平杆与立杆的连接扣件之间的距离不应大于 150mm。 4.4.7 第 4 条：水平杆搭接长度不应小于 0.8m，且不应少于 2 个扣件连接，扣件盖板边缘至杆端不应大于 100mm	5.2.5 纵横水平杆均应与立杆连接，其连接点间距不应大于 150mm。 5.2.6 当承受荷载较大时，立杆需加密时，加密区的水平杆应向非加密区延伸至少两跨 5.2.7 支撑结构非加密区立杆、水平杆间距应加密区间距互为倍数

第二节　间距、步距的设置要求

对于模板支架立杆纵横向间距宜控制在 900mm 之内，最大不应大于 1200mm；而对于模架步距除满足设计要求外，超限结构控制在 1500mm 之内，最大不应大于 2000mm。在《建筑施工扣件式钢管脚手架安全技术规范》JGJ 130—2011 等规范中各自也有相应条文规定，各条文的表述见表 3-2；应结合工程项目具体情况，区分普通模板支架和超限模板支架，合理的设置间距、步距，确保支架在施工期间的安全。

间距、步距的设置要求　　　　　　　　　　表 3-2

《建筑施工扣件式钢管脚手架安全技术规范》JGJ 130—2011	《建筑施工扣件式钢管模板支架技术规程》DB 33/1035—2006	《建筑施工模板安全技术规范》JGJ 162—2008	《混凝土结构工程施工规范》GB 50666—2011	《建筑施工临时支撑结构技术规范》JGJ 300—2013
6.3.4 单、双排脚手架底层步距不应大于 2m	6.1.5 立杆的纵横距离不应大于 1200mm，对于超限模板支架，立杆间距除满足设计要求外，不应大于 900mm。 6.1.6 模板支架底层步距，应满足设计要求，且不应大于 1.8m。超限模板支架步距不宜大于 1.5m	无	4.4.7 第 2 条：立杆纵距、立杆横距不应大于 1.5m，支架步距不应大于 2.0m；对于高大模板支架立杆纵距、立杆横距不应大于 1.2m，支架步距不应大于 1.8m	无

第三节　立杆的设置构造要求

在模板支架搭设过程中，立杆接长除顶层顶步外，其余各层各步接头必须采用对接扣件连接；立杆采用对接接长，传力明确，没有偏心，可提高承载能力。立杆的设置构造要求，在《建筑施工扣件式钢管脚手架安全技术规范》JGJ 130—2011 等规范中各自也有相应条文规定，各条文的表述见表3-3；应结合工程项目具体情况，合理的设置立杆，确保支架在施工期间的安全。

立杆的设置构造要求 表3-3

《建筑施工扣件式钢管脚手架安全技术规范》JGJ 130—2011	《建筑施工扣件式钢管模板支架技术规程》DB 33/1035—2006	《建筑施工模板安全技术规范》JGJ 162—2008	《混凝土结构工程施工规范》GB 50666—2011	《建筑施工临时支撑结构技术规范》JGJ 300—2013
6.3.5 立杆接长除顶层顶步外，其余各层各步接头必须采用对接扣件连接； 6.3.6 当立杆采用对接接长时，立杆的对接扣件应交错布置，两根相邻立杆的接头不应设置在同步内，同步内隔一根立杆的两个相邻接头在高度方向错开的距离不宜小于500mm；各接头中心至主节点的距离不宜大于步距的1/3；当立杆采用搭接长时，搭接长度不应小于1m，并应采用不少于2个旋转扣件固定。端部扣件盖板的边缘至杆端距离不应小于100mm	立杆接长应采用对接扣件连接，对接扣件应交错布置，两根相邻立杆的接头不应设置在同步内。 6.1.8 立杆接长时，同步内隔一根立杆的两个相隔接头在高度方向错开的距离不宜小于500mm，各接头中心至主节点的距离不宜大于步距的1/3	6.2.4 第3条：立柱接长严禁搭接，必须采用对接扣件连接，相邻两个立柱的对接接头不得在同步内，且对接接头沿竖向错开的距离不宜小于500mm，各接头中心距主节点不宜大于步距的1/3 6.2.4 第4条：严禁将上段的钢管立柱与下段钢管立柱错开固定于水平拉杆上	4.4.7 第3条：立杆接长除顶层步距可采用搭接外，其余各层步距接头应采用对接扣件连接，两个相邻立杆的接头不应设置在同一步距内；对于高大模板支架时，立杆顶层步距内采用搭接时，搭接长度不应小于1m，且不应少于3个扣件连接。 4.4.8 第6条：立杆的搭设垂直偏差不宜大于1/200，且不宜大于100mm	5.1.3 起步立杆宜采用不同长度立杆交错布置；立杆的接头宜采用对接

第四节　扫地杆的设置构造要求

支架底部必须连续设置纵横向扫地杆，钢管中心距地面不得大于200mm，横向扫地杆应设置在纵向扫地杆下方。扫地杆的设置构造要求，在《建筑施工扣件式钢管脚手架安全技术规范》JGJ 130—2011 等规范中各自也有相应条文规定，各条文的表述见表3-4；应结合工程项目具体情况，合理的设置扫地杆，确保支架在施工期间的安全。

扫地杆的设置构造要求   表3-4

《建筑施工扣件式钢管脚手架安全技术规范》JGJ 130—2011	《建筑施工扣件式钢管模板支架技术规程》DB 33/1035—2006	《建筑施工模板安全技术规范》JGJ 162—2008	《混凝土结构工程施工规范》GB 50666—2011	《建筑施工临时支撑结构技术规范》JGJ 300—2013
6.3.2 脚手架必须设置纵横向扫地杆。纵向扫地杆应采用直角扣件固定在距钢管底端不大于200mm处的立杆上。横向扫地杆应采用直角扣件固定在紧靠纵向扫地杆下方的立杆上。 6.3.3 立杆基础不在同一高度时，必须将高处的纵向扫地杆向低处延长两跨与立杆固定，高低差不应大于1m，靠边坡上方的立杆轴线到边坡的距离不应小于500mm	6.1.2 模板支架必须设置纵、横向扫地杆。纵向扫地杆应采用直角扣件固定在距底座上皮不大于200mm处的立杆上。当立杆基础不在同一高度上时，必须将高处的纵向扫地杆向低处延长两跨与立杆固定，高低差不应大于1m。靠边坡上方的立杆轴线到边坡的距离不应小于500mm	6.1.9 第 3 条：在立柱距地面200mm 高处，沿纵横水平方向按纵下横上的程序设扫地杆； 6.2.4 第 2 条：当立柱底部不在同一高度时，高处的纵向扫地杆应向低处延长不少于两跨，高低差不得大于1m，立柱距边坡上边缘不得小于0.5m	4.4.7 第 2 条：立杆纵向和横向宜设置扫地杆，纵向扫地杆立杆底部不宜大于200mm，横向扫地杆宜设置在纵向扫地杆的下方	5.1.4 扣件式支撑结构，支撑结构应设置纵向和横向扫地杆，扫地杆高度不宜超过200mm 5.1.7 在坡道、台阶、坑槽和凸台等部位的支撑结构，应符合下列规定：支撑结构地基高差变化时，在高处扫地杆应与此处的纵横向水平杆拉通；设置在坡面上的立杆底部应有可靠的固定措施

第五节　立杆基础的设置构造要求

每根立杆底部应设置底座或垫板，垫板厚度不得小于50mm。立杆基础的设置构造要求，在《建筑施工扣件式钢管脚手架安全技术规范》JGJ 130—2011等规范中各自也有相应条文规定，各条文的表述见表3-5；应结合工程项目受力情况和地基土质情况，合理的设置立杆基础，对特殊的土质情况采取合理有效的加固措施，确保支架在施工期间的安全。

立杆基础的设置构造要求 表 3-5

《建筑施工扣件式钢管脚手架安全技术规范》JGJ 130—2011	《建筑施工扣件式钢管模板支架技术规程》DB 33/1035—2006	《建筑施工模板安全技术规范》JGJ 162—2008	《混凝土结构工程施工规范》GB 50666—2011	《建筑施工临时支撑结构技术规范》JGJ 300—2013
6.3.1 立杆底部宜设置底座或垫板。 7.2.3 立杆垫板或底座底面标高宜高于自然地坪 50～100mm	6.1.1 立杆支承在土体上时，地基承载力应满足受力要求，防止产生不均匀沉降。不能满足要求时，应对土体采取压实、铺设块石或浇筑混凝土垫层等措施。立杆底部应设置底座或垫板	6.1.2 第 2 条：竖向模板和支架立柱支承部分安装在基土上时，应加设垫板，垫板应有足够强度和支承面积，且应中心承载。基土应坚实，并应有排水措施；对湿陷性黄土应有防水措施；对特别重要的结构工程可采用混凝土、打桩等措施防止支架柱下沉。对冻胀性土应有防冻融措施。 6.2.4 每根立柱底部应设置底座及垫板，垫板厚度不得小于 50mm	4.4.4 支架立柱和竖向模板安装在土层上时，应符合下列规定：应设置具有足够强度和支承面积的垫板；土层应坚实，并应有排水措施；对湿陷性黄土、膨胀土，应有防水措施；对冻胀性土，应有防冻胀措施；对软土地基，必要时可采用堆载预压的方法调整模板面板安装高度	5.1.2 支撑结构的地基应符合下列规定：搭设场地应坚实、平整，并应有排水措施；支撑在地基土上的立杆下应设具有足够强度和支承面积的垫板；混凝土结构层上宜设可调底座或垫板，对承载力不足的地基或楼板，应进行加固处理；对冻胀性土层，应有防冻胀措施；湿陷性黄土、膨胀土、软土应有防水措施

第六节　剪刀撑的设置构造要求

对于高于 4m 的模板支架，其两端与中间每隔 4～6 排立杆从顶层开始向下每隔 2 步设置水平剪刀撑；模板支架高度 ≥ 8m 或高宽比 ≥ 4 时，顶部和底部（扫地杆的设置层）应设置水平加强层。剪刀撑的设置构造要求，在《建筑施工扣件式钢管脚手架安全技术规范》JGJ 130—2011 等规范中各自也有相应条文规定，各条文的表述见表 3-6；应结合工程项目具体情况，合理的设置剪刀撑，确保支架在施工期间的安全。

剪刀撑的设置要求

表 3-6

《建筑施工扣件式钢管脚手架安全技术规范》JGJ 130—2011	《建筑施工扣件式钢管模板支架技术规程》DB 33/1035—2006	《建筑施工模板安全技术规范》JGJ 162—2008	《混凝土结构工程施工规范》GB 50666—2011	《建筑施工临时支撑结构技术规范》JGJ 300—2013
6.6.2 每道剪刀撑宽度不应小于 4 跨，且不应小于 6m，斜杆与地面的倾角应在 45°～60°之间；剪刀撑斜杆的接长应采用搭接或对接，采用搭接时，长度不应小于 1m，并应采用不少于 2 个旋转扣件固定。端部扣件盖板的边缘至杆端距离不应小于 100mm；剪刀撑斜杆应用旋转扣件固定在与之相交的横向水平杆的伸出端或立杆上，旋转扣件中心线至主节点的距离不应大于 150mm。 6.9.3 满堂支撑架应在架体外侧四周及内部纵、横向每 5m 至 8m 由底至顶设置连续竖向剪刀撑；在竖向剪刀撑顶部交点平面应设置连续水平剪刀撑；对于高支模模板体系，扫地杆的设置层应设置水平剪刀撑。水平剪刀撑至架体底平面距离与水平剪刀撑间距不宜超过 8m	6.3.1 模板支架高度超过 4m 时，模板支架四边满布竖向剪刀撑，中间每隔四排立杆设置一道纵、横竖向剪刀撑，由底至顶连续设置；模板支架四边与中间每隔 4 排立杆从顶层开始向下每隔 2 步设置一道水平剪刀撑。 6.3.2 每道剪刀撑宽度不应小于 4 跨，且不应小于 6m，剪刀撑斜杆与地面倾角宜在 45°～60°之间；剪刀撑斜杆的接长应采用搭接；剪刀撑斜杆应用旋转扣件固定在与之相交的横向水平杆的伸出端或立杆上，旋转扣件中心线至主节点的距离不宜大于 150mm；设置水平剪刀撑时，有剪刀撑斜杆的框格数量应大于框格总数的 1/3	6.2.4 第 5 条：满堂模板和共享空间模板支架立柱，在外侧周圈应由下至上的竖向连续式剪刀撑；中间在纵横向应每隔 10m 左右设置由下至上的竖向连续式的剪刀撑，其宽度宜为 4～6m，并在剪刀撑部位的顶部、扫地杆处设置水平剪刀撑。剪刀撑杆件的底端应与地面顶紧，夹角宜为 45°～60°。当建筑层高在 8～20m 时，除应满足上述规定外，还应在纵横向相邻的两竖向连续式剪刀撑之间增加之字斜撑，在有水平剪刀撑的部位，应在每个剪刀撑中间处增加一道水平剪刀撑。当建筑层高超过 20m 时，在满足以上规定的基础上，应将所有之字斜撑全部改成连续式剪刀撑	4.4.7 第 5 条：支架周边应连续设置竖向剪刀撑。支架长度或宽度大于 6m 时，应设置中部纵向或横向剪刀撑，剪刀撑的间距和单幅剪刀撑的宽度均不宜大于 8m，剪刀撑与水平杆的夹角宜为 45°～60°；支架高度大于 3 倍步距时，支架顶步宜设置一道水平剪刀撑，剪刀撑延伸至周边。 4.4.8 第 5 条：对于高大支模板支架，宜设置中部纵向或横向的竖向剪刀撑，剪刀撑的间距不宜大于 5m，沿支架高度方向搭设的水平剪刀撑的间距不宜大于 6m	5.2.1 框架式支撑结构应在纵向、横向分别布置竖向剪刀撑，剪刀撑布置宜均匀对称。竖向剪刀撑间距不应大于 6 跨，每个剪刀撑的跨数不应超过 6 跨，剪刀撑倾斜角度在 45°～60°之间，支撑结构外围应设置连续封闭的剪刀撑；竖向剪刀撑两个方向的斜杆宜分别设置在立杆的两侧，底端应与地面顶紧；竖向剪刀撑应采用旋转扣件固定在与之相交的立杆和水平杆上，旋转扣件中心宜靠近主节点。 5.2.2 框架式支撑结构水平剪刀撑间隔层数不应大于 6 步，顶层应设置水平剪刀撑，扫地杆层宜设置水平剪刀撑，水平剪刀撑应采用旋转扣件固定在与之相交的立杆或水平杆上。 5.2.3 剪刀撑接长时应采用搭接，搭接长度不应小于 800mm，并应等距离设置不少于 2 个旋转扣件，且两端扣件应在离杆端不小于 100mm 处固定

第七节　拉结点的设置构造要求

拉结点是起承受水平荷载，防止模板支架在受水平力或冲击时抗倾覆作用的，同时又起到立杆中间支座的作用，保证模板支架整体稳定性起重要作用。拉结点的设置构造要求，在《建筑施工扣件式钢管脚手架安全技术规范》JGJ 130—2011等规范中各自也有相应条文规定，各条文的表述见表3-7；应结合工程项目具体情况，合理的设置拉结点，确保支架在施工期间的安全。

拉结点的设置构造要求　　　　　　　　　　　　　　　　表3-7

《建筑施工扣件式钢管脚手架安全技术规范》JGJ 130—2011	《建筑施工扣件式钢管模板支架技术规程》DB 33/1035—2006	《建筑施工模板安全技术规范》JGJ 162—2008	《混凝土结构工程施工规范》GB 50666—2011	《建筑施工临时支撑结构技术规范》JGJ 300—2013
6.9.2 满堂支撑架的高宽比应满足规范要求，当高宽比大于2或2.5时，满堂支撑架应在支架的四周和中部与结构柱进行刚性连接，连墙件水平间隔6～9m，竖向间距2～3m。在无结构柱部位应采用预埋钢管等措施与建筑结构进行刚性连接，在有空间部位，满堂支撑架宜超出顶部投影范围向延伸布置2～3跨。支撑架高宽比不应大于3	6.4.4 模板支架的整体高宽比不应大于5；当大于3时，应加强整体稳固性措施。 6.4.2 模板支架应与施工区域内及周边已具备一定强度的构件（墙、柱）通过连墙件进行可靠连接	6.2.4 第6条：当支架立柱高度超过5m时，应在立柱周边外侧和中间有结构柱的部位，按水平间距6～9m，竖向间距2～3m与建筑结构设置一个固定点	4.4.11 支架的竖向斜撑和水平斜撑应与支架同步搭设，支架应与成型的混凝土结构拉结	5.1.6 当有既有结构时，支撑结构应与既有结构可靠连接，并宜符合下列规定：竖向连接间隔不宜超过2步，优先布置在水平剪刀撑或水平斜杆层处；水平方向连接间隔不宜超过8m；附柱（墙）拉结杆件距支撑结构主节点宜大于300mm；当遇柱时，宜采用抱柱连接措施。 5.1.8 当支撑结构高宽比大于3，且四周无可靠连接时，宜在支撑结构上对称设置缆风绳或采取其他防止倾覆的措施

第八节　顶托的设置构造要求

支撑横杆与立杆的连接扣件应进行抗滑验算，当设计荷载 $N \le 12kN$ 时，可用双扣件；大于 12kN 时在立杆顶部应用顶托，其距离支架顶层横杆的高度不宜大于 500mm。顶托的设置构造要求，在《建筑施工扣件式钢管脚手架安全技术规范》JGJ 130—2011 等规范中各自也有相应条文规定，各条文的表述见表3-8；应结合工程项目具体情况，合理的设置顶托，满足施工要求，并确保支架在施工期间的安全。

顶托的设置构造要求　　　　　　　　　　　　　　　　表 3-8

《建筑施工扣件式钢管脚手架安全技术规范》JGJ 130—2011	《建筑施工扣件式钢管模板支架技术规程》DB 33/1035—2006	《建筑施工模板安全技术规范》JGJ 162—2008	《混凝土结构工程施工规范》GB 50666—2011	《建筑施工临时支撑结构技术规范》JGJ 300—2013
6.9.6 可调撑螺杆伸出长度不超过 300mm，伸入立杆内的长度不得小于 150mm	6.1.4 在立杆顶部设置可调托座时，其调节螺杆的伸缩长度不应大于 200mm	6.1.9 第 2 条：钢管顶部设可调支托时，U 型支托与楞梁两侧间有间隙，必须楔紧，其螺杆伸出钢管顶部不得大于 200mm，螺杆外径与立柱钢管内径的间隙不得大于 3mm，安装时应保证上下同心	4.4.8 第 1 条：对于高大模板支架，宜在支架立杆顶端插入可调托座，可调托座螺杆外径不应小于 36mm，螺杆插入钢管的长度不应小于 150mm，螺杆伸入钢管的长度不应大于 300mm，可调托座伸出顶层水平杆的悬臂长度不应大于 500mm	5.1.5 支撑结构顶端可调托撑伸出顶层水平杆的悬臂长度不宜大于 500mm；可调托撑螺杆伸出长度不应超过 300mm，插入立杆内的长度不应小于 150mm；可调托撑螺杆外径与立杆钢管内径的间隙不宜大于 3mm，安装上下应同轴；可调托撑上的主龙骨（支撑梁）应居中

第九节 其他方面

当模板支架高度超过 4m 时，竖向结构与水平向结构混凝土应分开浇筑；架体搭设完毕后应对扣件螺栓的拧紧力矩进行检测，防止扣件松动滑脱。其他方面，在《混凝土结构工程施工规范》GB 50666—2011 和《建筑施工扣件式钢管模板支架技术规程》DB 33/1035—2006 中，对模板起拱、扣件螺栓的拧紧力、二次浇筑等提出了具体要求，施工时应遵照执行，具体条文表述见表3-9。

其他方面要求   表 3-9

《混凝土结构工程施工规范》 GB 50666—2011	《建筑施工扣件式钢管模板支架技术规程》 DB 33/1035—2006
4.4.6 当现浇钢筋混凝土梁、板，当跨度大于 4m 时，模板应起拱；当设计无具体要求时，起拱高度宜为全跨长度的 1/1000 ～ 3/1000，起拱不得减小构件截面的高度。 4.4.7 扣件螺栓的拧紧力矩不应小于 40N·m，且不应大于 65N·m。 4.4.12 对现浇多层、高层混凝土结构，上下楼层模板支架的立杆宜对准。模板及支架杆件等应分散堆放	6.4.1 模板支架高度超过 4m 时，柱、墙板与梁板混凝土应分二次浇筑，水平结构混凝土应尽快均匀对称浇筑

第四章

材料要求

第一节　材料性能指标

一、种类

（一）钢管

钢管可按轧制工艺、是否有缝以及截面形状等方法进行分类。按轧制工艺分类，钢管可分为热轧钢管和冷轧钢管；按钢管是否有缝分类，钢管分为无缝钢管和焊接钢管，其中常用焊接钢管按焊缝种类又可分为高频焊管、直缝埋弧焊管、螺旋埋弧焊管等 3 种。

（二）扣件

扣件的种类繁多，主要有新型扣件、钢管脚手架扣件、铸钢扣件、T 形建筑扣件、混凝土枕扣件、木枕扣件、钢轨扣件、福斯罗扣件、玛钢扣件、脚手架扣件、铁路扣件、钢板冲压扣件、对接扣件、旋转扣件、直角扣件。

钢扣件一般又分为铸钢扣件和钢板冲压、液压扣件，铸钢扣件的生产工艺与铸铁大致相同，而钢板冲压、液压扣件则是采用 3.5 ~ 5mm 的钢板通过冲压、液压技术压制而成。

扣件式钢管脚手架中使用的主要是对接扣件、旋转扣件、直角扣件。

（三）模板

木胶合板从材种分类可分为软木胶合板（材种为马尾松、黄花松、落叶松、红松等）及硬木胶合板（材种为锻木、桦木、水曲柳、黄杨木、泡桐木等）。从耐水性能划分，胶合板分为四类：

　Ⅰ类——具有高耐水性，耐沸水性良好，所用胶粘剂为酚醛树脂胶粘剂（PF），主要用于室外；

　Ⅱ类——耐水防潮胶合板，所用胶粘剂为三聚氰胺改性脲醛树脂胶粘剂（MUF），可用于高潮湿条件和室外；

Ⅲ类——防潮胶合板，胶粘剂为脲醛树脂胶粘剂（OF），用于室内；

Ⅳ类——不耐水，不耐潮，用血粉或豆粉粘合，近年已停产。

混凝土模板用的木胶合板属具有高耐气候、耐水性的Ⅰ类胶合板，胶粘剂为酚醛树脂胶，主要用克隆、阿必东、柳安、桦木、马尾松、云南松、落叶松等树种加工。

（四）方木

（1）承重结构用材，分为原木、锯材（方木、板材、规格材）和胶合材，用于普通木结构的原木方木和板材的材质等级分为三级；胶合木构件的材质等级分为三级轻型木结构用规格材的材质等级分为七级。

（2）普通木结构构件设计时，应根据构件的主要用途按表4-1要求选用相应的材质等级。

普通木结构构件的材质等级　　　　　　　　　　　　　表4-1

项次	主要用途	材质等级
1	受拉或拉弯构件	Ⅰ$_a$
2	受弯或压弯构件	Ⅱ$_a$
3	受压构件及次要受弯构件（如吊顶小龙骨等）	Ⅲ$_a$

二、规格型号

（一）钢管

见表4-2。

低压流体输送用焊接钢管规格表　　　　　　　　表4-2

公称口径/mm	外径		普通钢管			加厚钢管		
	公称尺寸（mm）	允许偏差	壁厚		理论质量（kg·m^{-1}）	壁厚		理论质量（kg·m^{-1}）
			公称尺寸（mm）	允许偏差		公称尺寸（mm）	允许偏差	
DN6	Φ10.0	±0.50mm	2	±12%-15%	0.39	2.5	±12%-15%	0.46
DN8	Φ13.5		2.25		0.62	2.75		0.73

续表

| 公称口径 /mm | 外径 | | 普通钢管 | | | 加厚钢管 | | |
| | 公称尺寸（mm） | 允许偏差 | 壁厚 | | 理论质量（kg·m⁻¹） | 壁厚 | | 理论质量（kg·m⁻¹） |
			公称尺寸（mm）	允许偏差		公称尺寸（mm）	允许偏差	
DN10	Φ17.0	±0.50mm	2.25	±12% −15%	0.82	2.75	±12% −15%	0.97
DN15	Φ21.3		2.75		1.25	3.25		1.45
DN20	Φ26.8		2.75		1.63	3.5		2.01
DN25	Φ33.5		3.25		2.42	4		2.91
DN32	Φ42.3		3.25		3.13	4		3.78
DN40	Φ48.0		3.5		3.84	4.25		4.58
DN50	Φ60.0	±%1	3.5		4.88	4.5		6.16
DN65	Φ75.5		3.75		6.64	4.5		7.88
DN80	Φ88.5		4		8.34	4.75		9.81
DN100	Φ114.0		4		10.85	5		13.44
DN125	Φ140.0		4.5		15.04	5.5		18.24
DN150	Φ165.0		4.5		17.81	5.5		21.63

（二）扣件

（1）直角扣件（十字扣）用于两根垂直交叉钢管的连接；如立杆与大横杆、大横杆与小横杆的连接（图 4-1）。

（2）旋转扣件（回转扣）用于两根成任意角度交叉钢管的连接（图 4-2）。

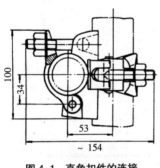

图 4-1　直角扣件的连接

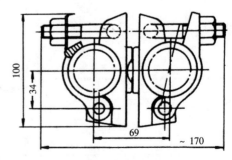

图 4-2　旋转扣件的连接

（3）对接扣件（筒扣或一字扣）供对接两根钢管用（图 4-3）。

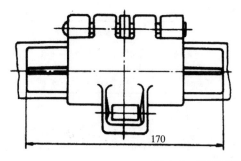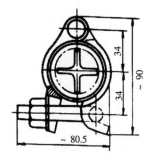

图4-3　对接扣件的连接

（三）模板

我国模板用木胶合板的规格尺寸，见表4-3。

模板用木胶合板规格尺寸　　　　　　　　　　　　　　　　表4-3

厚度（mm）	层数	宽度（mm）	长度（mm）
12	至少5层	915	1830
15		1220	1830
18	至少7层	915	2135
		1220	2440

（四）方木

木方常规尺寸：35×85、38×88、40×90、45×90、50×100、55×68、60×70、80×80、90×90、100×100、120×120。

木方长度一般有：2000、2500、2700、3000、3500、4000、4700、5000、6000。

口料常规尺寸：35×85、38×88、40×90、45×90、50×100、55×68、60×70、80×80、90×90、100×100、120×120。

口料长度一般有：2000、2500、2700、3000、3500、4000、4700、5000、6000。

三、截面尺寸、截面积

（一）钢管

圆形钢管规格及截面特征见表4-4。

圆形钢管规格及截面特征表 表 4-4

直径（mm）	外径 D（mm）	壁厚 t（mm）	截面面积（cm²）	理论重量（kg/m）	外表面积（m²/m）	截面特征				
						毛截面惯性矩 I（cm⁴）	毛截面抵抗矩 W（cm³）	回转半径 i（cm）	抗扭惯性矩 I_k（cm⁴）	截面重心到边缘距离 Z_0（cm）
40	48	3.5	4.89	3.84	0.151					
50	57	3.5	5.88	4.62	0.179	21.14	7.42	1.90	42.27	2.85
	60	3.5	6.21	4.88	0.188	24.88	8.30	2.00	49.77	3.00
70	75.7	3.8	8.56	6.64	0.237	55.16	14.59	2.54	110.32	3.78
	76	4.0	9.05	7.10	0.239	58.81	15.48	2.55	117.62	3.80
		5.0	11.15	8.75	0.239	70.62	18.59	2.52	141.25	3.80
80	88.5	4.0	10.62	8.34	0.278	94.99	21.44	2.99	189.97	4.43
	89	4.0	10.68	8.40	0.280	96.68	21.73	3.01	193.36	4.45
		5.0	13.20	9.24	0.280	116.79	26.24	2.98	233.58	4.45
100	108	4.0	13.07	10.30	0.339	176.95	32.77	3.68	353.91	5.40
		6.0	19.23	15.09	0.339	250.90	40.46	3.61	501.81	5.40
	114	4.0	13.82	10.85	0.358	209.35	36.73	3.89	418.70	5.70
125	133	4.0	16.21	12.73	0.418	339.53	50.76	4.56	675.05	6.65
		6.0	23.94	18.79	0.418	483.72	72.74	4.50	967.43	6.65
	140	4.5	19.16	15.40	0.410	440.12	62.87	4.79	880.24	7.00
150	159	4.5	21.84	17.15	0.500	652.27	82.05	5.46	1304.54	7.95
		6.0	28.84	22.64	0.500	845.19	106.31	5.42	1690.38	7.95
	165	4.5	22.69	17.81	0.518	731.21	88.63	5.68	1462.41	8.25
200	219	6.9	40.15	31.52	0.688	2278.74	208.10	7.53	4557.59	10.95
		9.0	59.38	46.61	0.688	3279.13	299.46	7.43	6558.25	10.95
250	273	8.0	66.68	52.28	0.858	5851.73	428.70	9.37	11702.46	13.65
		11.0	90.62	71.09	0.858	7782.56	570.15	9.27	15565.11	13.65
300	325	8.0	79.67	62.54	1.021	10013.94	616.24	11.21	20027.81	16.25
		13.0	124.42	100.03	1.021	15531.78	955.80	11.04	31063.57	16.25

注：I—毛截面惯性矩；W—毛截面抵抗矩；i—回转半径；I_k—抗扭惯性矩；Z_0—截面重心到边缘距离。

（二）扣件

机械加工前的毛坯铸件的尺寸包括必要的机械加工余量，见图 4-4。

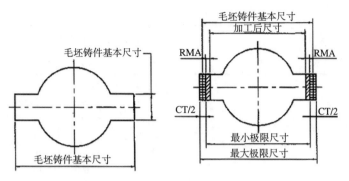

图 4-4 毛坯铸件的尺寸

（三）模板

模板用胶合板规格尺寸见表 4-5。

模板用胶合板规格尺寸			表 4-5
厚度（mm）	层数	宽度（mm）	长度（mm）
12	至少 5 层	915	1830
15	至少 7 层	1220	1830
18		915	2135
		1220	2440

（四）可调托撑

如图 4-5 及表 4-6 所示。

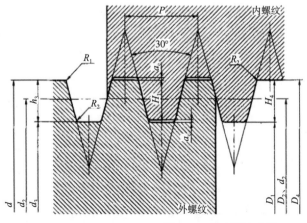

D_2—基本牙型和设计牙型上
的内螺纹中径；
d_2—基本牙型和设计牙型上
的外螺纹中径

图 4-5 可调托撑示意图

可调托撑基本尺寸 表 4-6

公称直径 d			螺距	中径	大径	小径	
第一系列	第二系列	第三系列	P	$d_2=D_2$	D_4	d_3	D_1
24			3	22.500	24.500	20.500	21.000
			5	21.500	24.500	18.500	19.000
			8	20.000	25.000	15.000	16.000
	26		3	24.500	26.500	22.500	23.000
			5	23.500	26.500	20.500	21.000
			8	22.000	27.000	17.000	18.000
28			3	26.500	28.500	24.500	25.000
			5	25.500	28.500	22.500	23.000
			8	24.000	29.000	19.000	20.000
	30		3	28.500	30.500	26.500	27.000
			6	27.000	31.000	23.000	24.000
			10	25.000	31.000	19.000	20.000
32			3	30.500	32.500	28.500	29.000
			6	29.000	33.000	25.000	26.000
			10	27.000	33.000	21.000	22.000
	34		3	32.500	34.500	30.500	31.000
			6	31.000	35.000	27.000	28.000
			10	29.000	35.000	23.000	24.000
36			3	34.500	36.500	32.500	33.000
			6	33.000	37.000	29.000	30.000
			10	31.000	37.000	25.000	26.000
	38		3	36.500	38.500	34.500	35.000
			7	34.500	39.000	30.000	31.000
			10	33.000	39.000	27.000	28.000
40			3	38.500	40.500	36.500	37.000
			7	36.500	41.000	32.000	33.000
			10	35.000	41.000	29.000	30.000
	42		3	40.500	42.500	38.500	39.000
			7	38.500	43.000	34.000	35.000
			10	37.000	43.000	31.000	32.000
44			3	42.500	44.500	40.500	41.000
			7	40.500	45.000	36.000	37.000
			12	38.000	45.000	31.000	32.000
	46		3	44.500	46.500	42.500	43.000
			8	42.000	47.000	37.000	38.000
			12	40.000	47.000	33.000	34.000

四、力学参数

（一）钢管

承重的脚手架所使用的钢管在进场后第一次使用前，现场抽样进行力学性能检测（表 4-7）：抗拉强度（规范标准值 $\geqslant 370/mm^2$）、屈服强度（规范标准值 $\geqslant 235N/mm^2$）、断后伸长率（规范标准值 $A \geqslant 15\%$）。

力学性能					表 4-7
牌号	下屈服强度 R_{cL}（N/mm²）不小于		抗拉强度 R_m（N/mm²）不小于	断后伸长率 A（%）不小于	
	$t \leqslant 16mm$	$t > 16mm$		$D \leqslant 168.3mm$	$D > 168.3mm$
Q195	195	185	315	15	20
Q215A、Q215B	215	205	335		
Q235A、Q235B	235	225	370		
Q295A、Q295B	295	275	390	13	18
Q345A、Q345B	345	325	470		

（二）扣件

1.直角扣件力学性能试验

（1）抗滑移性能试验

扣件在做抗滑移性能试验时，当施工横管上（扣件两侧）竖向等速增加的荷载 P 达到规定值时，测量的位移值 Δ_1 和 Δ_2（图 4-6）。

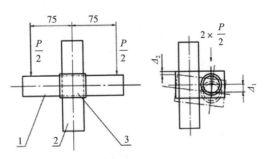

图 4-6 抗滑移性能试验（mm）

1—横管；2—竖管；3—扣件

在预加荷载 1.0kN 以下时，将位移测量仪表调整到零点。当 P 增加至 7.0kN 时，记下 $\varDelta_1$；当 P 增加至 10kN 时，记下 $\varDelta_2$。扣件的两个圆弧面均应进行试验。

（2）抗破坏性能试验

抗滑移性能试验后，未损坏的扣件可用作抗破坏性能试验。此时，应在扣件下部附加一个防滑支撑垫。当 P 为 25.0kN 时，扣件各部位不得破坏。试验只做一个圆弧面（图 4-7）。

（3）扭转刚度性能试验

扣件安装在两根互相垂直的钢管上。横管长 2000mm 以上，在距中心 1000mm 处的横管上加荷载 P，在无荷载端距中心 1000mm 处的横管上加荷载 P，在无荷载端距中心 1000mm 处测量横管位移值 f（图 4-8）。

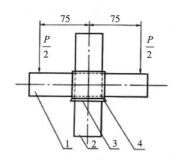

图 4-7 抗破坏性能试验（mm）

1—横向钢管；2—竖管；3—支承垫；4—扣件

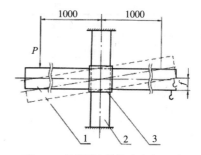

图 4-8 扭转刚度性能试验（mm）

1—横向钢管；2—竖管；3—扣件

在预加荷载 P 为 20N 时，将测量仪表调整到零点。第一级加荷 80N，然后以每 100N 为一级加荷，直加到 900N。在每级荷载下应立即记录测度值 f。

2. 旋转扣件力学性能试验

（1）抗滑移性能试验

试验方法应符合相关规定，预加荷载 P 应为 0.2kN。当 P 增加至 7.0kN 时，记下 $\varDelta_1$，当 P 增加至 10.0kN 时，记下 $\varDelta_2$。试验只做一个圆弧面。

（2）抗破坏性能试验

在抗滑移性能试验后，进行抗破坏性能试验。当 P 为 17.0kN 时，扣件各部位不得破坏。

3. 对接扣件力学性能试验

扣件承受等速增加的轴向拉力，测量位移 $\varDelta$。当预加荷载 P 为 1.0kN 时，将位移测量仪表调整到零，然后继续加荷。当 P 增加至 4.0kN，记下 $\varDelta$。

4. 底座抗压性能试验

以 1.0kN/s 的速度均匀加荷。当 P 为 50.0kN 时，底座不得破坏（表 4-8）。

性能要求表　　　　　　　　　　　　　　　　　　表 4-8

性能名称	扣件形式	性能要求
抗滑	直角	$P=7.0kN$ 时，$\Delta_1 \leqslant 7.0mm$；$P=10.0kN$ 时，$\Delta_2 \leqslant 0.5mm$
	旋转	$P=7.0kN$ 时，$\Delta_1 \leqslant 7.0mm$；$P=10.0kN$ 时，$\Delta_2 \leqslant 0.5mm$
抗破坏	直角	直角 $P=25.0kN$ 时，各部位不得破坏
	旋转	旋转 $P=17.0kN$ 时，各部位不得破坏
扭转刚度	直角	力矩为 900N·m 时，$\theta \leqslant 4°$
抗拉	对接	抗拉 $P=4.0kN$ 时，$\Delta \leqslant 2.0mm$
抗压	底座	$P=50.0kN$ 时，各部位不得破坏

（三）模板

层板材质标准见表 4-9。

层板材质标准　　　　　　　　　　　　　　　　　表 4-9

项次	缺陷名称	木材等级		
		I_b 与 I_{bt}	II_b	III_b
1	腐朽，压损，严重的压应木，大量含树脂的木板，宽度上的漏刨	不允许	不允许	不允许
2	木节： （1）突出于板面的木节 （2）在层板较差的宽面任何 200m 长度上所有木节尺寸的总和不得大于构件面宽的	不允许 1/3	不允许 2/5	不允许 1/2
3	斜纹：斜率不大于（%）	5	8	15
4	裂缝： （1）含树脂的振裂 （2）窄面的裂缝（有对面裂缝时，用两者之和）深度不得大于构件面宽的 （3）宽面上的裂缝（含劈裂、振裂）深 b/8，长 2b，若贯穿板厚而平行于板边长 1/2	不允许 1/4 允许	不允许 1/3 允许	不允许 不限 允许
5	髓心	不允许	不限	不限

续表

项次	缺陷名称	木材等级		
		I_b 与 I_{bt}	II_b	III_b
6	翘曲、顺弯或扭曲 ≤ 4/1000，横弯 ≤ 2/1000，树脂条纹宽 ≤ $b/12$，长 ≤ t/b，干树脂囊宽 3mm，长 < b 木板侧边漏刨长 3mm，刃具撕伤木纹，变色但不变质，偶尔的小虫眼或分散的针孔状虫眼，最后加工能修整的微小损棱	允许	允许	允许

注：1. 木节是指活节、健康节、紧节、松节及节孔。
　　2. b—木板（或拼合木板）的宽度；l—木板的长度。
　　3. I_{bt} 级层板位于梁受拉区外层时在较差的宽面任何 200mm 长度上所有木节尺寸的总和不得大于构件面宽的 1/4，在表面加工后距板边 13mm 的范围内，不允许存在尺寸大于 10mm 的木节及撕伤木纹。
　　4. 构件截面宽度方向由两块木板拼合时，应按拼合后的宽度定级。

胶合板的静曲强度标准值和弹性模量见表 4-10。

胶合板的静曲强度标准值和弹性模量（N/mm²）　　　　表 4-10

厚度（mm）	静曲强度标准值		弹性模量		备注
	平行向	垂直向	平行向	垂直向	
12	≥ 25.0	≥ 16.0	≥ 8500	≥ 4500	1. 强度设计值 = 强度标准值 /1.55
15	≥ 23.0	≥ 15.0	≥ 7500	≥ 5000	
18	≥ 20.0	≥ 15.0	≥ 6500	≥ 5200	2. 弹性模量应乘以 0.9 予以降低
21	≥ 19.0	≥ 15.0	≥ 6000	≥ 5400	

注：1. 平行向指平行于胶合板表板的纤维方向；垂直向指垂直于胶合板表板的纤维方向。
　　2. 当立柱或拉杆直接支在胶合板上时，胶合板的剪切强度标准值应大于 1.2N/mm²。

（四）方木

材质标准见表 4-11。

方木材质标准　　　　表 4-11

项次	缺陷名称	木材等级		
		I_a	II_a	III_a
		受拉构件或拉弯构件	受弯构件或压弯构件	受压构件
1	腐朽	不允许	不允许	不允许
2	木节：在构件任一面任何 150mm 长度上所有木节尺寸的总和，不得大于所在面宽的	1/3（连接部位为 1/4）	2/5	1/2

续表

项次	缺陷名称	木材等级		
		I_a	II_a	III_a
		受拉构件或拉弯构件	受弯构件或压弯构件	受压构件
3	斜纹：斜率不大于（%）	5	8	12
4	裂缝： （1）在连接的受剪面上 （2）在连接部位的受剪面附近，其裂缝深度（有对面裂缝时用两者之和）不得大于材宽的	不允许 1/4	不允许 1/3	不允许 不限
5	髓心	应避开受剪面	不限	不限

注：1. I_a 等材不允许有死节，II_a、III_a 等材允许有死节（不包括发展中的腐朽节），对于 II_a 等材直径不应大于 20mm，且每延米中不得多于 1 个，对于 III_a 等材直径不应大于 50mm，每延米中不得多于 2 个。

2. I_a 等材不允许有虫眼，II_a、III_a 等材允许有表层的虫眼。

3. 木节尺寸按垂直于构件长度方向测量。木节表现为条状时，在条状的一面不量（图 4-9）；直径小于 10mm 的木节不计。

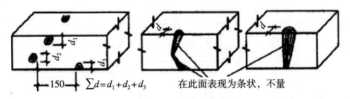

图 4-9 木节量法

第二节 材料检验要求

一、允许偏差

（一）钢管

钢管外径和壁厚的允许偏差应符合表 4-12 的规定。

外径和壁厚的允许偏差（单位：mm） 表 4-12

外径	外径允许偏差		壁厚允许偏差
	管体	管端（距管端100mm 范围内）	
$D \leq 48.3$	± 0.5	—	
$48.3 < D \leq 273.1$	± 1%D	—	
$273.1 < D \leq 508$	± 0.75%D	+2.4 −0.8	± 10%t
$D > 508$	± 1%D 或 ± 10.0 两者取较小值	+3.2 −0.8	

注：以理论重量交货的钢管，每批或单根钢管的理论重量与实际重量的允许偏差应为 ± 7.5%。

（二）扣件

铸件尺寸公差见表 4-13。

铸件尺寸公差 表 4-13

毛坯铸件基本尺寸（mm）		铸件尺寸公差等级 CT[1]															
大于	至	1	2	3	4	5	6	7	8	9	10	11	12	13[2]	14[2]	15[2]	16[2,3]
—	10	0.09	0.13	0.18	0.26	0.36	0.52	0.74	1	1.5	2	2.8	4.2	—	—	—	—
10	16	0.1	0.14	0.2	0.28	0.38	0.54	0.78	1.1	1.6	2.2	3.0	4.4	—	—	—	—
16	25	0.11	0.15	0.22	0.30	0.42	0.58	0.82	1.2	1.7	2.4	3.2	4.6	6	8	10	12
25	40	0.12	0.17	0.24	0.32	0.46	0.64	0.9	1.3	1.8	2.6	3.6	5	7	9	11	14
40	63	0.13	0.18	0.26	0.36	0.50	0.70	1	1.4	2	2.8	4	5.6	8	10	12	16
63	100	0.14	0.20	0.28	0.40	0.56	0.78	1.1	1.6	2.2	3.2	4.4	6	9	11	14	18
100	160	0.15	0.22	0.30	0.44	0.62	0.88	1.2	1.8	2.5	3.6	5	7	10	12	16	20
160	250	—	0.24	0.34	0.50	0.72	1	1.4	2	2.8	4	5.6	8	11	14	18	22
250	400	—	—	0.40	0.56	0.78	1.1	1.6	2.2	3.2	4.4	6.2	9	12	16	20	25
400	630	—	—	0.64	0.9	1.2	1.8	2.6	3.6	5	7	10	14	18	22	28	
630	1000	—	—	—	0.72	1	1.4	2	2.8	4	6	8	11	16	20	25	32
1000	1600	—	—	—	0.80	1.1	1.6	2.2	3.2	4.6	7	9	13	18	23	29	37
1600	2500	—	—	—	—	—	2.6	3.8	5.4	8	10	15	21	26	33	42	
2500	4000	—	—	—	—	—	—	4.4	6.2	9	12	17	24	30	38	49	
4000	6300	—	—	—	—	—	—	7	10	14	20	28	35	44	56		
6300	10000	—	—	—	—	—	—	11	16	23	32	40	50	64			

注：①在等级 CT1 ~ CT15 中对壁厚采用粗一级公差。
②对于不超过 16mm 的尺寸，不采用 CT13 ~ CT16 的一般公差，对于这些尺寸应标注个别公差。
③等级 CT16 仅适用于一般公差规定为 CT15 的壁厚。

（三）模板

（1）模板的规格尺寸应符合表 4-14 规定。

规格尺寸（mm）　　　　　　　　　　　　　表 4-14

幅面尺寸				厚度
模数制		非模数制		
宽度	长度	宽度	长度	
		915	1830	
900	1800	1220	1830	≥ 12 ~ < 15
1000	2000	915	2135	≥ 15 ~ < 18 ≥ 18 ~ < 21
1200	2400	1220	2440	≥ 21 ~ < 24
		1250	2600	

注：1. 其他规格尺寸由供需双方协议；

2. 本章提到的模数是指建筑模数（construction module），建筑设计中，统一选定的协调建筑尺度的增值
单位，用 M 表示，即 1M=100mm。

（2）对于模数制的模板，其长度和宽度公差为 0 ~ 3mm，对于非模数制的
模板，其长度和宽度公差为 ±2mm。

（3）模板厚度允许偏差应符合表 4-15 的规定。

厚度公差（mm）　　　　　　　　　　　　　表 4-15

公称厚度	平均厚度与公称厚度间允许偏差	每张板内厚度最大允许差
12 ~ 15	± 0.5	0.8
15 ~ 18	± 0.6	1.0
18 ~ 21	± 0.7	1.2
21 ~ 24	± 0.8	1.4

（4）胶合板模板对角线长度允许偏差及翘曲度限值见表 4-16 及表 4-17。

模板两对角线长度允许偏差（mm）　　　　　　　表 4-16

胶合板公称长度	两对角线长度之差
≤ 1220	3
1220 ~ 1830	4
1830 ~ 2135	5
> 2135	6

模板翘曲度限值 表 4-17

厚度	等级	
	A 等板	B 等板
12mm 以上	不得超过 0.5%	不得超过 1%

注：翘曲度以胶合板模板对角线最大弦高与对角线长度之比来表示。

（四）方木

方木的允许偏差应符合表 4-18。

允许偏差 表 4-18

项次	项目		允许偏差（mm）	检验方法
1	构件截面尺寸	方木构件高度、宽度板材厚度、宽度原木构件梢径	−3 −2 −5	钢尺量
2	结构长度	跨度不大于 15m 跨度大于 15m	± 10 ± 15	钢尺量桁架支座节点中心间距，梁、柱全长（高）
3	桁架高度	跨度不大于 15m 跨度大于 15m	± 10 ± 15	钢尺量脊节点中心与下弦中心距离
4	受压或压弯构件纵向弯曲	方木构件 原木构件	$L/500$ $L/200$	拉线钢尺量
5	弦杆节点间距		± 5	钢尺量
6	齿连接刻槽深度		± 2	

二、抽样规则

（一）钢管

（1）以同牌号、同炉罐号、同规格、同交货状态，外径不大于 76mm，并且壁厚不大于 3mm 的钢管 400 根为一批；外径大于 351mm 钢管，50 根为一批；其他尺寸的钢管 200 根为一批；剩余钢管的根数，如不少于上述规定的 50%，则单独列为一批；如少于上述规定的 50% 时，可并入同牌号、同炉罐号、同规格的相邻一批中。钢管检验项目见表 4-19，取样位置配图见图 4-10。

钢管检验项目   表 4-19

序号	检验项目	取样数量	试件长度	备注
1	拉伸试验	每批在两根钢管上各取一个试样	不小于 450mm	抗拉强度、屈服点、断后伸长率
2	弯曲试验	每批在两根钢管上各取一个试样	不小于 450mm	对于外径不大于 22mm 的钢管可做弯曲试验
3	压扁试验	每批在两根钢管上各取一个试样	不小于 450mm	对于外径大于 22～400mm 并且壁厚与外径比值不大于 10% 的钢管应进行压扁试验
4	扩口试验	每批在两根钢管上各取一个试样	不小于 450mm	对壁厚不大于 8mm 的钢管可做扩口试验

（a）全横截面试样

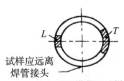
（b）矩形横截面试样

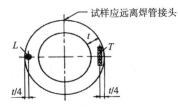
（c）圆形横截面试样

图 4-10　取样位置配图

图中 W——产品的宽度；

t——产品的厚度（以型钢为腿部厚度，对钢管为管壁厚度）；

d——产品的直径（对多边形条钢为内切圆直径）；

L——纵向试样（试样纵向轴线与主加工方向平行）；

T——横向试样（试样纵向轴线与主加工方向垂直）

（2）根据《焊接钢管尺寸及单位长度重量》GB/T 21835—2008 规定和《建筑施工扣件式钢管脚手架安全技术规范》JGJ 130—2011 进场的钢管应验证厂家提供生产许可证、产品合格证、检测报告，质量合格资料不全和未按标准要求铸有商标的产品也不得验收进场。

（二）扣件

（1）根据《钢管脚手架扣件》GB/T 15831—2006 的规定，扣件进入施工现场应检查产品合格证，并逐个挑选，有裂缝、变形、螺栓出现滑丝的严禁使用，验收合格的扣件应进行抽样送检，技术性能应符合现行国家标准，具体检测项目如下：直角扣件——抗滑、抗破坏、扭转刚度性能试验；旋转扣件——抗滑、抗破坏性能试验；对接扣件——抗拉性能试验；底座：抗压性能试验。

（2）外观和附件质量要求

1）扣件各部位不应有裂纹。

2）盖板与底座的张开距离不得小于 50mm；当钢管公称外径为 51mm 时，不得小于 55mm。

3）扣件表面大于 $10mm^2$ 的砂眼不应超过 3 处，且累积面积不应大于 $50mm^2$。

4）扣件表面粘砂面积累积不应大于 $150mm^2$。

5）错箱不应大于 1mm。

6）扣件表面凸（或凹）的高（或深）值不应大于 1mm。

7）扣件与钢管接触部位不应有氧化皮，其他部位氧化皮面积累积不应大于 $150mm^2$。

8）铆接处应牢固，不应有裂纹。

9）T 形螺栓和螺母应符合《紧固件机械性能 螺栓、螺钉和螺柱》GB/T 3098.1—2010、《紧固件机械性能 螺母》GB/T 3098.2—2015 的规定。

10）活动部位应灵活转动，旋转扣件两旋转面间隙应小于 1mm。

11）产品的型号、商标、生产年月在醒目处铸出，字迹、图案清晰完整。

12）扣件表面应进行防锈处理（不应采用沥青漆），油漆应均匀美观，不应有堆漆或露铁。

（3）检验分类

扣件的检验分为出厂检验和型式检验。

1）出厂检验

①出产检验由生产厂质量检验部门按出厂检验要求进行检验，检验合格并签发产品出产合格证后方准出厂。

②出厂检验项目应符合表 4-20 的规定。

2）型式检验

凡属下列情况之一时应进行型式检验：

①新产品或老产品转厂生产的试制定型检定；

②正式生产后，如结构、材料。工艺有较大改变，可能影响产品性能时；

③正常生产时，累积 30 万件或连续生产 3 个月时；

④产品长期停产后，回复生产时；

⑤出厂检验结果与上次型式检验有较大差异时；

⑥国家质量监督机构提出进行型式检验要求时。

检验不合格，产品应停止验收、停止出厂，由厂家采取有效措施，直至型式检验合格后才能恢复验收。

（4）抽样方法：

1）按《计数抽样检验程序 第1部分：按接收质量限（AQL）检索的逐批检验抽样计划》GB/T 2828.1—2012中规定的正常检验二次抽样方案进行抽样。

检验项目   表4-20

项目类别	检验项目	检查水平	AQL	批量范围	样本	样本大小		Ac	Rc
主要项目	抗滑性能 抗破坏性能 扭转刚度性能 抗拉性能 抗压性能	S-4	4	281～500	第一 第二	8	8	0 1	2 2
				501～1 200	第一 第二	13	13	0 3	3 4
				1 201～10 000	第一 第二	20	20	1 4	3 5
一般项目	外观	S-4	10	281～500	第一 第二	8	8	1 4	3 5
				501～1 200	第一 第二	13	13	2 6	5 7
				1 201～10 000	第一 第二	20	20	3 9	6 10

2）被检产品采取随机抽样。

3）抽样的批量范围。

每批扣件必须大于280件。当批量超过10000件，好过部分应作另一批抽样。

（三）模板

（1）检测方法（图4-11）：

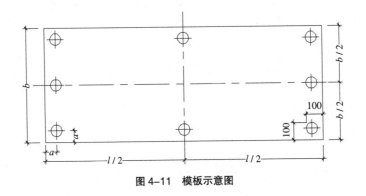

图4-11　模板示意图

1）长度检测方法：用钢卷尺在距板边20mm处，长短边分别测3点、1点，取 8 点平均值；各测点与平均值差为偏差。

2）宽度检测方法：用钢卷尺在距板边 100mm 处，分别测量每张板长、宽各 2 点，取平均值。

3）厚度检测方法：用测微仪（或游标卡尺）在距板边 24mm 和 50mm 之间测量胶合板模板的厚度，测点位于每个角及每个边的中间，即长短边分别测 3 点、1 点，取 8 点平均值；平均值与公称厚度之差为偏差。

4）角线差检测方法：用钢卷尺测量两对角线之差。

5）翘曲度检测方法：用钢直尺量对角线长度，并用楔形塞尺（或钢卷尺）量钢直尺与板面间最大弦高，后者与前者的比值为翘曲度。

6）板的垂直度不得超过 0.8mm/m。

把直角尺的一个边靠着胶合板模板的一个边，测量其垂直度（图 4-12），在距板角（1000±1）mm 处，通过测量直角尺另一臂与板边间的间距（图 4-12）。

7）板的四边边缘垂直度不得超过 1.0mm/m。

把直尺对着一个板的边（或在板的两角放置金属线且拉直），然后测量直尺（或拉直金属线）与板边之间的最大偏差。

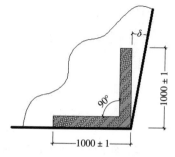

图 4-12 板的垂直度测量

8）外观质量检查标准（通过观察检验）：任意部位不得有腐朽、霉斑、鼓泡，不得有板边缺损、起毛，每平方米单板脱胶不大于 $0.001m^2$，每平方米污染面积不大于 $0.005m^2$。

（2）对于每个工作班应从每个流程或每 $10m^3$ 的产品中随机抽取 1 个全截面试件，对胶缝完整性进行常规检验，并应按照表 4-21 规定胶缝完整性试验方法进行。结构胶的型号与使用条件应满足表 4-21 的要求。脱胶面积与试验方法及循环次数有关，每个试件的脱胶面积所占的百分率应小于表 4-22 所列限值。

常规检验的胶缝完整性试验方法　　　　　　　　　　表 4-21

使用条件类别	1	2	3
胶的型号	I 和 II	I 和 II	I
试验方法	脱胶试验方法 C 或胶缝抗剪试验	脱胶试验方法 C 或脱缝抗剪试验	脱胶试验方法 A 或 B

胶缝脱胶率（%）　　　　　　　　　　表 4-22

试验方法	胶的类型	循环次数	
		1	2
B	I	4	8

每个全截面试件胶缝抗剪试验所求得的抗剪强度和木材破坏百分率应符合下列要求：

1）每条胶缝的抗剪强度平均值应不小于 6.0N/mm²，对于针叶材和杨木当木材破坏达到 100% 时，其抗剪强度达到 4.0N/mm² 也被认可。

2）与全截面试件平均抗剪强度相应的最小木材破坏百分率及与某些抗剪强度相应的木材破坏百分率列于表 4-23。

与抗剪强度相应的最小木材破坏百分率（%）　　　　　　　　表 4-23

	平均值			个别数值		
抗剪强度 f_v（N/mm²）	6	8	≥ 11	4 ~ 6	6	≥ 10
最小木材破坏百分率	90	70	45	100	75	20

注：中间值可用插入法求得。

（四）方木

方木材质标准见表 4-24。

方木材质标准　　　　　　　　表 4-24

1	腐朽	不允许	不允许	不允许
2	木节： （1）在构件任何 150mm 长度上沿圆周所有木节尺寸的总和，不得大于所测部位原来周长的 （2）每个木节的最大尺寸，不得大于所测部位原木周长的	1/4 1/10 （连接部位为 1/12）	1/3 1/6	不限 1/6
3	扭纹：斜率不大于（%）	8	12	15
4	裂缝： （1）在连接的受剪面上 （2）在连接部位的受剪面附近，其裂缝深度（有对面裂缝时用两者之和）不得大于原木直径的	不允许 1/4	不允许 1/3	不允许 不限
5	髓心	应避开受剪面	不限	不限

（1）对首次采用的树种，必须先进行试验，达到要求后方可使用。

（2）当需要对模板结构或构件木材的强度进行测试验证时，应按现行国家标准《木结构设计规范》GB 50005—2003 的检验标准进行。

（3）施工现场制作的木构件，其木材含水率应符合下列规定：

1）制作的原木、方木结构，不应大于 25%；

2）板材和规格材，不应大于 20%；

3）受拉构件的连接板，不应大于 18%；

4）连接件，不应大于 15%。

（4）原木材质标准，见表 4-25。

原木材质标准　　　　　　　　　　　　　　表 4-25

项次	缺陷名称	木材等级		
		I_a	II_a	III_a
		受拉构件或拉弯构件	受弯构件或压弯构件	受压构件

注：1. I_a、II_a 等材不允许有死节，III_a 等材允许有死节（不包括发展中的腐朽节），直径不应大于原木直径的 1/5，且每 2m 长度内不得多于 1 个。

2. 同表 4-11 注 2。

3. 木节尺寸按垂直于构件长度方向测量。直径小于 10mm 的木节不量。

（五）可调托撑与可调底座

（1）可调托撑螺杆外径不得小于 36mm，直径与螺距应符合《梯形螺纹 第 2 部分：直径与螺距系列》GB/T 5796.2—2005、《梯形螺纹 第 3 部分：基本尺寸》GB/T 5796.3—2005 的规定。

（2）可调托撑的螺杆与支托板焊接应牢固，焊缝高度不得小于 6mm；可调托撑螺杆与螺母旋合长度不得少于 5 扣，螺母厚度不得小于 30mm。

（3）可调托撑抗压极限承载力不应小于 50kN。

（4）可调托撑支托板侧翼高不宜小于 30mm，侧翼外皮距离不宜小于 110mm，且不宜大于 150mm。支托板长不宜小于 90mm，板厚不应小于 5mm（图 4-13）。

（5）可调底座的底板长度和宽度均不应小于 150mm，厚度不应小于 5mm。

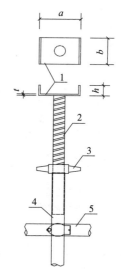

图 4-13　可调托撑构造图

1—可调托撑；2—螺杆；3—调节螺母；
4—扣件式钢管支架立杆；5—扣件式钢管支架水平杆；t—支托板厚度；h—支托板侧翼高；a—支托板侧翼外皮距离；b—支托板长

第五章

施工安排

第一节　混凝土结构的特点

目前，建筑结构类型应用最广泛的还是钢筋混凝土结构，其具有整体性好，可灌筑成为一个整体；可模性好，可灌筑成各种形状和尺寸的结构。但在其具有强度并能承力之前，需模板支撑体系作为临时承力构件。

（1）外形：基本规则，主要存在截面形式为矩形、圆形，也存在一些异型截面，如异形柱、拱壳结构、弧形板等。针对不同截面形式的构件，模板采用的材质也会有不同的选择。

（2）材质：基本以钢筋混凝土结构为主，随着新技术的应用和建筑结构形式的不断变化，型钢混凝土结构、钢管混凝土结构等较常见。其中型钢混凝土结构的模板工程仍需要以扣件式钢管为代表的支撑体系作为临时承力。

（3）结构层次：一般混凝土结构中，由于建筑功能的需要，部分空间设计为大跨度、大空间的结构，如常见的综合楼门厅、商场的中庭等，局部平面为几层中空，层高特别高。门厅或中庭顶部的楼板模板支架需用底部地面搭设，高度高。

第二节　结构施工顺序的要求

一、竖向顺序安排

针对一般层高（层高在 4m 及以下）的柱墙及梁板结构可一次浇筑，即竖向构件和水平构件一起浇筑。

对于层高较高，超过 4m 的结构，尤其是属于超过一定规模的危险性较大分部分项工程的结构，为确保支架的整体稳定性，同时也为确保竖向构件的浇筑质量，需将竖向和水平构件分次进行浇筑，先完成竖向构件（墙、柱），待竖向构件混凝土强度达到一定程度后，再进行水平构件的混凝土浇筑，此时，将模板支架与已完成并具有一定强度的竖向构件进行拉结，可承担一部分剪刀撑的作用，可有效提高架体的整体稳定性。

二、水平顺序安排

针对一般层高（层高在 4m 及以下）的构件，混凝土浇筑顺序根据泵管输送顺序由远而近浇筑。浇筑方法采用一次性连续浇捣方案，梁和板应同时浇筑混凝土。较大尺寸的梁（梁的高度大于 1m）的结构，可单独浇筑。超 1m 高的梁，浇捣应先梁后板，一次浇筑时最多不能超过 400mm，采用从跨中向两端对称进行分层浇捣。在浇捣时不能集中过多于某点部位，防止局部负荷超重。

对于层高较高，超过 4m 的结构，尤其是属于超过一定规模的危险性较大分部分项工程的结构，在水平构件混凝土施工时，宜由中间向两侧或由两侧向中间对称进行，以减小位移的叠加效应对支架稳定性的影响，若高大结构面积较小（一般面积在 200m² 以内的），可按照一般层高构件的单侧浇筑顺序进行。

第三节　混凝土浇筑施工要求

一、准备工作

（1）隐蔽工程验收合格后，方出商品混凝土采购单，采购单详细填写工程地址、施工部位、强度等级、需求方量、添加剂、坍落度、浇筑时间等相关信息，正式施工前再次确认混凝土站材料储备、供应能力等相关信息，确保混凝土浇筑正常进行，所有与混凝土浇筑有关的人、材、机均落实到位，掌握天气变化情况。

（2）开始浇筑前，检查混凝土配合比报告，实测混凝土坍落度符合要求方可进行浇筑，浇筑过程中按相关要求抽查坍落度。

（3）混凝土浇筑前泵车的停靠位置和输送半径应经过计算，泵车停靠处场地应平整、坚实，具有重车行走条件，在泵车作业范围内，不得有阻碍物、高压电线，同时要有防范高空坠物措施。

二、荷载控制

为确保模板支架施工过程中均衡受载，在施工过程中应严格控制实际施工荷载不超过设计荷载，施工荷载（设备和机械）控制在 2kN/m^2，人员荷载控制在 1kN/m^2，因此浇捣时应避免混凝土的集中堆放，混凝土的堆放高度不能超过楼面高度 100mm；对出现的超过最大荷载要有相应的控制措施，同时在浇筑过程中，派人检查支架和支承情况，发现下沉、松动和变形情况立刻停止浇捣，防止支模架产生偏心受力的情况，并组织相关人员及时解决。

三、混凝土浇筑方法

浇筑混凝土应连续进行，如因分层等原因必须间歇时，其间歇时间宜缩短，并应在前层混凝土凝结之前，将次层混凝土浇筑完毕。梁底板振捣采用斜坡式分层振捣，斜面由泵送混凝土自然流淌而成，振捣快插慢提，从浇筑层的底层开始逐渐上移，以保证分层混凝土间的施工质量。混凝土在振捣过程中宜将振动棒上下略有抽动，使上下混凝土振动均匀，每次振捣时间以 20 ~ 30s 为宜（混凝土表面不再出现气泡，泛出灰浆为准）。振捣时，要尽量避免碰撞钢筋、管道预埋件等。振捣棒插点采用行列式的次序移动，每次移动距离不超过混凝土振捣棒的有效作用半径的 1.25 倍，一般振捣棒的作用半径 30 ~ 40cm。振捣操作要"快插慢拔"，防止混凝土内部振捣不实，要"先振低处，后振高处"，防止高低坡面处出现振捣"松顶"现象。浇筑混凝土时，应注意防止混凝土的分层离析。混凝土自由倾落高度一般不超过 2m，否则采用串筒、斜槽、溜管等下料。

四、泵管布置要求

在未能采用汽车泵进行浇筑的楼层，需要固定泵连接泵管布置至最远端浇筑点。因此，泵管布置是否牢固将关系到支撑系统的稳定。

布管应根据混凝土的浇筑方案设置并少用弯管和软管，尽可能缩短管线长度。固定泵出口处管道沿地面铺设至楼层内垂直向上，可沿管道井或楼板留孔作为泵管向上的通道，在混凝土地面或墙面上安装一系列支座或支架，每根管道均由支座固定。为了减少管道内混凝土反压力，在泵的出口建议布置一定长度的水平管及弯管。

泵管至浇筑层后再延伸至最远端浇筑点，该部分的泵管应采用活动支架将其架高，以抵消每次泵送的反力，同时泵管严禁触碰模板支架和钢筋。建议模板支撑体系在沿泵管方向设置竖向剪刀撑，以增加钢管支撑体系的稳定性和刚度。

五、布料机的使用要求

布料机的使用极大地方便了楼面混凝土的浇筑，提高了浇筑速度。但布料机根据型号的不同和作用半径的大小、自重轻重不一，一般的小型布料机的荷载也超过了支架体系设计荷载值。因此，在确定使用布料机时，应根据布料机的荷载参数及摆放位置，对该部位的支架体系进行设计，并采用布料机的荷载参数来设计支撑体系。

六、浇筑施工注意事项

（1）在浇筑前，必须经总监理工程师及项目部检验合格后才能浇筑。必须支撑牢固、稳定、不得有松动、跑模、超标准的变形下沉等现象。

（2）浇筑时，无关人员不得在模板下，要有专职安全员看护，配置有专业工种进行监护并及时处理，在有可能出现事故前及时发现并及时处理，将安全隐患消除在萌芽状态前。

（3）浇筑工程中，应均匀浇捣，并采取有效措施防止超高堆置。

（4）浇筑工程中派人检查支架和支撑情况，发现沉降、松动、变形情况及时解决。

（5）浇筑过程中派专人观测模板支撑系统的工作状态，观测人员发现异常时应及时报告施工负责人，施工负责人应立即通知浇筑人员暂停作业，紧急情况时应采取迅速撤离人员的应急措施。

（6）严格控制实际施工荷载不超过设计荷载，对可能出现的超过荷载的情况要有相应的控制措施，钢筋等材料不能在支架上方集中堆载。

（7）为防止支模架因超载而影响安全施工，要求施工荷载应符合设计要求，不得超载，不得将泵送和砂浆的输送管等固定在支架上，严禁悬挂起重设备。

（8）工地临时用电线路的架设，应按现行行业标准《施工现场临时用电安全技术规范》JGJ 46—2005 的有关规定执行。

（9）浇筑完毕的混凝土应进行养护，湿润养护不少于 7 天，对于抗渗混凝土不少于 14 天。

第六章

搭设与拆除

第一节　流程

一、搭设前必须具备的基本要素

扣件式钢管脚手架搭设前应具备专项施工组织设计技术文件（专项施工方案），如脚手架的施工简图（立杆平面布置、几何尺寸要求），立杆基础、地基处理要求及脚手架（风荷载、水平杆、立杆地基承载力）等安全防护计算书；同时需经公司项目经理、工程技术负责人（总工）和安全监理签字，方可生效。

施工作业人员必须经过安全技术培训并取得特种作业操作证方可上岗作业，上岗作业前应由项目经理、工长、安全员向取得特种作业操作证的架子工按《建筑施工扣件式钢管脚手架安全技术规范》JGJ 130—2011、《建筑施工模板安全技术规范》JGJ 162—2008、《钢管脚手架扣件》GB 15831—2006 等相关规范和标准，并结合实际施工工艺的特点逐项做好安全技术交底并记录。

扣件式钢管脚手架由钢管、扣件、脚手板和底座等组成。用于钢管之间连接的直角扣件、旋转扣件和对接扣件必须由正规生产厂家出具合格证。脚手板可采用冲压钢脚手板、木脚手板、竹脚手板等。每块脚手板的重量不宜大于30kg，作业面脚手板要满铺并锁住，杜绝飞跳现象的存在。立杆底座主要有标准底座和焊接底座两种，多数使用焊接底座。以上各项要经检测机构进行二次检测合格后，方准使用。

二、脚手架搭设基本工艺流程

（1）清理搭设工作面；

（2）画线放样；

（3）放置槽钢垫块或木垫块；

（4）放置纵向扫地杆；

（5）放置立杆（加临时抛杆）；

（6）放置横向扫地杆；

（7）第一步纵向水平杆；

（8）第一步横向水平杆；

（9）第二步纵向水平杆；

（10）第二步横向水平杆；

（11）以此类推，完成第一层脚手架纵横向水平杆搭设；

（12）剪刀撑搭设；

（13）铺设脚手板；

（14）搭挡脚板和栏杆。

三、基本搭设要求

（一）立杆设置

立杆是脚手架的主要受力杆件，它负责把整个脚手架及脚手架上的负荷传递到基础，立杆纵距必须按搭设高度经过设计计算确定取值，横距、步距按脚手架规范规定取值；脚手架立杆搭接应采用对接扣件，且对接扣件应交错布置，两根相邻立杆的接头不应设置在同步内，同步内隔一根立杆的两个相隔接头在高度方向错开的距离不宜小于 500mm。由于钢管出厂规格长度一般为 6m，因此，脚手架搭设过程中底部宜采用 2.5m、4.5m、6m 三种长度的钢管交替，接长全部为 6m 钢管。立杆垂直度必须符合规范要求。立杆搭设要求如下：

（1）每根立杆底部宜设置底座或垫板；

（2）脚手架必须设置纵、横向扫地杆（图 6-1）。纵向扫地杆应采用直角扣件固定在距钢管底端不大于 200mm 处的立杆上。横向扫地杆应采用直角扣件固定在紧靠纵向扫地杆下方的立杆上；

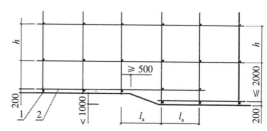

图 6-1　纵、横向扫地杆构造

（3）脚手架立杆基础不在同一高度上时，必须将高处的纵向扫地杆向低处延长两跨与立杆固定，高低差不应大于 1m。靠边坡上方的立杆轴线到边坡的距离不应小于 500mm；

（4）立杆间距计算书数值取值；

（5）最内侧的立杆离墙距离为 0.30m；

（6）底部立杆进行参差布置；

（7）立杆的对接接头应该错位布置；

（8）当立杆采用对接接长时，立杆的对接扣件应交错布置，两根相邻立杆的接头不应设置在同步内，同步内隔一根立杆的两个相隔接头在高度方向错开的距离不宜小于500mm；各接头中心至主节点的距离不宜大于步距的1/3；

（9）当立杆采用搭接接长时，搭接长度不应小于1m，并应采用不少于2个旋转扣件固定。端部扣件盖板的边缘至杆端距离不应小于100mm；

（二）纵向杆设置

纵向水平杆的间距称为步距，步距的大小，直接影响着立杆的长细比和脚手架的承载能力。在其他条件相同时，当步距由1.2m增加到1.8m时，脚手架的承载能力将下降26%以上。所以施工中纵向水平杆的布距不得随意加大，不得擅自拆掉纵向水平杆。

（1）纵向水平杆单根杆长度不应小于3跨；

（2）纵向水平杆在脚手架高度方向按照计算步距设置；

（3）外伸距离：0.10m；

（4）纵向水平杆接长应采用对接扣件连接或搭接，并应符合下列规定：

1）两根相邻纵向水平杆的接头不应设置在同步或同跨内；不同步或不同跨两个相邻接头在水平方向错开的距离不应小于500mm；各接头中心至最近主节点的距离不应大于纵距的1/3（图6-2）。

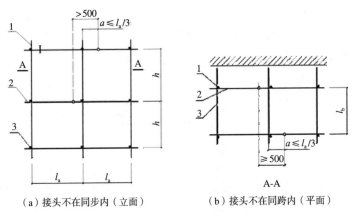

（a）接头不在同步内（立面）　　　（b）接头不在同跨内（平面）

图6-2　纵向水平杆对接接头布置

1—立杆；2—纵向水平杆；3—横向水平杆

2）搭接长度不应小于 1m，应等间距设置 3 个旋转扣件固定；端部扣件盖板边缘至搭接纵向水平杆杆端的距离不应小于 100mm。

3）当使用冲压钢脚手板、木脚手板、竹串片脚手板时，纵向水平杆应作为横向水平杆的支座，用直角扣件固定在立杆上；当使用竹笆脚手板时，纵向水平杆应采用直角扣件固定在横向水平杆上，并应等间距设置，间距不应大于 400mm。如图 6-3 所示。

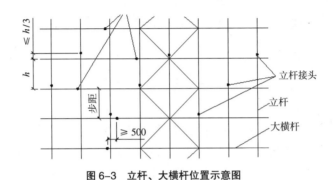

图 6-3 立杆、大横杆位置示意图

（三）横向杆设置

横向水平杆承受脚手板传下来的荷载。在双排脚手架中，杆的两端各用一个直角扣件分别固定在里、外大横杆上。横向水平杆必须在立杆与纵向水平杆的交点处（主节点）设置，紧靠主节点（两直角扣件中心距不大于 15cm）且严禁拆除。当遇作业层铺设脚手板时，应在两主节点中间处再增设一根小横杆（小横杆间距不大于立杆纵距的 1/2），当非作业层拆除脚手板时，增设的横向水平杆可随时拆除，但主节点处横向水平杆不准拆掉。

横向水平杆是脚手架的受力杆件，横向水平杆不仅承受脚手板传来的荷载，同时还将立杆连接，以此提高脚手架的整体性和承载能力。试验表明：当非作业层横向水平杆隔一步或隔两步间隔拆除时，脚手架的承载能力也将随之降低 10％以上。横向水平杆搭设要求如下：

（1）作业层上非主节点处的横向水平杆，宜根据支承脚手板的需要等间距设置，最大间距不应大于纵距的 1/2。

（2）当使用冲压钢脚手板、木脚手板、竹串片脚手板时，双排脚手架的横向水平杆两端均应采用直角扣件固定在纵向水平杆上；单排脚手架的横向水平杆的一端应用直角扣件固定在纵向水平杆上，另一端应插入墙内，插入长度不应小于 180mm。

（3）当使用竹笆脚手板时，双排脚手架的横向水平杆的两端，应用直角扣件固定在立杆上；单排脚手架的横向水平杆的一端，应用直角扣件固定在立杆上，另一端插入墙内，插入长度不应小于180mm。

（4）主节点处必须设置一根横向水平杆，用直角扣件扣紧且严禁拆除。

（5）位置：置于立纵向水平杆之上。

（6）外伸距离：0.10m。

（7）固定方式：使用直角扣紧固在大横杆之上。

（8）其他设置：在纵距的1/2处设置一根用于支撑的小横杆。

（四）剪刀撑设置

（1）纵向剪刀撑（图6-4、图6-5）是保证脚手架纵向稳固，加强脚手架结构整体刚度以保证脚手架稳定的重要措施。脚手架每道剪刀撑跨越立杆的根数应不大于7根（即6跨），且每道剪刀撑宽度不应小于4跨，并且不应小于6m。斜杆与地面的夹角宜在45°～60°之间，钢管搭接长度不应小于1m，应采用不少于2个旋转扣件固定，端部扣件盖板的边缘至杆端距离不应小于100mm，以免引起脱扣。剪刀撑斜杆应与之相交的横向水平杆的伸出端或每一立杆扣紧。

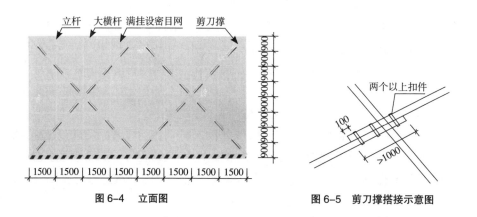

图6-4　立面图　　　　　　　　　图6-5　剪刀撑搭接示意图

（2）设置剪刀撑可增强脚手架的纵向刚度，阻止脚手架倾斜，并有助于提高立杆的承载能力。试验表明：设置剪刀撑可提高承载力10%以上。按规范要求应在脚手架外侧设置剪刀撑，跨越范围为5～7根立杆（不小于6m），剪刀撑与地面夹角为45°～60°。剪刀撑斜杆与立杆及外伸的横向水平杆交点处用回转扣件紧固。剪刀撑底部落地并垫木板，随脚手架的搭设同时设置剪刀撑。剪刀撑在脚手架中是承受拉杆或压杆的作用，而杆件承拉或受压力的大小主要是靠扣件的抗滑能力，所以在剪刀撑斜杆上扣件设置得越多其受力效果越好。斜杆的接长采用搭接，搭接处不少于2个回转扣件，搭接长度1m。

（3）横向斜撑也叫横向剪刀撑，是沿脚手架横向水平杆方向，在1～2个步距内设置的斜杆，由脚手架底部至顶部呈"之"字形或呈"十"字形连续设置，采用回转扣件，固定在与之相交的立杆或横向水平杆的伸出端上。

（4）设置位置：转角处和脚外立面的两端；

（5）设置方式：竖向连续设置、横向间隔设置；

（6）最大横向间隔：15.0m。

（五）铺设脚手板

为确保工人在施工过程中所提供的安全操作场所，脚手架上不准有任何活动材料，如扣件、活动钢管、钢筋等。作业层上的施工荷载应符合设计要求，不得超载，不得将模板、泵送混凝土输送管道等支撑固定在脚手架上，严禁任意悬挂起重设备。

规范要求脚手架作业层应满铺脚手片，脚手片应采用对接平铺，四角应用ϕ1.2mm镀锌铁丝固定在大横杆上。脚手板铺设要求如下（图6-6）：

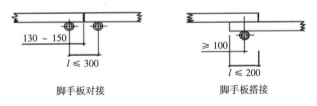

130～150　$l \leq 300$　脚手板对接　　≥ 100　$l \leq 200$　脚手板搭接

图6-6　脚手板对接、搭接构造

（1）作业层脚手板应铺满、铺稳、铺实。

（2）冲压钢脚手板、木脚手板、竹串片脚手板等，应设置在三根横向水平杆上。当脚手板长度小于2m时，可采用两根横向水平杆支承，但应将脚手板两端与横向水平杆可靠固定，严防倾翻。脚手板的铺设应采用对接平铺或搭接铺设。脚手板对接平铺时，接头处应设两根横向水平杆，脚手板外伸长度应取130～150mm，两块脚手板外伸长度的和不应大于300mm；脚手板搭接铺设时，接头应支在横向水平杆上，搭接长度不应小于200mm，其伸出横向水平杆的长度不应小于100mm。

（3）竹笆脚手板应按其主竹筋垂直于纵向水平杆方向铺设，且应对接平铺，四个角应用直径不小于 1.2mm 的镀锌钢丝固定在纵向水平杆上。

（4）作业层端部脚手板探头长度应取 150mm，其板的两端均应固定于支承杆件上。

（5）铺设位置：桁架内部以及内立杆与建筑物之间。

（6）铺设要求：严密、结实、平整，应纵向平铺、满铺、无空位、两端无探头板。

（7）接长：在接头处设置两根小横杆，不可搭接。

（8）固定：用 1.2mm 的镀锌钢丝对端部绑扎，其余部位用 18 号铅丝进行双股并联绑扎。

（六）设置挡脚板

（1）挡脚板高度：200mm；

（2）设置位置：在外立杆的内侧沿水平方向进行连续设置；

（3）设置间距：高度方向 3.6m；

（4）条纹：涂刷角度为 45° 的红白相间的条纹（图 6-7）。

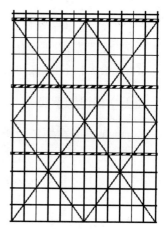

图 6-7　挡脚板安全色设置示意图

四、满堂脚手架搭设要求

（1）常用敞开式满堂脚手架结构的设计尺寸，可按表 6-1 采用。

常用敞开式满堂脚手架结构的设计尺寸　　　表 6-1

序号	步距（m）	立杆间距（m）	支架高宽比不大于	下列施工荷载时最大允许高度（m）	
				2kN/m²	3kN/m²
1		1.2 × 1.2	2	17	9
2	1.7 ~ 1.8	1.0 × 1.0	2	30	24
3		0.9 × 0.9	2	36	36
4		1.3 × 1.3	2	18	9
5	1.5	1.2 × 1.2	2	23	16
6		1.0 × 1.0	2	36	31
7		0.9 × 0.9	2	36	36

续表

序号	步距（m）	立杆间距（m）	支架高宽比不大于	下列施工荷载时最大允许高度（m）	
				2kN/m²	3kN/m²
8	1.2	1.3×1.3	2	20	13
9		1.2×1.2	2	24	19
10		1.0×1.0	2	36	32
11		0.9×0.9	2	36	36
12	0.9	1.0×1.0	2	36	33
13		0.9×0.9	2	36	36

注：1. 脚手板自重标准值取 0.35 kN/m²。

2. 地面粗糙度为 B 类，基本风压 $W_o = 0.35kN/m^2$。

3. 立杆间距不小于 1.2m×1.2m，施工荷载标准值不小于 3kN/m² 时，立杆上应增设防滑扣件，防滑扣件应安装牢固，且顶紧立杆与水平杆连接的扣件。

（2）满堂脚手架搭设高度不宜超过 36m；满堂脚手架施工层不得超过 1 层。

（3）满堂脚手架立杆的构造应符合本节上述规定；立杆接长接头必须采用对接扣件连接。立杆对接扣件布置应符合规范规定。水平杆的连接应符合规范的有关规定，水平杆长度不宜小于 3 跨。

（4）满堂脚手架应在架体外侧四周及内部纵、横向每 6 ~ 8m 由底至顶设置连续竖向剪刀撑。当架体搭设高度在 8m 以下时，应在架顶部设置连续水平剪刀撑；当架体搭设高度在 8m 及以上时，应在架体底部、顶部及竖向间隔不超过 8m 分别设置连续水平剪刀撑。水平剪刀撑宜在竖向剪刀撑斜杆相交平面设置。剪刀撑宽度应为 6 ~ 8m。

（5）剪刀撑应用旋转扣件固定在与之相交的水平杆或立杆上，旋转扣件中心线至主节点的距离不宜大于 150mm。

（6）满堂脚手架的高宽比不宜大于 3，当高宽比大于 2 时，应在架体的外侧四周和内部水平间隔 6 ~ 9m，竖向间隔 4 ~ 6m 设置连墙件与建筑结构拉结，当无法设置连墙件时，应采取设置钢丝绳张拉固定等措施。

（7）最少跨数为 2、3 跨的满堂脚手架，宜按规范规定设置连墙件。

（8）当满堂脚手架局部承受集中荷载时，应按实际荷载计算并应局部加固。

（9）满堂脚手架应设爬梯，爬梯踏步间距不得大于 300mm。

（10）满堂脚手架操作层支撑脚手板的水平杆间距不应大于 1/2 跨距；脚手板的铺设应符合规范规定。

（11）满堂支撑架立杆步距与立杆间距不宜超过规范规定的上限值，立杆伸出顶层水平杆中心线至支撑点的长度 a 不应超过 0.5m。满堂支撑架搭设高度不宜超过 30m。

（12）满堂支撑架立杆、水平杆的构造要求应符合规范规定。

（13）满堂支撑架应根据架体的类型设置剪刀撑，并应符合下列规定（图 6-8、图 6-9）：

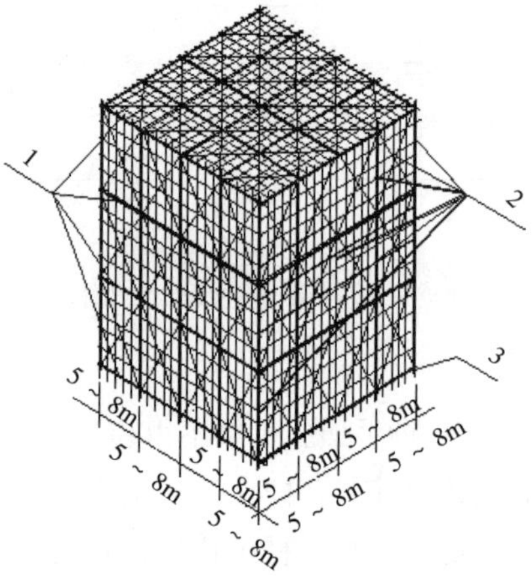

图 6-8　普通型水平、竖向剪刀撑布置图

1—水平剪刀撑；2—竖向剪刀撑；3—扫地杆设置层

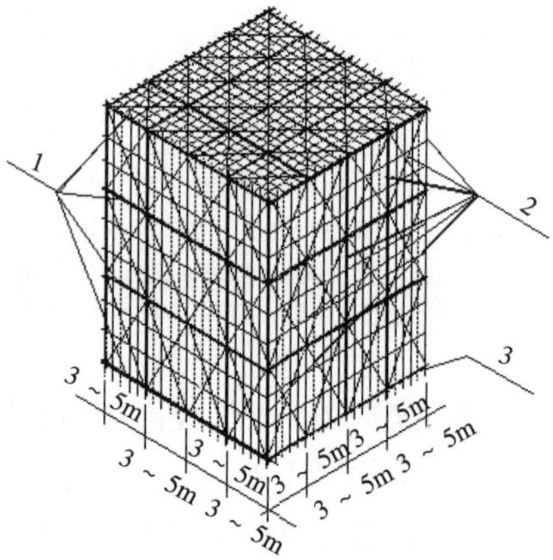

图 6-9　加强型水平、竖向剪刀撑构造布置图

1—水平剪刀撑；2—竖向剪刀撑；3—扫地杆设置层

1）在架体外侧周边及内部纵、横向每 5 ~ 8m，应由底至顶设置连续竖向剪刀撑，剪刀撑宽度应为 5 ~ 8m。

2）在竖向剪刀撑顶部交点平面应设置连续水平剪刀撑。当支撑高度超过 8m，或施工总荷载大于 15kN/㎡，或集中线荷载大于 20kN/m 的支撑架，扫地杆的设置层应设置水平剪刀撑。水平剪刀撑至架体底平面距离与水平剪刀撑间距不宜超过 8m。

3）当立杆纵、横间距为 0.9m × 0.9m ~ 1.2m × 1.2m 时，在架体外侧周边及内部纵、横向每 4 跨（且不大于 5m），应由底至顶设置连续竖向剪刀撑，剪刀撑宽度应为 4 跨。

4）当立杆纵、横间距为 0.6m × 0.6m ~ 0.9m × 0.9m（含 0.6m × 0.6m，0.9m × 0.9m）时，在架体外侧周边及内部纵、横向每 5 跨（且不小于 3m），应由底至顶设置连续竖向剪刀撑，剪刀撑宽度应为 5 跨。

5）当立杆纵、横间距为 0.4 m × 0.4m ~ 0.6m × 0.6m（含 0.4m × 0.4m）时，在架体外侧周边及内部纵、横向每 3 ~ 3.2m 应由底至顶设置连续竖向剪刀撑，剪刀撑宽度应为 3 ~ 3.2m。

6）在竖向剪刀撑顶部交点平面应设置水平剪刀撑，扫地杆的设置层水平剪刀撑的设置应符合规定，水平剪刀撑至架体底平面距离与水平剪刀撑间距不宜超过 6m，剪刀撑宽度应为 3 ~ 5m。

（14）竖向剪刀撑斜杆与地面的倾角应为 45°~ 60°，水平剪刀撑与支架纵（或横）向夹角应为 45°~ 60°，剪刀撑斜杆的接长应符合规范规定。

（15）剪刀撑的固定应符合规范规定。

（16）满堂支撑架的可调底座、可调托撑螺杆伸出长度不宜超过 300mm，插入立杆内的长度不得小于 150mm。

（17）当满堂支撑架高宽比不满足规定（高宽比大于 2 或 2.5）时，满堂支撑架应在支架的四周和中部与结构柱进行刚性连接，连墙件水平间距应为 6 ~ 9m，竖向间距应为 2 ~ 3m。在无结构柱部位应采取预埋钢管等措施与建筑结构进行刚性连接，在有空间部位，满堂支撑架宜超出顶部加载区投影范围向外延伸布置 2 ~ 3 跨。支撑架高宽比不应大于 3。

五、脚手架拆除基本工艺流程

脚手架使用完毕，同条件养护试件抗压强度达到拆模强度要求后，上报项目技术负责人审批，待技术负责人审批后，立即拆除，脚手架拆除程序应遵守由上而下、先搭后拆的原则（图 6-10），一般的拆除顺序为：

（1）栏杆；

（2）脚手板；

（3）剪刀撑；

（4）横向水平杆；

（5）纵向水平杆；

（6）立杆。

六、脚手架拆除注意事项

扣件式钢管脚手架在使用完毕后就应立即拆除。

（一）脚手架拆除前准备工作

（1）完成外墙装饰面（墙面饰面、门窗及墙面其他装饰）的最后整修和清

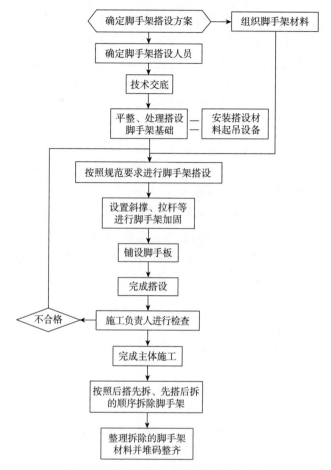

图 6-10　脚手架搭设、拆除总体操作流程图

洁工作，其质量已符合规定要求，并经验收。

（2）对脚手架进行安全检查，确认脚手架不存在严重隐患。如存在影响拆除脚手架安全的隐患，应先对脚手架进行整修和加固，以保证脚手架在拆除过程中不发生危险。

（3）对参与脚手架拆除的操作人员、管理人员和检查、监护人员进行施工方案、安全、质量和外装饰保护等措施的交底。交底的内容应包括拆除范围、数量、时间和拆除顺序、方法、物件垂直运输设备的数量，脚手架上的水平运输、人员组织，指挥联络的方法和用语，拆除的安全措施和警戒区域。如果在夜间施工还要有照明和安全用电等内容。交底要有记录，双方均应在交底书上签字。

（4）参与拆除脚手架人员的职责要明确，并要明确相互间的关系，要有工作制度和必要的奖惩办法。外脚手架的拆除一般严禁在垂直方向上同时作业，因此要事先做好其他垂直方向工作的安排，故第（1）条规定 的工作必须在全部完成后，方可开始拆除外脚手架，决不允许下部在脚手架上做外墙面的整修清洁工作，上面就进行脚手架拆除，更不允许下部做外饰面和上部拆除脚手架同时进行。

（5）拆除脚手架时要特别加强出入口处的管理。拆除脚手架时，下部的出入口必须停止使用。对此除监护人员特别要注意外，还应在出入口处设置明显的停用标志和围栏，此装置必须内外双面设置。

（6）拆除脚手架前，必须进行危险范围评估界定，并将危险范围区域进行隔离，并在隔离区边界设置明显的禁行标志和围栏，在坠落范围内应有明显"禁止入内"字样的标志，并有专人监护，以保证拆脚手架时无其他人员入内。

（7）对于拆除脚手架用的垂直运输设备要事先检查和试车，使之符合安全使用的要求。并对操作人员和使用人员交底，规定联络用语和方法，明确职责，以保证脚手架拆除时其垂直运输设备能安全运转。

（8）建筑物的外墙门窗都要关紧，并对可能遭到碰撞处给予必要的保护。建筑物如设有临时外挑物，必须在拆除脚手架前拆除。

（9）根据检查结果，补充完善施工设计中的拆除程序，并经批准后实施。

（10）拆除安全技术措施应交底到每一个作业人员。脚手架拆除过程中，不中途换人。如必须换人，则应在安全技术交底中交代清楚。

（11）在拆除脚手架时，应先清除脚手板上的垃圾杂物，清除时严禁高空向下抛掷，大块的装入容器内由垂直运输设备向下运送，能用扫帚集中的要集中装入容器内运下。

（12）满堂脚手架支撑需要两次拆除，第一次将除梁底和短跨中间的支撑外的大部分模板和支撑进行拆除，第二次将梁底和短跨中间的支撑拆除，具体参见施工组织设计中的模板工程。

（13）满堂脚手架的拆除不得在垂直方向上同时作业。

（14）拆除脚手架后的垂直运输使用塔吊，严禁乱扔乱抛，并对操作人员和使用人员进行交底，规定联络用语和方法，明确职责，以保证脚手架拆除时其垂直运输设备能安全运转。

（15）拆下的脚手架钢管、扣件及其他材料运至地面后，应及时清理，将合格的、需要整修后重复使用的和应报废的加以区分，按规格堆放。对合格件应及时进行保养，保养后送仓库保管以备日后使用。

（16）拆除时操作人员要系好安全带，穿软底防滑鞋，扎裹腿。

（二）脚手架拆除工作要点

上述一些准备工作经检查符合要求后，并确认建筑施工再也不需用脚手架时就可进行脚手架的拆除。脚手架的拆除应从上往下，水平方向一步拆完再拆下一步。

（1）作业前应对脚手架的现状，包括变形情况、杆件之间的连接、与建筑物的连接及支撑情况以及作业环境进行检查。

（2）按照作业方案进行研究并分工。

（3）拆除脚手架应一步步进行，由上而下，一步一清地进行拆除，不可两步或两步以上同时拆除。分段拆除时，高差不应大于两步。如高差大于两步时，应按脚手架开口进行加固处理。登高设施和脚手架与建筑物结构的连接应与脚手架同步进行拆除，不可在脚手架拆除前先行拆除。剪刀撑的拆除，应先拆中间扣件，再拆两端扣件，由中间人员往下递送或送至垂直运输设备处。

（4）拆除施工用脚手架时要遵守高处作业的有关规定，特别是按关于强风区高处作业、雨天高处作业和雪天高处作业的有关规定进行。

（5）在拆除脚手架与建筑物的连接和拆除脚手架的挑架等需气割金属时，应严格遵照现场消防的有关规定，要有防止电焊火星、熔渣和切割下的金属物件下落的措施，要有切实可靠的监护组织和消防器材。

（6）每日拆除脚手架告一段落时，都要对尚未拆除的脚手架的安全状况进行检查，还要对周围环境进行检查。如有异常情况应及时处理，确认一切均安全后方可离岗，不可疏忽大意，留有隐患。

（7）不准分立面拆架或在上下两步同时进行拆架。做到一步一清、一杆一清。拆立杆时，要先抱住立杆再拆开最后两个扣。拆除纵向水平杆、斜撑、剪刀撑时，应先拆中间扣件，然后托住中间，再解端头扣。所有连墙杆等必须随脚手架拆除同步下降，严禁先将连墙件整层或数层拆除后再拆脚手架。分段拆除高差不应大于2步，如高差大于2步，应增设连墙件加固。应保证拆除后架体的稳定性不被破坏，连墙杆被拆除前，应加设临时支撑防止变形、失稳。当脚手架拆至下部最后一根长钢管的高度（约6m）时，应先在适当位置搭临时抛撑加固后再拆连墙件。

（8）拆除作业时，地面设专人指挥，按要求统一进行。拆除程序与搭设程序相反，先搭的后拆除，自上而下逐层进行，禁止上下同时作业。拆除时，先将防护栏杆、安全网等附加杆件拆除，并翻板将脚手板向下传递，每档留一块脚手板便于操作。

（9）拆除顺序应沿脚手架交圈进行。分段拆除时，高差不应大于 2 步，以保持脚手架的两端，增设横向斜撑先行加固后再进行拆除。拆剪刀撑时应先拆除中间扣件，然后拆除两端扣件，防止因积累变形发生挑杆。

（10）连墙杆不得提前拆除，在逐层拆除到连墙件部位时，方可拆除。在最后一道连墙件拆除之前，应先在立杆上设置抛撑后进行，以保证立杆拆除中的稳定性。

（11）拆除作业中应随时注意作业位置的可靠和挂牢安全带。不准将拆除的杆件、扣件、脚手板等向地面抛掷。

（12）地面人员应与拆除作业人员紧密配合，将拆下的杆件等按品种、规格码放整齐。在搭设与拆除扣件式钢管脚手架时，要做到以上安全技术要点，特别是首层站杆采用 2m、4m、6m（或 2.2m、3.8m、6m）的搭设方法，可以使施工现场扣件式钢管脚手架的搭设与拆除科学合理、达到标准和规范要求，避免架体倒塌、倾斜等事故的发生，还可以避免作业人员受到伤害，增强架体的稳定性，达到有效安全防护的目的。

七、模板拆除

（一）模板拆除要求

（1）模板的拆除措施应经技术主管部门或负责人批准，拆除模板的时间可按现行国家标准《混凝土结构工程施工质量验收规范》GB 50204—2015 的有关规定执行。冬期施工的拆模，应遵守专门规定。

（2）当混凝土未达到规定强度或已达到设计规定强度时，如需提前拆模或承受部分超设计荷载时，必须经过计算和技术主管确认其强度能足够承受此荷载后，方可拆除。

（3）在承重焊接钢筋骨架作配筋的结构中，承受混凝土重量的模板，应在混凝土达到设计强度的 25% 后方可拆除承重模板。如在已拆除模板的结构上加置荷载时，应另行核算。

（4）大体积混凝土的拆模时间除应满足混凝土强度要求外，还应使混凝土内外温差降低到 25° 以下时方可拆模。否则应采取有效措施防止产生温度裂缝。

（5）后张预应力混凝土结构的侧模宜在施加预应力前拆除，底模应在施加预应力后拆除。设计有规定时，应按规定执行。

（6）拆模前检查所使用的工具是否有效和可靠，扳手等工具必须装入工具袋或系挂在身上，并应检查拆模场所范围内的安全措施。

（7）模板的拆除工作应设专人指挥。作业区应设围栏，其内不得有其他工种作业，并应设专人负责监护。拆下的模板、零配件严禁抛掷。

（8）拆模的顺序和方法应按模板的设计规定进行。当设计无规定时，可采取先支的后拆、后支的先拆、先拆非承重模板、后拆承重模板，并应从上而下进行拆除。拆下的模板不得抛扔，应按指定地点堆放。

（9）多人同时操作时，应明确分工、统一信号或行动，应具有足够的操作面，人员应站于安全处。

（10）高处拆除模板时，应遵守有关高处作业的规定。严禁使用大锤和撬棍，操作层上临时拆下的模板堆放不能超过3层。

（11）在提前拆除互相搭连并涉及其他后拆模板的支撑时，应补设临时支撑。拆模时，应逐块拆卸，不得成片撬落或拉倒。

（12）拆模如遇中途停歇，应将已拆松动、悬空、浮吊的模板或支架进行临时支撑牢固或相互连接稳固。对活动部件必须一次拆除。

（13）已拆除了模板的结构，应在混凝土强度达到设计强度值后方可承受全部设计荷载。若在未达到设计强度以前，需在结构上加置施工荷载时，应另行核算，强度不足时，应加设临时支撑。

（14）遇6级或6级以上大风时，应暂停室外的高处作业。雨、雪、霜后应先清扫施工现场，方可进行工作。

（15）拆除有洞口模板时，应采取防止操作人员坠落的措施。洞口模板拆除后，应按现行行业标准《建筑施工高处作业安全技术规范》JGJ 80—1991的有关规定及时进行防护。

（二）支架立柱拆除

（1）当拆除钢楞、木楞、钢桁架时，应在其下面临时搭设防护支架，使所拆楞梁及桁架先落于临时防护支架上。

（2）当立柱的水平拉杆超出2层时，应首先拆除2层以上的拉杆。当拆除最后一道水平拉杆时，应和拆除立柱同时进行。

（3）当拆除4～8m跨度的梁下立柱时，应先从跨中开始，对称地分别向两端拆除。拆除时，严禁采用连梁底板向旁侧一片拉倒的拆除方法。

（4）对于多层楼板模板的立柱，当上层及以上楼板正在浇筑混凝土时，下层楼板立柱的拆除，应根据下层楼板结构混凝土强度的实际情况，经过计算确定。

（5）拆除平台、楼板下的立柱时，作业人员应站在安全处拉拆。

（6）对已拆下的钢楞、木楞、桁架、立柱及其他零配件应及时运到指定地点。对有芯钢管立柱运出前应先将芯管抽出或用销卡固定。

（三）普通模板拆除

（1）拆除条形基础、杯形基础、独立基础或设备基础的模板时，应遵守下列规定：

1）拆除前应先检查基槽（坑）土壁的安全状况，发现有松软、龟裂等不安全因素时，应在采取安全防范措施后，方可进行作业。

2）模板和支撑杆件等应随拆随运，不得在离槽（坑）上口边缘1m以内堆放。

3）拆除模板时，施工人员必须站在安全地方。应先拆内外木楞、再拆木面板；钢模板应先拆钩头螺栓和内外钢楞，后拆U形卡和L形插销，拆下的钢模板应妥善传递或用绳钩放置地面，不得抛掷。拆下的小型零配件应装入工具袋内或小型箱笼内，不得随处乱扔。

（2）拆除柱模应遵守下列规定：

1）柱模拆除应分别采用分散拆和分片拆两种方法。其分散拆除的顺序应为：

①拆除拉杆或斜撑、自上而下拆除柱箍或横楞、拆除竖楞，自上而下拆除配件及模板、运走分类堆放、清理、拔钉、钢模维修、刷防锈油或脱模剂、入库备用。

②分片拆除的顺序应为：

③拆除全部支撑系统、自上而下拆除柱箍及横楞、拆掉柱角U形卡、分二片或四片拆除模板、原地清理、刷防锈油或脱模剂、分片运至新支模地点备用。

2）柱子拆下的模板及配件不得向地面抛掷。

（3）拆除墙模应遵守下列规定：

1）墙模分散拆除顺序应为：

拆除斜撑或斜拉杆、自上而下拆除外楞及对拉螺栓、分层自上而下拆除木楞或钢楞及零配件和模板、运走分类堆放、拔钉清理或清理检修后刷防锈油或脱模剂、入库备用。

2）预组拼大块墙模拆除顺序应为：

拆除全部支撑系统、拆卸大块墙模接缝处的连接型钢及零配件、拧去固定埋设件的螺栓及大部分对拉螺栓、挂上吊装绳扣并略拉紧吊绳后，拧下剩余对拉螺栓，用方木均匀敲击大块墙模立楞及钢模板，使其脱离墙体。用撬棍轻轻外撬大块墙模板使全部脱离，指挥起吊、运走、清理、刷防锈油或脱模剂备用。

3）拆除每一大块墙模的最后两个对拉螺栓后，作业人员应撤离大模板下侧，以后的操作均应在上部进行。个别大块模板拆除后产生局部变形者应及时整修好。

4）大块模板起吊时，速度要慢，应保持垂直，严禁模板碰撞墙体。

（4）拆除梁、板模板应遵守下列规定：

1）梁、板模板应先拆梁侧模，再拆板底模，最后拆除梁底模，并应分段分片进行，严禁成片撬落或成片拉拆。

2）拆除时，作业人员应站在安全的地方进行操作，严禁站在已拆或松动的模板上进行拆除作业。

3）拆除模板时，严禁用铁棍或铁锤乱砸，已拆下的模板应妥善传递或用绳钩放至地面。

4）严禁作业人员站在悬臂结构边缘敲拆下面的底模。

5）待分片、分段的模板全部拆除后，方允许将模板、支架、零配件等按指定地点运出堆放，并进行拔钉、清理、整修、刷防锈油或脱模剂，入库备用。

第二节　搭设与拆除的施工要点及相关要求

一、后浇带支模架要求

后浇带模板与其他支模架分开支设，依据《混凝土结构工程施工质量验收规范》GB 50204—2015，后浇带模板应是独立支撑体系，在拆除满堂脚手架时应保证后浇带处支撑系统独立完好。

（一）后浇带支模架方案选择注意事项

考虑到施工工期、质量和安全要求，故在选择方案时，应充分考虑以下几点：

（1）模板及其支架的结构设计，力求做到结构要安全可靠，造价经济合理。

（2）在规定的条件下和规定的使用期限内，能够充分满足预期的安全性和耐久性。

（3）选用材料时，力求做到常见通用、可周转利用，便于保养维修。

（4）结构选型时，力求做到受力明确，构造措施到位，升降搭拆方便，便于检查验收。

（5）综合以上几点，模板及模板支架的搭设，还必须符合《建筑施工安全检查标准》JCJ59—2011要求，要符合文明标化工地的有关标准。

（6）按混凝土的要求进行模板设计，在模板满足强度、刚度和稳定性要求的前提下，尽可能提高表面光洁度，阴阳角模板统一整齐。面板采用15mm木模板80×100木方（内楞）现场拼制，圆钢管48×3.6（外楞）支撑，采用可回收M12对拉螺栓进行加固。梁底采用80×100木方支撑。承重架采用扣件式钢管脚手架，由扣件、立杆、横杆、支座组成，采用ϕ48×3.6钢管。

（7）后浇带模板的拆除，对混凝土墙板部位，模板拆除时间控制养护不少于7天，防止墙板部位后浇带干缩裂缝的形成。对顶板部位，控制混凝土养护时间达到14天，28天后进行模板拆除。

（二）后浇带支模架搭设工艺流程

（1）搭设独立的脚手架支架支撑体系；
（2）用短管与其他脚手架支架支撑相连接；
（3）安装木枋；
（4）铺设后浇带模板且留出清扫口；
（5）铺设清扫口堵口板；
（6）绑扎板筋；
（7）支设后浇带侧面齿口模板；
（8）浇筑其他部位混凝土；
（9）拆除后浇带侧面齿口模板；
（10）用密目网覆盖后浇带；
（11）拆除其他部位模板及脚手架支撑体系；
（12）调整钢筋；
（13）清理垃圾；
（14）将清扫口堵口板拨入清扫口内；
（15）浇筑后浇带混凝土。

（三）后浇带施工注意问题

（1）后浇带的支撑
后浇带封闭前，后浇带处梁、板模板的支撑不得拆除；后浇带所在跨内不得施加其他荷载，例如放置施工设备、堆放施工材料等，以保证结构安全。

（2）后浇带浇筑前的处理

后浇带留滞时间长，在后浇带施工前，首先对浇筑过程中后浇带部位的漏浆及混凝土，及时进行清理，以免混凝土达到强度后清理极为困难。对施工过程中的建筑垃圾及时清运，减少对后浇带部位的堵塞，影响封闭前的自由沉降及温度变形。浇筑后浇带前，整理好板块处交接的钢筋，保证后浇带部位的受力及分布钢筋连接。

（3）后浇带混凝土的养护

后浇带混凝土浇筑完毕后采取带模保温保湿条件下的养护，浇水养护时间一般混凝土不得少于 7 天，掺外加剂或有抗渗要求的混凝土不得少于 14 天。

（4）后浇带在未浇筑混凝土前不能将部分模板、支柱拆除，否则会导致梁板形成悬臂造成变形；施工后浇带的位置宜选在结构受力较小的部位，一般在梁、板的反弯点附近，此位置弯矩不大，剪力也不大；也可选在梁、板的中部，该位置虽弯矩大，但剪力很小。

（5）后浇带的断面形式应考虑浇注混凝土后连接牢固，一般应避免留直缝。对于板，可留斜缝；对于梁及基础，可留企口缝，可根据结构断面情况确定。

（6）板支撑对地下室较厚底板、大梁等属大体积混凝土的后浇带，两侧必须设置专用模板和支撑以防止混凝土漏浆而使后浇带断不开，对地下室有防水抗渗要求的还应留设止水带或作企口模板，以防后浇带处渗水。后浇带保留的支撑，应保留至后浇带混凝土浇筑且强度达到设计要求后，方可逐层拆除。

（7）为防止地下水产生突涌和对后浇带处方水层进行有效保护，采用对底板后浇带处混凝土垫层施工进行加厚、提高混凝土强度等级，局部配筋等措施。后浇带封闭前的防水应构成一个整体，因而后浇带处基础梁的防水处理需事先安排，不可遗漏。该部分基础梁侧模宜采用砖模，抹平后做防水。

（8）在楼板面后浇带两侧用栏杆围护，临时通道架设离楼面 200mm 高左右的密铺脚手板，以防止钢筋被踩踏及水平运输过程砂浆或混凝土泻落的污染。在每一跨的梁底模设置一块 300mm × 梁宽的活动插板，便于清理污物时开启。

（9）梁、板、墙结构混凝土达到强度后应及时拆除模板，后浇带部位所在跨混凝土必须达到同条件试块强度 100% 后方可进行模板拆除。

（四）后浇带施工质量要求

（1）后浇带两侧混凝土面上的浮浆、松散混凝土应予凿除，混凝土表面凿毛，并用压力水冲洗干净。地下室底板后浇带施工时不得有积水。后浇带施工缝两侧的混凝土应提前 24h 浇水湿润。

（2）后浇带处的钢筋应进行除锈，弯曲变形的钢筋调整平直，位置正确，绑扎质量应符合设计及规范要求。

（3）模板必须稳固、密封、平整，具有足够强度、刚度及稳定性，以确保混凝土的成型几何尺寸，且应保证混凝土施工后新旧混凝土没有明显的接槎。

（4）设置止水条时，应固定牢靠、平直、不得有扭曲现象，确保位置准。

（5）梁、板钢筋上、下面保护层的厚度必须按要求作准，钢筋间距严格控制好尺寸。

（6）断面必须垂直于水平面，严禁留成斜坡状。

（7）堵缝用的木条尽量使用下脚料，但必须符合尺寸。

（8）梁板后浇带采用独立的支撑体系。

（9）混凝土初凝能上人时，应速拆除施工缝的材料，拆除时严禁破坏混凝土棱角，拆除后必须立即把垃圾清扫干净用水冲洗，并用麻袋或毛毯敷设严密。

（10）后浇带的模板及支撑，应具有足够强度、刚度及稳定性。

（11）模板支撑、立柱位置应上下层对齐，并铺设垫板，下层楼板应具有承受上层荷载的承受能力。

（12）混凝土的浇筑应密实，成型应精确，应特别注意新旧混凝土界面处的混凝土密实度。

（13）后浇带浇筑完毕应在 12h 以内加以覆盖，保湿养护，养护时间不得少于 28d，当日平均气温低于 5℃时，不得浇水。

（14）严禁后浇带处有渗漏现象。

（15）后浇带混凝土施工的时间必须符合设计要求及工程实际施工情况要求。若设计无要求时，一般为施工后 40～60d，沉降后浇带宜在建筑物沉降基本完成后进行。高层建筑的后浇带应在结构顶板浇筑混凝土 14 天后进行。

（16）确定施工方案，针对后浇带不同的部位，不同的功能要求，不同的现场情况，编制满足设计规范和工艺要求的施工技术措施。

（17）对施工操作人员进行书面技术交底，其主要内容为:施工前、施工中、施工后应注意的事项和操作要求、细部构造及技术质量要求。

（18）后浇带混凝土浇筑应留置混凝土强度检验试块及抗渗强度检验试块（设计有抗渗要求），后浇带的强度等级不得低于其两侧混凝土，应提高一个强度等级，同时应符合设计要求。

（19）后浇带处结构主筋不宜在缝中断开，若必须断开，则主筋搭接长度应大于 45 倍主筋直径，接头应按规范要求错开，并应按设计要求设附加钢筋。

（20）地下室顶板后浇带处模板支撑架必须独立搭设，在后浇带混凝土未达到设计强度标准值前，不得将模板支撑拆除，以免梁板因悬臂而变形。

（21）后浇带混凝土未浇筑前宜有保护钢筋的措施，可用模板盖住钢筋；并用砂浆做出挡水带，以免施工过程中后浇带处的钢筋被污染、堆积垃圾。为防止地下室大梁和设备基础后浇带处有积水锈蚀钢筋，应将后浇带位置垫层标高下降 50 ~ 100mm，以便处理施工缝、清除垃圾和排除积水。

（五）后浇带支撑做法

如图 6-11 所示。

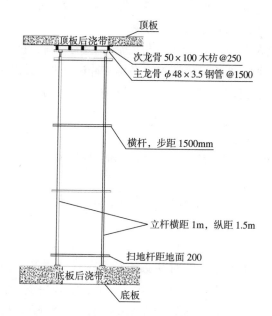

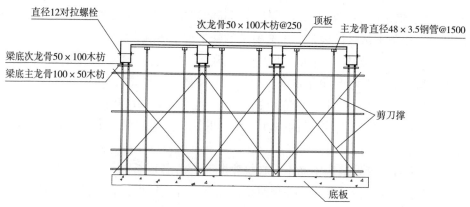

图 6-11　后浇带支撑做法示意

（1）梁板后浇带采用独立的支撑体系，与主体架体一起搭设，主体模板拆除时后浇带部分架体不拆，模板就不受影响，从而保证后浇带两侧沉降一致，后浇带浇筑后无错台、下沉、漏浆现象（图6-12）。

（2）要求其模板支模架子一次性安装成型，待后浇带混凝土浇筑好以后再进行拆除，确保板底平整。在后浇带混凝土浇筑前，在后浇带跨内的梁板两侧结构长期处于悬臂受力状态，因此要求在施工期间

图6-12　后浇带支撑现场示意图

本跨内的模板和支撑不能拆除，否则可能引起各部分结构的承载能力和稳定问题。这部分模板支撑体系必须待后浇带混凝土养护28天后，才可以拆除。按由上向下顺序拆除。

（3）为确保结构支撑体系的安全，后浇带的支撑应同内支模架一次搭设，内支模架搭设完成经各方验收后方可浇筑，楼层有后浇带模板应同内支模架一次搭设但能独立的支撑体系，当与楼层模板连接处断开时，不影响楼层模板的拆除，有后浇带整跨不可拆除。地下室与楼层采用钢管支撑间距不应大于900、梁底支撑不应大于700，楼层采用扣件式体系，设计间距模数为700，因后浇带设计宽度800，所用竹胶合板宽为1220，这样两侧各有210宽度，可确保后浇带两侧模板支撑拆除后有210宽钢筋混凝土受后浇带支撑体系支撑。

（4）搭设与工程整体脚手架分离的独立满堂脚手架：

1）搭设梁板满堂脚手架支撑体系时，后浇带的支撑体系先单独搭设，采用短钢管与满堂脚手架支撑体系形成一个整体。

2）后浇带两侧各设两排立杆、纵横向拉杆，立杆距后浇带边缘宜大于20cm，立杆的间距、步距应经过计算来确定。

3）工程满堂脚手架拆除将连接用短钢管拆除，后浇带部分满堂脚手架保留。

（5）预留通长清扫口

1）安装顶板的次楞（注意次楞按照垂直于施工缝方向布置，满足清扫口活动板的就位功能）。

2）找出设计要求的后浇带位置弹线、预留10cm宽度的通长清扫口。

3）后浇带两侧的梁板模板配至后浇带两侧边缘，中间模板按后浇带宽度－2×10cm宽度配置安装。

4）铺设面板，将提前切割好的10cm宽板条放在中间的模板上并且保证外

边缘齐平（此条可充当保护层垫块）。

5）后浇带混凝土浇筑前，将后浇带的垃圾清理干净，再将 10cm 宽的板条用锤子敲打、就位。

（6）制作企口模板，设置适宜的垫块。

1）将后浇带侧面模板根据板筋的间距、高度、位置配成企口形状，拉线安装在后浇带边缘，内贴一层钢丝密目网，防止跑浆。

2）在后浇带内钢筋应采用钢筋马镫控制上层钢筋，垫块、10cm 板条控制底层钢筋的位置，钢筋马镫、垫块间距宜为 50cm。

（六）后浇带支撑体系要求

（1）脚手架要采用短钢管与整体脚手架相连接，保证其他部位脚手架拆除后，后浇带部位脚架能够独立保留（图 6-13）。

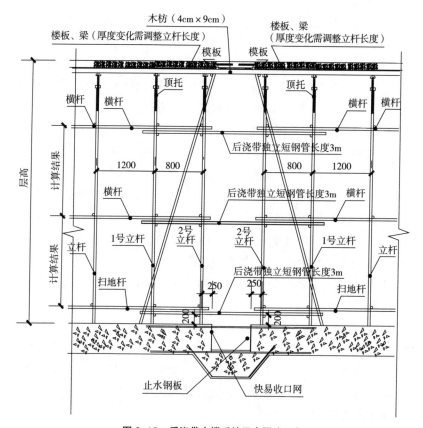

图 6–13　后浇带支撑系统示意图（一）

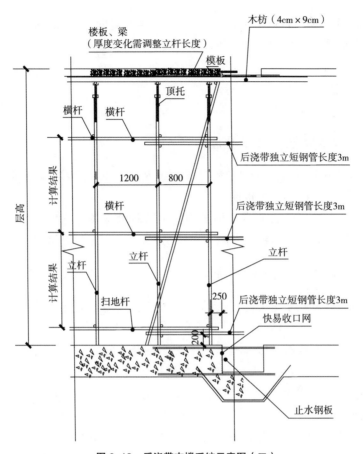

图 6-13　后浇带支撑系统示意图（二）

（2）立杆顶部可调顶托伸入钢管内不小于 20cm，并且要顶紧。

（3）后浇带部位钢管不需要拆除（包括独立的钢管、模板、木枋），直至后浇带二次浇筑完成后达到拆除要求再拆除。

（4）后浇带区域支撑体系搭设过程中，沿后浇带宽度方向的顶撑钢管必须与其余部位的顶撑钢管断开，并用一字接头进行连接；后浇带区域的剪刀撑应单独设置。

（5）模板及支撑体系拆除过程中，后浇带经过楼板时，沿后浇带宽度方向保留四根立杆进行支撑并沿后浇带长度方向通长留设；后浇带经过框架梁时，该框架梁处的模板及支撑体系满跨留设。

（6）满堂架支撑体系拆除后，为方便施工人员通行，在已进行保留的后浇带支撑区域设置过人通道。

（7）满堂架及模板拆除后应对后浇带下部保留的支撑体系进行安全检查，对不合要求的部分进行加固和整改。

二、成品保护

（一）成品保护责任及管理措施

（1）根据施工组织设计和工程进展的编制成品保护方案；以合同、协议等形式明确成品的交接和保护责任。

（2）成品保护责任人要有保护结构施工阶段的保护措施后方可作业，对于一些关键工序（钢筋、模板、混凝土浇筑），落实专人看护及维修。

（二）混凝土浇筑成品保护措施

脚手架搭拆对混凝土成品可能造成损害，对混凝土浇筑成品需采取保护措施，具体如下：

（1）已浇筑的楼板、楼梯踏步的上表面混凝土要加以保护，必须在混凝土强度达到 1.2MPa 后方可上人，为防止现浇板受集中荷载过早而产生变形裂纹，钢筋焊接用电焊机，钢筋不得直接放于现浇板上，外墙外挂架在墙体混凝土达到 7.5MPa 后方可提升。

（2）冬期施工阶段，混凝土表面覆盖时，要站在脚手板上操作，尽量不踏出脚印。

（3）混凝土浇筑振捣及完工时，要保持钢筋的正确位置，保护好洞口、预埋件及水电管线等。

（4）混凝土施工过程中，对玷污墙面、楼面的水泥浆和遗洒在地面的混凝土要及时清理干净，不得损伤坏棱角。

（5）楼梯踏板可采用废旧的竹胶板或林模板保护，楼梯角处用 $\phi 10$ 的圆钢防止破损；门窗洞口、预留洞口、墙体及柱阳角在表面养护剂干后采用废旧的竹胶板或木模板做护角保护。

（三）钢筋成品保护措施

（1）模板要有存放场地，场地要平整夯实。模板平放时，要有木方垫架；立放时，要搭设分类模板架。模板触地处要垫木方，以保证模板不扭曲变形。

（2）拆除模板时应按程序进行，禁止用大锤敲击，防止混凝土墙面及门窗洞口等处出现裂纹。

（3）模板与墙面粘结时，禁止用塔吊吊拉模板，防止将墙面混凝土拉裂。

（4）楼板模板：支设完毕后，安装人员（水、电）禁止在其上面配管，钢筋工堆放钢筋要分散堆放，不要使劲拽、拖、拉钢筋。

（5）楼板模板支设完成后，严禁在模板上堆放集中施工荷载。

（6）不得在配好的模板上随意践踏、重物冲击；木背楞分类堆放，不得随意切断或锯、割。不准在模板上任意拖拉钢筋。

（7）多余扣件和钉子要装入专用背包中，按要求回收，不得乱丢乱放。

（8）模板拆除扣件不得乱丢，边拆边进袋。

（9）拆除模板按标识吊运到模板堆放场地，由模板保养人员及时对模板进行清理、修正、刷脱模剂，标识不清的模板应重新标识；作到精心保养，以延长使用期限。

（10）现场使用模板的装卸、存放注意保护，分规格码存放整齐，防止损坏和变形。

（11）模板吊运就位时要平稳、准确，不得撞击模板及其他已施工完成的部位，用撬棍调整模板时，要注意保护模板下面的砂浆找平层或海绵条。

（12）安装好的模板要防止钢筋、脚手架等碰坏模板表面。钢筋安装时保证模板不发生变形或者移位。

（13）拆模时不得用大锤硬碰或用撬棍硬撬，以免损伤混凝土表面和棱角。

（14）模板施工时轻拿轻放，不准碰撞已完工的模板、墙、柱。

（15）拆下的模板，应及时清理干净，如发现不平，或助边损坏变形需要及时调整。

（16）保护模板配套设备零件的齐全，调运要防止碰撞，堆放合理，保护板面不变形。

（17）拆除模板时禁止使用大锤敲击，防止混凝土出现裂纹。

（18）不得拆改模板有关链接插件及螺栓以保证模版质量。

（19）拆下的模板，要及时清理刷脱模剂，码放整齐以立于下次使用。

（20）不允许在已支好的模板上挂、靠重物。

（21）模版卡子、螺栓、支撑不得任意取消或减少，严格按照操作规程施工。

（22）模板几何尺寸经检查符合要求后，施工人员要特别注意不得任意修改，开洞等。

（23）混凝土泵管不得直接压靠于框架模板上，连接泵管在管路弯折处加强支撑和拉结，以防过大冲击力撞坏模板。

（24）模板配置完后，必须按规定要求放置，要有防雨，防晒措施。

（25）工作面已安装完毕的柱模板，不准在施工和吊运其他材料时碰撞。以防止模板产生变形和结构偏差。

（26）拆除模板时，拆模工具应避免与新混凝土面产生破坏性的摩擦与撞击。

三、季节性施工要求

（一）季节性施工准备

1.技术准备

进入季节性施工前由项目工程部编制项目的季节性施工方案，明确季节性施工方法，经审批后作为指导项目季节性施工的依据。

2.人员教育

季节性施工前应根据季节性施工方案和有关规范要求对施工人员做好雨季防汛、大风防台、高温防暑施工安全的培训教育工作，特别应加强对专业人员、特殊工种人员的培训，使施工人员对季节性施工的技术要点及安全、消防注意事项做到心中有数，确保雨季、大风、炎热天气施工的正常进行。

3.物资准备

季节性施工所需物资必须于雨季、大风、高温天气施工前准备到位。

（二）雨季施工措施

1.施工安排

（1）储备足够的雨季施工物资和防雨物资。

（2）掌握天气预报和气象动态，必要时应与当地气象部门联系，以利安排施工生产计划。

（3）维护好现场施工便道，疏通便道两侧的排水沟，做到雨后车辆即可通行，降低雨季对施工的干扰。

（4）做好物资、设备的防淋、防湿工作，对钢筋和机电设备等做好覆盖，主材料、机具要估计到雨季施工期间的储备量。

2.雨季防汛物资储备与配置

（1）砂石料：包括石料、沙料和石子各 200m³；

（2）木材与槽钢支护桩：在防汛抢险中常用于护坡、打桩堵口、扎排防浪等，木材 100m³，25a 槽钢 150 根（单根 6m 长）。

（3）编织物料：包括麻袋、编织袋、编织布等。麻袋、编织袋等在防汛抢险中有抢堵、缓冲、护坡、铺垫等用途，储量不得少于 1000 只。

（4）照明设备：便携式防汛工作灯、防汛柴油发电机组等，用于防汛抢险照明。

（5）防汛救生设备：主要有救生衣、救生圈等，主要用于紧急转移洪水淹没区施工人员。

3. 基坑、桩基施工

（1）雨季进行土方与基础工程时，土方开挖前备好水泵。

（2）雨季进行基础施工，人工或机械挖土时，应按照要求对基坑进行钢板桩支护，并设置相应内支撑，对个别地质较为特殊或基坑变形超出预计变形量的，可按规定放坡，对墙背适当卸除土体荷载，多备塑料布覆盖基坑周边土体。基础挖完后及时组织打混凝土垫层，基坑周围设排水沟和集水井，随时保证基坑积水及时抽排。

（3）桩基施工前，要整平场地，四周做好排水沟，防止下雨时造成地表松软。重型吊装机械、挖土机械、运输机械要防止场地下面有暗沟、暗洞造成施工机械沉陷。

（4）施工道路距基坑口不得小于 5m。

（5）坑内施工随时注意边坡的稳定情况，发现裂缝和塌方及时组织撤离，采取加固措施并确认安全后，方可继续施工。

（6）基坑开挖时，应沿基坑边做场地平整，并在基坑四周，设截排水沟，防止地面水灌入基坑。基坑垫层施工前应将坑底泥浆除净方可进行垫层施工。

（7）基坑回填应连续进行，尽快完成。施工中注意雨情，雨前应及时夯完已填层，并做一定坡势，以利排除雨水。回填时基坑集水要及时排掉，回填要分层夯实，严格控制回填的含水率，及时取样试验，将回填的含水量控制在设计要求范围内。当回填土被雨水浸泡或出现"橡皮土"时，应挖出晾晒后重新回填。

（8）混凝土基础施工时考虑随时准备遮盖挡雨和排出积水，防止雨水浸泡、冲刷，影响质量。

（9）基坑开挖后，组织力量突击施工，并做好临时排水、防止水淹基坑。

（10）基础挡护工程做好施工过程中的汛期防洪抢险工作，确保施工的正常进行。

4. 钢筋施工

（1）钢筋应堆放在垫木或预制混凝土条形墩上，堆放地势高于周围地面，周围不得有积水，对加工好的钢筋要用塑料布覆盖，防止雨水对钢筋产生锈蚀，防止积水浸泡和泥土污染钢筋。

（2）锈蚀严重的钢筋使用前要进行除锈，并试验确定是否降级处理。

（3）进现场的钢筋要堆码整齐，下雨时盖塑料布进行保护。加工钢筋尽量利用无雨天气施工。

5. 模板施工

（1）各施工现场模板堆施要下设垫木，上部采取防雨措施，周围不得有积水。

（2）模板支撑处地基应坚实或加好垫板，雨后及时检查支撑是否牢固。将雨水及时排到排水沟内，防止场地内积水。

（3）拆模后，模板要及时修理并涂刷隔离剂。

（4）大模板堆放其自稳角要符合要求，吊装、运输、装拆、存放，必须稳固可靠。模板安装就位后，应设专人负责将钢模板串联，接通地线，防止漏电伤人。

6. 脚手架施工

（1）各工程队雨季施工用的脚手架、缆风绳等定期进行安全检查，确保排水有效，不冲不淹，不陷不沉，发现问题及时处理。

（2）脚手架地基应坚实，立杆下应设垫木或垫块，并注意排水，架子应设扫地杆、斜撑、剪刀撑，并与建筑物拉结牢固。

（3）在每次大风或雨后，必须组织人员对脚手架及基础进行复查，应特别注意架子的搭设质量和安全要求，发现问题及时整改。

（4）桥墩及箱梁施工必须设置防护栏杆。

（5）人行通道的坡度要适当，钉好防滑条，防滑条间距不大于300mm，并定期派人清扫通道上的积泥。

（6）雨后高空作业人员应穿胶底鞋，注意防滑。

（7）雨季施工期间对架子工程安排专人巡查维修，确保使用安全。

（8）外防护的脚手架高于建筑物应做好防雷接地。

（9）雷雨天气应注意安排工作，避免作业人员直接暴露在建筑物最高处，防止雷电直接伤人。

（10）夏、雨季施工期间，应特别注意架子的搭设质量和安全要求，应经常进行检查，发现问题及时整改。

（11）搭设架子的地面要求夯实，并注意排水，立杆下端应垫通长厚木板，架子应设扫地杆、斜撑、剪刀撑，并与建筑物拉结牢固。

（12）夏、雨季施工期间对架子工程安排专人巡查维修，特别是雨后地面容易塌陷。

（13）外防护的脚手架高于建筑物应做好防雷接地。

（14）雷雨天气应注意安排工作，避免作业人员直接暴露在建筑物最高处，防止雷电直接伤人。

7. 混凝土施工

本工程中主要为混凝土施工，在混凝土施工过程中，遇到雨季施工时应周密安排，尽量避免在雨天浇筑，并采取以下措施：

（1）混凝土浇筑前应和当地气象站进行联系，有大雨和中雨均不得浇筑，雨季区间须提前准备足够的防雨设施和覆盖用的油布、塑料布等，若因浇筑过程中下雨，并及时进行搭设雨篷并覆盖已浇筑的（或浇筑好的）混凝土面上，避免被雨水冲刷。

（2）刚浇好的混凝土若遇雨，不宜用草包直接覆盖，采用下面用塑料薄膜，上面再盖草袋，否则草包受雨淋后会污染混凝土表面，影响混凝土面层色泽。

（3）雨季混凝土施工要充分做好运输，劳力准备，使浇筑、振捣各工序间距要缩短，中间遇雨即盖上篷布继续施工，尽量坚持完成，反对盲目施工，绝对杜绝纵向、竖向施工缝。

（4）在混凝土初凝后立即进行养护，覆盖防止阳光直射。优先采用彩条布覆盖养护方法，连续养护。在混凝土浇筑后的 1～7 天，应保证混凝土处于充分湿润状态，并应严格遵守国家标准规定的养护龄期。

（5）当完成规定的养护时间后拆模时，最好为其表面提供潮湿的覆盖层。

（三）夏季施工措施

1. 施工安排

（1）夏季高温到来期间，组织有关人员按照方案要求进行技术交底，及时调整炎热季节的上下班时间，避开炎热高温时段（中午 11 点～15 点）错峰施工，合理安排作息时间。

（2）保证干净卫生的饮水、大麦茶供应和提供按劳动规定的津贴待遇。

（3）食堂饮食要卫生，食品要新鲜，保证工作人员健康，食堂严禁冷荤、冷素食品，严禁购买腐蚀食物，防止食物中毒。

（4）浇筑好的混凝土养护工作要得到高度重视，要在混凝土初凝后，及时得到覆盖，并浇水养护，避免混凝土表面水分蒸发过快，使混凝土表面发生裂纹。

（5）根据气温情况，及时配合做好混凝土配合比和坍落度的调整工作，满足施工要求和质量标准。

（6）项目部配备的主要药品如下：发烧药、腹泻药、消炎药、降暑药等治疗药品，同时提供菊花茶、降火凉茶、绿色保健食品等。

（7）结合夏季施工时期，制定切合实际的夏季施工保证工程质量、保证安全生产技术措施，做好广泛宣传教育工作。

（8）在高温环境下，为防止火灾发生，严禁在施工场地内吸烟，若吸烟必须到设置的吸烟室吸烟，同时严禁在有油库、木料仓库等易燃、易爆处进行切割机、焊机施工。

（9）改善职工的生活环境，及时供给茶水和发放防中暑保健用品，确保职工有良好的身体从事施工。

2. 高温防暑施工措施与物资配置

（1）为避免施工期间工人中暑，需在工地现场各班组施工地点搭设遮阳棚，设立休息室，在每处休息区需为现场施工人员每人配备毛巾一条，每隔 2 小时需施工人员回休息区休息 15 分钟，以防止不必要的危险事故发生。在休息室内冰块、茶水、毛巾、防暑药等。

（2）为防止因室内过热导致第二天无法正常安全施工，需在各工作人员休息房间配备空调一台，生活区需配备电冰箱一台。

（3）为防止因公事出车，车辆救护不到位，导致中暑人员救治不及时，现配备应急救援专用汽车一辆，进行救护工作。

（4）动员职工，根据施工生产的实际情况，积极采取行之有效的防暑降温措施，充分发挥有降温设备的效能，添置必要的设施，并及时做好检查维修工作。关心职工的工作、生活，注意劳逸结合，调整作息时间，严格控制加班时间，入暑前，抓紧做好高温、高空作业工人的体检，对不适合高温、高空作业的适当调换工作。

（5）常备防暑药

藿香正气水：能清暑解表。适于暑天因受寒所致的头昏、腹痛、呕吐、腹泻突出者。

清凉油：能清暑解毒。可治疗暑热引起的头昏头痛，或因贪凉引起的腹泻。

仁丹：能清暑祛湿。主治中暑受热引起的头昏脑涨、胸中郁闷、腹痛腹泻，也可用于晕车晕船、水土不服。

十滴水：能清暑散寒。适于中暑所致的头昏、恶心呕吐、胸闷腹泻等症。

无极丹：能清热祛暑、镇静止吐。

避瘟散：为防暑解热良药。能祛暑化浊、芳香开窍、止痛。

金银花：具有祛暑清热、解毒止痢等功效。可开水泡代茶饮。

3. 钢筋混凝土工程

为了防止夏季钢筋混凝土施工时受高温干热影响，而产生裂缝等现象，施工时应采取以下措施：

（1）认真做好混凝土养护工作，混凝土浇筑前，一定要将模板浇水湿透。遇到面积较大时，要用草包加以覆盖，并浇水保持混凝土湿润。一般养护时间：采用硅酸盐水泥、普通硅酸盐水泥和矿渣硅酸盐水泥拌制的混凝土，不得少于7天。掺加缓凝型外加剂及有抗渗性要求的混凝土，不得少于14天。车站梁柱、路基框架结构，应尽可能采取带模浇水养护，免受曝晒。

（2）根据气温情况及混凝土的浇捣部位，正确选择混凝土的坍落度，必要时掺外加剂，以保持或改善混凝土的和易性，增大流动性、黏聚性，使其泌水性小。

（3）浇捣大面积混凝土，应尽量采用水化热低的水泥，必要时采用人工降温等措施，亦可掺用缓凝型减水剂，使水泥水化热速度减慢，以降低和延缓混凝土内部温度峰值。

（4）厚度较薄的楼面或屋面，应安排在夜间施工，使混凝土的水分不致蒸发过快而形成收缩裂缝。

（5）遇大雨中断作业，应按规范要求留设施工缝。

4.夏季高温紧急情况的处理方法

（1）采取针对性强的防范措施，加强对各班组的宣传、教育，使每人都掌握夏季施工过程中的注意事项，做到每人都懂得保护自己；懂得救护他人。

（2）轻度患者：现场作业人员出现头昏、乏力、目眩现象时，作业人员应立即停止作业，防止出现二次事故，其他周边作业人员应将症状人员安排到阴凉、通风良好的区域休息，供应其凉水、湿毛巾等降温用品。并通知项目部管理人员进行观察、诊治。

（3）严重患者（昏倒、休克、身体严重缺水等）：当作业现场出现中暑人员时，应第一时间转移到最近的医院进行观察、治疗。

（4）依具往年的气温情况制定出一套合理有效的作息时间，避开每天气温的最高时间段进行施工作业。当室外气温高于40℃时，项目部应对各班组下达停止现场施工作业指令。

（四）冬期施工措施

1.冬季施工技术准备

（1）冬季施工过程中，工程项目的施工要连续进行，必须做到有冬季施工安全生产计划，并按计划执行。

（2）有针对性地聘请顾问、专家进行评估、筛选冬季施工方法和进行必要的专项试验。在入冬前应组织专人编制冬季施工方案。编制的原则是：确保工程质量；经济合理，使增加的费用为最少；所需的热源和材料有可靠的来源，并尽量减少能源消耗；确实能缩短工期。冬季施工方案应包括以下内容：施工程序，施工方法，现场布置，设备、材料、能源、工具的供应计划，安全防火措施，测温制度和质量检查制度等。方案确定后，要组织有关人员学习，并向队组进行技术和安全的冬期施工交底。

（3）进入冬期施工前，对掺外加剂人员、测温保温人员，应专门组织技术业务培训，学习本工作范围内的有关知识，如外加剂的选用，测温注意事项等，明确职责，经考试合格后，方准上岗工作。

（4）与当地气象台站保持联系，及时接收天气预报，防止寒流突然袭击。

（5）安排专人测量施工期间的室外气温，暖棚内气温，砂浆、混凝土的温度并做好记录。

2. 冬季施工的管理

（1）全员树立预防为主的观点，树立为用户服务、对用户负责的观点，建立以监测数据为指导依据的快速反应系统。

（2）成立现场冬施领导小组，负责安排、落实管理、检查冬施工作。

（3）组织参加冬施的工长、施工班组学习施工方案，以提高冬季施工质量。施工前对施工人员进行一次冬期施工的安全交底。

（4）组织生产人员严格按已批准的冬施方案认真贯彻执行，如变更必须上报监理工程师同意，并报冬季施工补充方案。

（5）根据实物工程量提前组织有关机具、外加剂和保温材料进场。

（6）冬季施工现场应无积雪，雪后应及时清理，在现场要有防滑措施。

3. 冬季资源准备

（1）材料部门应按现场需要以及材料计划落实进场材料，冬施期间所需要使用的保温材料如防火苫布、防火草帘子在开工前准备就绪。

（2）对外加剂，先做好复试工作，保证其性能达到技术要求方可决定采购。

（3）按要求配置大气温度测试计、混凝土测温计、测温表格及文具等。

（4）现场设置标养室，用于混凝土和砂浆试块的留置。

4. 机械准备

（1）施工前应对机械设备进行一次全面检查，防止机械车辆受冻。

（2）对机械传动部位定时检查，如有缺陷，及时维修、调整。

（3）机械配件及防冻设施放在专人管理的仓库中，保证生产的需要。

（4）对施工机械采取防冻措施，并严格按期进行维护、保养，使机械设备正常运行。

5. 冬期施工现场管理

（1）进入冬期施工前现场供水管道保温，使用的供水截门砖砌方池，池内填保温材料，池上苫盖岩棉保温被，出水管接到砖池外，不使用的节门用岩棉被包严扎牢防冻。现场食堂、卫生间内的水管采用岩棉保温。怕冻的材料存放室内并采暖。

（2）现场排水均不得漫流，以防结冰滑倒伤人。

（3）冬期施工，会议室、办公室使用空调由专人负责，离人时关闭。

（4）计算变压器容量，接通电源。

（5）工地的临时供水管道及白灰膏等材料做好保温防冻工作。

（6）做好冬期施工混凝土、砂浆及掺外加剂的试配试验工作，提出施工配合比。

（7）冬季下雪后，及时清理工作面、路面、马道等处的积雪。

（8）施工前对施工人员进行一次冬季施工的安全交底。

6. 土方工程

（1）在冬季，土由于遭受冻结，变为坚硬，挖掘困难，施工费用比常温时高，进行冬期开挖的土方，要因地制宜地确定经济合理的施工方案和制定切实可行的技术措施，做到挖土快，基础施工快，回填土快。

（2）地基土以覆盖草帘子保温为主，对大面积土方开挖应采取翻松表土、耙平法进行防冻，松土深度 30 ~ 40cm。

（3）冬期施工期间，若基槽开挖后不能马上进行基础施工，应按设计槽底标高预留 300mm 余土，边清槽作基础。一般气温 –10 ~ 0℃覆盖二层草帘子，–10℃以下覆盖 3 ~ 4 层草垫。

（4）土方回填前，应清除基底上的冰雪和保温材料。

（5）土方回填每层铺土厚度应比常温施工减少 20% ~ 25%，预留沉降量比常温施工时适当增加。用人工夯实时，每层铺土厚度不得超过 200mm，夯实厚度为 100 ~ 150mm。

（6）室内的基坑（槽）或管沟不得用含有冻土块的土回填。

（7）灰土垫层可在气温不低于 –10℃时施工，但必须采取保温措施，使基槽、素土、白灰不受冻，白灰施工时应采取随闷、随筛、随拌、随夯，随覆盖的"五随"措施，当天夯实后并覆盖草帘子 2 ~ 3 层。

7. 钢筋工程

（1）当室外气温过低时对钢筋加工棚采取防风遮挡措施，保证钢筋不在过低的温度下进行弯曲和直螺纹成型。现场绑扎采取防风遮挡措施，及时清除钢

建筑扣件式钢管模板支撑体系与安全

筋上的冰雪。

（2）在负温条件下使用的钢筋，施工过程中应加强检验、检查；钢筋在运输和加工的过程中应防止撞击和刻痕。

（3）当环境温度低于－20℃时，不得对HRB335、HRB400钢筋进行冷弯加工。

（4）钢筋负温焊接，采用气压焊等焊接方法，焊接时应严格防止产生过热、烧伤、咬肉和裂纹等缺陷。

（5）雨雪天气不得在现场施焊，必需施焊时，采取有效的遮蔽保护措施，焊接后未冷却的接头应避免碰到冰雪。

（6）提前编制冬期钢筋焊接作业指导书，组织焊接人员进行学习，避免盲目施工。

8. 模板工程

冬施期间在模板外侧是否再附加保温层以及保温层的厚度由热工计算进行确定。模板及保温的拆除时间通过推算混凝土的成熟度值和试压混凝土同条件试块确定。

9. 混凝土工程

（1）水泥优先采用水化热高的硅酸盐、普通硅酸盐水泥等，水泥强度等级不应低于PC42.5。最小水泥用量不少于300kg/m³，水灰比不大于0.6。

（2）拌制混凝土所需采用的骨料应清洁，不得含有冰、雪、冻块及其他易冻裂物质。在掺用含有钾、钠离子的防冻剂混凝土中，不得采用活性骨料或在骨料中混有这些物质的材料。

（3）混凝土中掺入的外加剂宜选用无氯盐型外加剂，且能有效改善混凝土的工艺性能，提高混凝土的耐久性并保证在其低温期的早强及负温下的硬化，防止早期受冻。

（4）为保证混凝土的搅拌温度，必须严格控制水的加热温度。水的温度应控制在70～80℃（不得高于80℃）。搅拌时先加骨料，后加水泥，保证出机温度≥10℃，入模温度≥5℃。对于商品混凝土进场要有验收记录（温度及坍落度检验）。

（5）浇筑混凝土前，清除模板和钢筋上的冰雪和污垢，采取防风、防冻保护措施，运输和浇筑混凝土用的容器应有包裹或覆盖的保温措施，浇筑时要采用机械分层振捣，严格控制分层高度，振捣速度要快。分层浇筑厚大结构混凝土时，已浇筑层的混凝土温度在未被上一层混凝土覆盖前不应低于2℃。

10. 砌筑工程

（1）冬期施工砌筑采用暖棚法进行施工。

（2）砖、砌块在砌筑前应清除表面污物、冰雪等，不得使用遭水浸和受冻表面结冰、污染的砖或砌块。

（3）现场预制砂浆所用砂中不得含有直径大于10mm的冻结块或冰块。

（4）砂浆拌合水的温度不宜超过80℃，砂加热温度不宜超过40℃，砂浆稠度宜较常温适当增大，且不得二次加水调整砂浆和易性，砌筑砂浆要在3小时内使用完。

（5）砌筑间歇期间宜及时在砌体表面进行保护性覆盖，砌体面层不得留有砂浆。继续砌筑前应将砌体表面清理干净。

（6）施工日记中应记录大气温度、暖棚内温度、砌筑时砂浆温度、外加剂掺量等有关资料。

（7）砂浆试块的留置，除应按常温规定要求外，尚应增设一组与砌体同条件养护的试块，用于检验转入常温28d的强度。如有特殊需要，另外增加相应龄期的同条件试块。

（8）暖棚法施工时，暖棚内的最低温度不应低于5℃，砌体在暖棚内的养护时间应根据暖棚内的温度确定，并应符合表6-2。

暖棚法施工时的砌体养护时间				表6-2
暖棚内温度（度）	5	10	15	20
养护时间（天）	≥6	≥5	≥4	≥3

11. 防水工程

地下防水工程铺贴卷材严禁在雨雪天施工，五级风以上不得施工，冷粘法施工气温不宜低于0℃，热熔法施工气温不宜低于-10℃。涂膜防水冬季施工宜用反应型涂料。

12. 脚手架工程

（1）冬期施工前，对各类架子的基础进行严格的检查，确保架子基础牢固可靠，不至应冻胀而变形造成应力集中。

（2）脚手架应垫底座和垫板，底座底面标高宜高于自然地坪50mm，垫板宜采用长度不少于2跨，厚度不少于50mm的木垫板也可用槽钢。

（3）冬施期间要随时清理脚手架上的积雪、杂物，一方面减少脚手架的雪荷载，另一方面避免出现人员滑倒事故。

（4）加强脚手架与结构间的拉结，提高脚手架抗风荷载的能力。冬期施工结束后及时检查脚手架基础是否稳定，避免由于土层解冻造成脚手架下沉。

（5）冬期前对所有脚手架进行全面检查，脚手架立杆底座必须牢固，并加扫地杆，外用脚手架与墙体拉结牢固。

（6）大雪后必须将架子上的积雪清扫干净，并检查外架基础，如有松动下沉现象，务必及时处理。斜跑道要有可靠的防滑条。

（7）对于脚手架、上人坡道、操作面上的积雪要随时清理，以保证施工安全。

（8）冬期施工中，凡高空作业应系安全带，穿胶底鞋，防止滑落及高空坠落。

13. 冬季测量措施

（1）为满足本工程造型复杂、工程测量工作难度大、精度要求高的特点，在工程测量、变形监测的测控方法和仪器选型过程中，将微季候对测量的影响作为一个重要的因素加以考虑，除标高的竖向传递采用钢尺竖直传递外，其余均采用全站仪等高精度、全天候光电测量仪器，并在外业测控数据的采集与放样过程中，采用精确温度计测量环境温度，并对所得数据利用计算机程序进行数据处理，消除或降低不同环境温度下测量误差，确保测量精度。

（2）在此基础上，为保证控制点不受季节交替的影响，在场内设置三个深度超过冻土层的永久控制点，作为整个工程测量控制的基准。

14. 工作面围挡措施

冬季施工时，采用防火苫布围挡作为工作面的密闭措施，防火苫布宽 1.5m，沿建筑物四周布置，作业面防火苫布总高度应不小于建筑物层高 +1.5m。

15. 冬季环保、安全措施

冬季期间，气象条件复杂，严寒、雨雪等天气现象出现频繁，为此，我们将采取以下措施，杜绝或降低恶劣气象条件导致的安全隐患及环境污染隐患。

（1）冬季办公区采用分体式空调采暖。

现场露天堆放的材料、设备等雨雪天气采用阻燃防水油布进行覆盖。冬季来临前，对现场所有设备、管线、管道进行全面检查，并对室外低温环境使用的设备、管道采用环保、阻燃保温材料进行保温。

（2）雨、雪天气后，进行高空作业之前对操作面进行检查、清理，人员通道、操作平台等部位铺设麻袋片防滑。

（3）加强防火管理工作，现场焊接等严格执行用火申请制度，做到班前交底，班后检查，焊接前备好消防器材，清理易燃物品，焊接时设专人看火。

（4）现场禁止使用明火取暖，生活区内禁止使用电采暖、电热毯等。

（5）冬季使用电动设备必须保证绝缘良好，使用手持电工工具的操作人员需穿绝缘鞋、戴绝缘手套，脚下垫干燥木板或绝缘胶皮。

（6）大风天气塔吊作业，要求有明确分工及确定停车位置、大臂停置位置，并采用各种限位器等安全设备,严防发生碰臂等事故。五级风以上停止使用塔吊。

（7）冬期施工对动力、照明线路及供配电设备进行全面检查,杜绝漏电现象。配电箱及电闸箱有防雪防潮措施并且外壳有接地保护。

（8）每天收工前及大雪来临前,将施工用电设备放置到较高的地方并盖好,保管好,施工前先由电工检查后再进行施工作业。

（9）冬期施工前,对现场所有照明动力及照明线路、供配电电器设施进行一次全面的检查,对线路老化、安装不良、瓷瓶裂纹以及跑漏现象,必须及时修理和更换,严禁迁就使用。防止火灾事件发生。

16.冬季机械、设备维护、保养措施

（1）减少机械杂质的影响:在风沙大的、工作环境恶劣的情况下使用的机械设备,均采用优质、配套的零部件及润滑油、润滑脂,出现故障及时修理,防止杂质进入机械内部造成的损伤。

（2）减少温度的影响:各种机械零部件有其正常的工作温度,冷却水温度一般为 80～90℃,液压传动系统为 30～60℃,过低过高的温度都会影响润滑油脂的性能减退、材料性质改变,增大磨损,因而在季节施工中,冬季低温运行时,首先保证低速预热阶段的正常运行,待机械温度达到规定温度后再进行行驶或工作,运行过程中,操作人员必须经常检查机械、设备温度表的数值,发现异常及时停车检修,并应注意使用过程中的定期检查机械冷却系统,对于水冷式机械,每日检查,添加冷却水,风冷式机械定时清理风冷系统上的灰尘。保证散热风道的畅通。正确地使用保温设备（保温帘、保温套、百叶窗）使发动机在正常的温度下工作,水温不得低于70℃。

（3）在冬季到来之前,检查润滑油的型号对北方寒冷条件下工作工程机械,改换低黏度、低凝点的润滑油。选用低温性能良好的燃油,防止石蜡与水分结晶析出而影响发动机启动供油。经常检查升温预热装置的工作情况,如有故障应立即予以排除,确保工程机械的正常启动。加强蓄电池的保暖,防止冻坏或者电压降低。

（五）大风防台措施

1.大风防台施工安排

（1）及时收听天气预报,与气象预报部门保持联系,防止大风天气的突然袭击。

（2）对项目部临建设施、模板支架、脚手管架等进行全面仔细的防风安全检查,检查包括加固缆风绳的安装、各类标志标牌的固定、连接螺栓等的固定是否牢固可靠。对存在安全隐患的部位进行整改,安排专人进行复查。

（3）在脚手架等高处作业完成后，需将所有的零件、工具、废弃物清理干净，避免因大风吹落造成的伤人、伤物事故。

（4）风力超过6级时不得进行室外施工作业。

（5）大风来临之前要及时安排作业人员撤离到安全区，注意人身安全。

（6）大风到来之前，按照"三防"应急预案，大风分级行动对所管辖的施工区域和主要设备，如高耸的机械、脚手架、未装好的钢筋、模板、临时设施等进行检查、处置、临时加固。堆放在箱梁顶面或车站屋面的小型机具、零星材料要堆放加固好，不能固定的东西要及时搬到建筑物内，高空作业人员应及时撤至安全地带。大风过后，要立即对模板、钢筋、脚手架、电线路等进行仔细检查，发现问题要及时处理。

2. 台风的介绍及等级划分

（1）台风是发生于热带洋面上的一种热带气旋。热带气旋是：生成于热带或副热带洋面上，具有有组织的对流和确定的气旋性环流的非锋面性涡旋的统称，包括热带低压、热带风暴、强热带风暴、台风、强台风和超强台风。当近地面最大风速到达或超过每秒 17.2m 时，即为台风。

（2）热带气旋的等级划分，见表 6-3。

热带气旋的划分等级   表 6-3

热带气旋等级	底层中心附近最大平均风速（m/s）	底层中心附近最大风力（级）
热带低压（TD）	10.8 ~ 17.1	6-7
热带风暴（TS）	17.2 ~ 24.4	8-9
强热带风暴（STS）	24.5 ~ 32.6	10-11
台风（TY）	32.7 ~ 41.4	12-13
强台风（STY）	41.5 ~ 50.9	14-15
超强台风（SuperTY）	≥ 51.0	16 或以上

3. 台风预警与预防

（1）预警等级、信号

根据台风影响范围和程度，台风预警等级分为四级：Ⅰ级（特别严重），Ⅱ级（严重），Ⅲ级（较重），Ⅳ级（一般）。台风预警信号分五种，分别以白色、蓝色、黄色、橙色和红色表示。

（2）台风预警信号及防御指引

台风预警信号分五级，分别以白色、蓝色、黄色、橙色和红色表示。

1）台风白色预警信号

防御指引：

①警惕热带气旋对当地的影响；

②注意收听、收看有关媒体的报道或通过气象咨询电话等气象信息传播渠道了解热带气旋的最新情况，做好相关的应急准备。

2）台风蓝色预警信号

防御指引：

①做好防风准备；

②注意有关媒体报道的热带气旋最新消息和有关防风通知；

③固紧门窗、围板、棚架、临时搭建物，妥善安置易受热带气旋影响的室外物品。

其他同台风白色预警信号。

3）台风黄色预警信号

防御指引：

①进入防风状态，施工现场停止施工；

②关紧门窗，处于危险地带和危房中的居民以及船舶，应到避风场所避风，高空、水上等户外作业人员应停止作业，危险地带工作人员需撤离；

③相关应急处置部门和抢险单位加强值班，密切监视灾情，落实应对措施；

④切断危险的室外电源；

⑤停止露天施工活动，立即疏散人员。

其他同台风蓝色预警信号。

4）台风橙色预警信号

防御指引：

①进入紧急防风状态，停止现场所有施工作业；

②切勿随意外出，确保待在最安全的地方；

其他同台风黄色预警信号。

5）台风红色预警信号

防御指引：

①进入特别紧急防风状态，停止现场所有施工作业；

②人员应尽可能待在防风安全的地方，相关应急处置部门和抢险单位随时准备启动抢险应急方案；

③当台风中心经过时风力会减小或静止一段时间，切记强风将会突然吹袭，应继续留在安全处避风；

其他同台风橙色预警信号。

4. 台风的防治措施

（1）加强台风的监测和预报，是减轻台风灾害的重要措施。

在台风多发季节及时紧密地跟踪气象台发布的气象信息、台风预报、台风警报或紧急警报，以便在第一时间采取有效的措施，减轻或避免台风带来的损失。

（2）施工现场防风措施和应对策略

1）临时工棚、临时加工厂、临时房屋、脚手架、工地围墙（或围挡）等易兜风的设施要按相关技术要求进行防大风处理，多加侧面支撑，防止倒塌和脱落；作业吊篮要落地；用电设施和线路要逐一检查，防止漏电和短路，对松散线路进行绑扎加固。

2）台风到来前严格按规定停止作业。台风橙色预警信号发布后，要停止施工和高空作业。作业人员要减少户外停留时间，特别注意不可在工地围墙下躲风避雨。

3）特殊情况下在高空作业突然来大风或台风来临时，施工人员不能及时下来躲避，要充分利用好安全带，把安全带牢牢系挂在牢固的结构上面，确保安全帽的紧固性，必要时双手紧抱钢构件或躲在设备挡风侧系挂好安全带，一定要就近寻找避风点，很多没有经历过台风的施工人员千万不要过于慌乱，要保持镇定。

4）清理现场临时用电箱，或对难以搬离的采取钢丝绳斜拉筋固定，台风来临时一定要切断现场施工总电源。

5）现场吊车尽量开出厂区到避风场所内，风速大于 10.8m/s，一定收起吊臂，不得进行吊装作业。

6）加强工地排水，确保管网畅通。各建设工地要对周围的排水管道进行清理，确保排水畅通，减少台风期间工地积水；深基坑工程必须全部停止作业，作业人员全部撤出到安全施工地带，恢复施工前要特别关注，加强监测，防止发生意外事故。

7）施工现场班房、办公室及时采用钢丝斜拉筋固定。台风来临前确保所有人员撤离施工现场。

8）土建施工争取赶在台风期到来前，完成大基础和主要构筑物的施工。

9）台风来时，严禁进行设备吊装、结构安装、混凝土浇筑、管道焊接、安装等工作。

10）钢结构安装时应及时形成稳定单元，并及时对就位的钢结构进行找正，紧固地脚螺栓，对于单片的钢结构必须在两侧用防风绳固定。

11）大型设备吊装前，必须听取气象预报部门的意见，没有把握不吊装；设备就位后及时进行找正，紧固地脚螺栓。

12）必须进行混凝土浇筑时，应用两倍的草袋进行防护，并确保压牢。

13）施工现场的机具设备棚库应重新固定，棚库上面和周围的瓦楞板要绑扎牢固。吊车应收杆、收腿开出装置，放在安全的地方。

14）现场的铁皮、木板、石棉瓦等易被大风吹起的东西应打扫干净，材料设备摆好放牢，预制场地照明、动力电缆应敷设好，固定牢固预防被台风吹断，发生漏电触电事故。

15）材料库房和露天库应提前进行检查，若有缺陷要马上进行修整，露天库的材料要摆放整齐，易损物件应放入库房保管，较轻的物品用重物压好，或用铁丝捆牢。

第三节　质量与验收

一、质量要求

（一）技术要求

脚手架的搭设质量是保证适用、坚固、稳定、安全的关键。控制质量的主要环节是：

（1）不管搭设哪种类型的脚手架，脚手架所用的材料和加工质量必须符合规定要求，绝对禁止使用不合格材料搭设脚手架，以防发生意外事故。

（2）一般脚手架必须按脚手架安全技术操作规程搭设，必须有设计、有计算、有详图、有搭设方案、有上一级技术负责人审批，有书面安全技术交底，然后才能搭设。对于危险性大而且特殊的吊、挑、挂、插口、堆料等架子也必须经过设计和审批，编制单独的安全技术措施，才能搭设。

（3）施工队伍接受任务后，必须组织全体人员，认真领会脚手架专项安全施工组织设计和安全技术措施交底，研讨搭设方法，并派技术好、有经验的技术人员负责搭设技术指导和监护。

（4）脚手架的搭设标准：横平竖直、连接牢固，底脚着实，层层拉牢，支撑挺直，通畅平坦，安全设施齐全、牢固。

（5）脚手架的允许载荷：

搭设的脚手架以可承受施工均布荷载 300kg/m² 为准，使用时施工均布荷载不得超过 200kg/m²，脚手架应由搭设负责人注明允许荷载。

（6）脚手架的材料要求：

木杆应采用剥皮的杉木或其他各种坚韧的硬木，禁止使用杨木、柳木、桦木、椴木、油松和其他腐朽、折裂、枯节、破裂严重和杆头破损等易折木杆。严禁使用固定螺栓损坏、竹片破损、木棱断裂、螺栓孔大于 10mm 的木竹脚手板。

（7）脚手架各杆件的小头尺寸要求：

立杆和斜杆（包括斜撑、抛撑、剪刀撑）的小头直径不应小于 7cm。大横杆、小横杆的小头直径不应小于 8cm；直径小于 8cm 大于 7cm 的横杆可两根并成一根绑定后使用。

（8）脚手架各杆件的间距要求：

立杆间距不得大于 1.5m，大横杆间距不得大于 1.2m，小横杆间距不得大于 1m，爬梯间距为 0.6m。

（9）脚手架各杆件的连接要求：

立杆、大横杆应错开搭接，搭接长度不得小于 1.5m，绑扎小头应压在大头上，绑扎不少于三道，间距 0.6 ~ 0.75m。立杆、大横杆、小横杆，相交时应先绑两根，再绑第三根，不得一扣绑三根。

（10）脚手架的安全防护要求：

脚手架的外侧、斜道和平台两侧，应绑设 1.05 ~ 1.2m 高的防护栏杆，防护栏杆与立杆要绑扎牢固。

（11）脚手架的剪刀撑、抛撑搭设要求：

剪刀撑应自上而下循序连续设置，斜杆用长杆与地面成 45° ~ 60° 夹角，最下面的斜杆与立杆的连接点，离地面不大于 50cm。斜杆的端部应置于立杆与纵、横水平杆的节点处，斜杆应一根结在立杆上，另一根结在大横杆上。斜杆接长时，应采用搭接方法。脚手架高度较低暂时无法设置连墙件时必须设置抛撑，抛撑必须可靠固定，无法固定时必须设置扫地杆。

（12）对木竹脚手板的技术要求：

木竹片脚手板的厚度不得小于 5cm，螺栓孔直径不得大于 1cm，螺栓必须拧紧，竹架板长度一般为 2.5m，宽为 30cm。

（13）脚手板的铺设要求：

脚手板必须铺满、铺稳，应沿长度方向铺设，严禁铺设探头跳、弹簧跳，脚手板两端必须与横向水平杆绑牢。对头铺设的脚手板其接头下面应设两根水平小横杆，板端悬空部分应为 10 ～ 15cm，并绑扎牢固，两脚手板对头处不得留有间隙。搭接铺设时，脚手板的接头必须在小横杆上，搭接长度 20 ～ 30cm，搭接方向应与脚手架上的行进方向一致；在架子拐弯处，脚手板应交叉铺设。

（14）落地脚手架下面触地立杆必须要有稳定的基础支撑，基础要平整结实，不得出现沉降和不均匀沉降现象。

（15）禁止钢质与木（竹）质材料混搭。禁止将脚手架和脚手板固定在不牢固的结构上；严禁在各种管道、阀门、电缆架、仪表箱，开关箱及栏杆等设备上搭设脚手架。

（16）对立杆垂直度偏差：纵向偏差不大于 $H/400$，且不大于 60mm；横向偏差不大于 $H/600$，且不大于 40mm。

（17）大横杆水平偏差不大于总长度的 1/300，且不大于 20mm，小横杆偏差不大于 10mm。

（18）脚手架的步距，立杆横距偏差不大于 20mm，立杆纵距偏差不大于 50mm。

（19）扣件紧固力宜在 45 ～ 55N·m 范围内，不得低于 45N·m。

（20）所有梁、板均翻样给出模板排列图和排架支撑图，经项目工程师审核后交班组施工，特殊部位应整加细部构造大样图。

（21）模板施工时必须严格按施工工艺流程操作。

（22）当梁跨度 ≥ 4m 时，梁底模起拱跨度 1‰ ～ 3‰。

（23）模板使用前，对变形，翘曲超出规范的应立即退出现场，不予使用，模板拆除下来，应将混凝土残渣、垃圾清理干净，重新刷隔离剂。已经破损或者不符合模板设计图的零配件以及面板不得投入使用。

（24）所使用的钢管为 $\phi 48 \times 3.5$ 或 48.3×3.6，对锈蚀、腐蚀、压扁、裂缝等材料杜绝进场。

（25）严格落实班组自检，互检，交接检查及项目部质检"四检制度"，确保模板安置质量。

（26）混凝土浇筑过程中应派专业人员 2 ～ 3 人看模，严格控制模板的位移和稳定性，一旦产生移位应及时调整，加固支撑。

（27）模板的脱模剂使用水性脱模剂时，应防备污染钢筋。刷脱模剂应模板安置前预刷，待干后才能安装。

（28）模板安装前必须检查所有预埋件的位置是否准确，预留孔洞是否准确，水、电暖等各工种需要安装的部件是否到位。并必须经过业主代表监理工程师检查验收方可封模。

（29）楼面模板安装后必须与钢筋工密切配合，保证钢筋操作人员能正常操作。

（30）严格按照技术科要求的技术交底进行操作，杜绝违章操作。

（31）模板安装完毕后必须先自检后互检并经质量员验收和得到业主的认可确认后方可进入下道工序施工。

（32）在每次拆模之后，要清理模板，及时将模板上黏附的混凝土用铲刀铲除干净，严禁用锤、榔头敲打，以免损坏模板。

（33）拆模后经清理过的模板，应按规格整齐堆放。重叠堆放时要在层间加放垫木条，模板与垫木要齐平。最底层模板离地高度应保证在 100mm 以上，防潮放污染。

（二）搭设要求

（1）搭设时认真处理好地基，确保地基具有足够的承载力，垫木应铺设平稳，不能有悬空，避免脚手架发生整体或局部沉降。

（2）确保脚手架整体平稳牢固，并具有足够的承载力，作业人员搭设时必须按要求与结构拉接牢固。

（3）搭设时，必须按规定的间距搭设立杆、横杆、剪刀撑、栏杆等。

（4）搭设时，必须按规定设连墙杆、剪刀撑和支撑。脚手架与建筑物间的连接应牢固，脚手架的整体应稳定。

（5）搭设时，脚手架必须有供操作人员上下的阶梯、斜道。严禁施工人员攀爬脚手架。

（6）脚手架的操作面必须满铺脚手板，不得有空隙和探头板。木脚手板有腐朽、劈裂、大横透节、有活动节子的均不能使用。使用过程中严格控制荷载，确保有较大的安全储备，避免因荷载过大造成脚手架倒塌。

（7）金属脚手架应设避雷装置。遇有高压线必须保持大于 5m 或相应的水平距离，搭设隔离防护架。

（8）6 级以上大风、大雷、大雾天气下应暂停脚手架的搭设及在脚手架上作业。斜边板要钉防滑条，如有雨水、冰雪，要采取防滑措施。

（9）脚手架使用期较长时，应定期检查、及时整改出现的安全隐患。

（10）因故闲置一段时间或发生大风、大雨等灾害性天气后，重新使用脚手架时必须认真检查加固后方可使用。

（11）除污加油：

脚手架的扣件必须在使用前进行清理，并且需要涂油保护。

（12）防雷措施：

在立杆顶部设置避雷针，并与周围纵杆接通，形成一个环状避雷网络。

（13）预留安全距离：

外搭设脚手架时与邻近的电线架保持安全距离，同时对脚手架做可靠接地处理。

（14）设置临时拉结：

在不能进行可靠拉结的位置，设置临时拉接。

（15）设置防护栏杆：

作业层必须设置防护栏杆。

（16）自检：

搭设到设计高度时，由搭设人员进行逐层检查。

（17）定期检查：

进行及时有效的维修和加固。

（18）严禁措施：

由于本设计中的脚手架只作为装修作业平台，为确保安全，必须做到以下"三个严禁"：严禁将泵送管道、输送管道以及模板支架等设备固定到脚手架上；严禁悬挂起重设备；严禁随意拆除纵、横杆（主节点处的）以及连墙件。

（19）钢管立杆下必须加木垫板，并支撑于坚实的基础上，木垫板尺寸150mm×150mm×50mm。

（20）梁下立杆间距不得大于1m，水平横杆第一根离地0.2m，中间不得大于1.8m/道，梁板底至最上层水平管间距不得大于0.3m。板下立杆间距不大于1.2m；调节螺栓外露长度不得大于0.2m。

（21）先搭设梁部立杆，后搭平板立杆，再搭设纵横水平拉杆。

（22）支架下部必须设扫地杆和剪刀撑，剪刀撑45°～60°设置，沿纵深方向每跨长＞4m必须设一道，沿横跨向每跨中间设一道剪刀撑，此体系必须保证在后浇带周边拆模时不受扰动。

（23）每紧固点紧固件均需备齐，所有紧固件必须扣紧，不得有松动，梁承重架横杆下须设双扣件。

（24）整个承重架完成后，经复核轴线标高无误，再铺设龙骨排木，按制作好的分块在现场按序组装，先安装梁底模，再安装梁侧模，然后安装楼板模。

（25）框架梁上口固定要牢固，梁底及上口要拉通线。

（26）所有梁、平板模板在支模前必须及时进行清理，刷脱模剂。拼装时，接缝处缝隙用玻璃油灰填实及胶带纸粘合，避免漏浆。

（27）梁模板支模完成后及时进行技术复核，误差控制在以下范围内：轴线位移2mm，标高+2mm、-3mm，截面尺寸+2mm、-3mm，相邻两板表面高低差

2mm，表面平整度 2mm，预留洞中心线位移 5mm，截面内部尺寸 +10mm、0。

（28）施工缝:后浇带施工缝应尽量使用垂直条形模板支设,便利于拆除清理,同时拼缝必须严密,在钢筋部位应用手工锯正确拉出贯穿口,以便钢筋正确安装。

（29）脚手架的搭设必须按照经过审批的方案和现场交底的要求进行,严禁偷工减料,严格遵守搭设工艺,不得将变形或校正过的材料作为立杆。

（30）脚手架搭设过程中,现场须有熟练的技术人员带班指导,并有安全员跟班检查监督。

（31）脚手架搭设过程中严禁上下交叉作业。要采取切实措施保证材料、配件、工具传递和使用安全,并根据现场情况在交通道口、作业部位上下方设安全哨监护。

（32）脚手架须配合施工进度搭设,一次搭设高度不得超过相邻连墙件（锚固点等）以上两步。

（33）脚手架搭设中,跳板、护栏、连墙件（锚固、揽风等）、安全网、交通梯等必须同时跟进。

（三）防护要求

脚手架上的安全防护设施应能有效地提供安全防护,防止架上的物件发生滚落、滑落,防止发生人员坠落、滑倒、物体打击等。

（1）搭设过程中必须严格按照脚手架专项安全施工组织设计和安全技术措施交底要求设置安全网和采取安全防护措施。

（2）脚手架搭至两步及以上时,必须在脚手架外立杆内侧设置 1.2m 高的防护栏杆。

（3）脚手架的作业面的脚手板必须铺满并绑扎牢固,不得留有空隙和探头板,脚手板与墙面间的距离一般不大于 20cm;作业面的外侧立面的防护设施根据具体情况确定,可采用立网、护栏、跳板防护。

（4）施工操作层及以下连续三步应铺设脚手板和 180mm 高的挡脚板。

（5）贴近或穿过脚手架的人行和运输通道必须设置防护棚;上下脚手架有高度差的出入口应设踏步和护栏;脚手架的爬梯踏步在必要时采取防滑措施,爬梯须设置扶手。

（6）施工操作层脚手架部分与建筑物之间应用平网或竹笆等实施封闭,当脚手架里立杆与建筑物之间的距离大于 200mm 时,还应自上而下做到四步一隔离。

（7）操作层的脚手板应设护栏和挡脚板。脚手板必须满铺且固定,护栏高度 1m,挡脚板应与立杆固定。

（8）作业现场应设安全围护和警示标志，禁止无关人员进入施工区域；对尚未形成或已失去稳定结构的脚手架部位加设临时支撑或其他可靠安全措施；在无可靠的安全带扣挂物时，应设安全带母线或挂设安全网；设置材料提上或吊下的设施，禁止投掷。

（四）危险性较大的分部分项工程安全管理办法

为进一步规范和加强对危险性较大的分部分项工程安全管理，积极防范和遏制建筑施工生产安全事故的发生，住房和城乡建设部组织修订了《危险性较大的分部分项工程安全管理办法》，内容如下：

（1）为加强对危险性较大的分部分项工程安全管理，明确安全专项施工方案编制内容，规范专家论证程序，确保安全专项施工方案实施，积极防范和遏制建筑施工生产安全事故的发生，依据《建设工程安全生产管理条例》及相关安全生产法律法规制定本办法。

（2）本办法适用于房屋建筑和市政基础设施工程（以下简称"建筑工程"）的新建、改建、扩建、装修和拆除等建筑安全生产活动及安全管理。

（3）本办法所称危险性较大的分部分项工程是指建筑工程在施工过程中存在的、可能导致作业人员群死群伤或造成重大不良社会影响的分部分项工程。危险性较大的分部分项工程安全专项施工方案（以下简称"专项方案"），是指施工单位在编制施工组织（总）设计的基础上，针对危险性较大的分部分项工程单独编制的安全技术措施文件。

（4）建设单位在申请领取施工许可证或办理安全监督手续时，应当提供危险性较大的分部分项工程清单和安全管理措施。施工单位、监理单位应当建立危险性较大的分部分项工程安全管理制度。

（5）施工单位应当在危险性较大的分部分项工程施工前编制专项方案；对于超过一定规模的危险性较大的分部分项工程，施工单位应当组织专家对专项方案进行论证。

（6）建筑工程实行施工总承包的，专项方案应当由施工总承包单位组织编制。其中，起重机械安装拆卸工程、深基坑工程、附着式升降脚手架等专业工程实行分包的，其专项方案可由专业承包单位组织编制。

（7）施工单位应当根据论证报告修改完善专项方案，并经施工单位技术负责人、项目总监理工程师、建设单位项目负责人签字后，方可组织实施。实行施工总承包的，应当由施工总承包单位、相关专业承包单位技术负责人签字。

（8）专项方案经论证后需做重大修改的，施工单位应当按照论证报告修改，并重新组织专家进行论证。

（9）施工单位应当严格按照专项方案组织施工，不得擅自修改、调整专项方案。如因设计、结构、外部环境等因素发生变化确需修改的，修改后的专项方案应当按本办法第八条重新审核。对于超过一定规模的危险性较大工程的专项方案，施工单位应当重新组织专家进行论证。

（10）专项方案实施前，编制人员或项目技术负责人应当向现场管理人员和作业人员进行安全技术交底。

（11）施工单位应当指定专人对专项方案实施情况进行现场监督和按规定进行监测。发现不按照专项方案施工的，应当要求其立即整改；发现有危及人身安全紧急情况的，应当立即组织作业人员撤离危险区域。施工单位技术负责人应当定期巡查专项方案实施情况。

（12）对于按规定需要验收的危险性较大的分部分项工程，施工单位、监理单位应当组织有关人员进行验收。验收合格的，经施工单位项目技术负责人及项目总监理工程师签字后，方可进入下一道工序。

（13）监理单位应当将危险性较大的分部分项工程列入监理规划和监理实施细则，应当针对工程特点、周边环境和施工工艺等，制定安全监理工作流程、方法和措施。

（14）监理单位应当对专项方案实施情况进行现场监理；对不按专项方案实施的，应当责令整改，施工单位拒不整改的，应当及时向建设单位报告；建设单位接到监理单位报告后，应当立即责令施工单位停工整改；施工单位仍不停工整改的，建设单位应当及时向住房城乡建设主管部门报告。

（15）各地住房城乡建设主管部门应当按专业类别建立专家库。专家库的专业类别及专家数量应根据本地实际情况设置。专家名单应当予以公示。

（16）专家库的专家应当具备以下基本条件：

1）诚实守信、作风正派、学术严谨；

2）从事专业工作15年以上或具有丰富的专业经验；

3）具有高级专业技术职称。

（17）各地住房城乡建设主管部门应当根据本地区实际情况，制定专家资格审查办法和管理制度并建立专家诚信档案，及时更新专家库。

（18）建设单位未按规定提供危险性较大的分部分项工程清单和安全管理措施，未责令施工单位停工整改的，未向住房城乡建设主管部门报告的；施工单位未按规定编制、实施专项方案的；监理单位未按规定审核专项方案或未对危险性较大的分部分项工程实施监理的；住房城乡建设主管部门应当依据有关法律法规予以处罚。

（19）各地住房城乡建设主管部门可结合本地区实际，依照本办法制定实施细则。

（20）本办法自颁布之日起实施。原《关于印发〈建筑施工企业安全生产管理机构设置及专职安全生产管理人员配备办法〉和〈危险性较大工程安全专项施工方案编制及专家论证审查办法〉的通知》（建质 [2004] 213 号）中的《危险性较大工程安全专项施工方案编制及专家论证审查办法》废止。

（21）危险性较大的分部分项工程范围

1）基坑支护、降水工程

开挖深度超过 3m（含 3m）或虽未超过 3m 但地质条件和周边环境复杂的基坑（槽）支护、降水工程。

2）土方开挖工程

开挖深度超过 3m（含 3m）的基坑（槽）的土方开挖工程。

3）模板工程及支撑体系

①各类工具式模板工程：包括大模板、滑模、爬模、飞模等工程。

②混凝土模板支撑工程：搭设高度 5m 及以上；搭设跨度 10m 及以上；施工总荷载 $10kN/m^2$ 及以上；集中线荷载 $15kN/m^2$ 及以上；高度大于支撑水平投影宽度且相对独立无联系构件的混凝土模板支撑工程。

③承重支撑体系：用于钢结构安装等满堂支撑体系。

4）起重吊装及安装拆卸工程

①采用非常规起重设备、方法，且单件起吊重量在 10kN 及以上的起重吊装工程。

②采用起重机械进行安装的工程。

③起重机械设备自身的安装、拆卸。

5）脚手架工程

①搭设高度 24m 及以上的落地式钢管脚手架工程。

②附着式整体和分片提升脚手架工程。

③悬挑式脚手架工程。

④吊篮脚手架工程。

⑤自制卸料平台、移动操作平台工程。

⑥新型及异型脚手架工程。

6）拆除、爆破工程

①建筑物、构筑物拆除工程。

②采用爆破拆除的工程。

7）其他

①建筑幕墙安装工程。

②钢结构、网架和索膜结构安装工程。

③人工挖扩孔桩工程。

④地下暗挖、顶管及水下作业工程。

⑤预应力工程。

⑥采用新技术、新工艺、新材料、新设备及尚无相关技术标准的危险性较大的分部分项工程。

（22）超过一定规模的危险性较大的分部分项工程范围

1）深基坑工程

①开挖深度超过 5m（含 5m）的基坑（槽）的土方开挖、支护、降水工程。

②开挖深度虽未超过 5m，但地质条件、周围环境和地下管线复杂，或影响毗邻建筑（构筑）物安全的基坑（槽）的土方开挖、支护、降水工程。

2）模板工程及支撑体系

①工具式模板工程：包括滑模、爬模、飞模工程。

②混凝土模板支撑工程：搭设高度 8m 及以上；搭设跨度 18m 及以上，施工总荷载 $15kN/m^2$ 及以上；集中线荷载 $20kN/m^2$ 及以上。

③承重支撑体系：用于钢结构安装等满堂支撑体系，承受单点集中荷载 700kg 以上。

3）起重吊装及安装拆卸工程

①采用非常规起重设备、方法，且单件起吊重量在 100kN 及以上的起重吊装工程。

②起重量 300kN 及以上的起重设备安装工程；高度 200m 及以上内爬起重设备的拆除工程。

4）脚手架工程

①搭设高度 50m 及以上落地式钢管脚手架工程。

②提升高度 150m 及以上附着式整体和分片提升脚手架工程。

③架体高度 20m 及以上悬挑式脚手架工程。

5）拆除、爆破工程

①采用爆破拆除的工程。

②码头、桥梁、高架、烟囱、水塔或拆除中容易引起有毒有害气（液）体或粉尘扩散、易燃易爆事故发生的特殊建、构筑物的拆除工程。

③可能影响行人、交通、电力设施、通信设施或其他建、构筑物安全的拆

除工程。

④文物保护建筑、优秀历史建筑或历史文化风貌区控制范围的拆除工程。

6）其他

①施工高度50m及以上的建筑幕墙安装工程。

②跨度大于36m及以上的钢结构安装工程；跨度大于60m及以上的网架和索膜结构安装工程。

③开挖深度超过16m的人工挖孔桩工程。

④地下暗挖工程、顶管工程、水下作业工程。

⑤采用新技术、新工艺、新材料、新设备及尚无相关技术标准的危险性较大的分部分项工程。

（五）建设工程模板支撑体系安全管理要点

为进一步规范建设工程模板支撑体系的安全管理，提高模板工程施工质量，防止安全生产事故的发生，根据《建筑施工扣件式钢管脚手架安全技术规范》JGJ 130—2011、《建筑施工模板安全技术规范》JGJ 162—2008、《钢管脚手架扣件》GB 15831—2006以及《危险性较大的分部分项工程安全管理办法》（建质[2009]87号）、《建设工程高大模板支撑系统施工安全监督管理导则》（建质[2009]254号）等有关规定，模板支撑体系安全管理要点：

1.构配件质量管理要求

（1）对施工单位自行购置的构配件，由施工单位对其质量和安全性能负责；对施工单位租赁的构配件，由施工及租赁单位共同对其质量和安全性能负责。

（2）构配件租赁单位必须依法取得工商行政管理部门颁发的营业执照，未办理合法手续的单位和个人一律不得向施工现场出租构配件；租赁单位应向施工单位提供所出租构配件的生产厂家生产许可证、产品合格证、质量检验报告等有关质量证明材料。

（3）施工单位应建立构配件使用管理台账，详细记录构配件的来源、数量、使用次数、使用部位和质量检验等情况，防止未经检测或检测不合格的构配件在施工中使用。

（4）构配件使用过程中，施工及租赁单位应严格维护保养及报废制度，及时对构配件进行防锈、除锈、更换破损零部件等维护保养，对有严重锈蚀、变形、出现裂纹及其他不符合标准情况的构配件必须作报废处理，严禁继续使用。

2.建设工程模板支撑体系选择

（1）建设工程模板支撑体系应根据工程实际选择；推广应用碗扣式、门式、

承插式等工具式支撑体系，采用工具式等其他形式搭设的模板支撑系统应符合国家及行业有关标准规范的要求

（2）当采用国家及行业标准规范尚未明确的支撑体系，可采用经备案的企业标准并经专家论证后实施。

（3）超过以下规模的模板支撑体系不得使用钢管扣件式脚手架。

1）混凝土模板支撑工程：搭设高度 8m 及以上；搭设跨度 18m 及以上；施工总荷载 15kN/m² 及以上；集中线荷载 20kN/m 及以上；

2）承重支撑体系：用于钢结构安装等满堂支撑体系，承受单点集中荷载 700kg 以上。

3. 专项施工方案编制与论证管理

（1）模板支撑系统施工前必须编制安全专项施工方案（以下简称专项方案），专项方案应由施工单位组织编制，编制人员应具有本专业中级以上技术职称，并应按规定程序报施工单位技术负责人及监理单位项目总监审批。

（2）专项方案应结合工程实际情况编制，内容应齐全完整，计算准确，具有针对性和可操作性，不得盲目套用既有方案。专项方案主要包含下列内容：编制依据、工程概况、设计计算、施工工序、施工工艺、安全措施、劳动力组织、使用的设备、器具与材料、应急预案以及相关图纸等内容。

（3）施工单位技术负责人、监理单位项目总监应加强对专项方案的审批把关，凡内容空洞，套用痕迹明显，严重缺乏针对性和可操作性的，不得审批通过。

（4）超过下列规模的模板支撑体系，其专项方案应按规定程序组织专家论证，未经专家论证通过不得擅自组织施工：

1）工具式模板工程：包括滑模、爬模、飞模工程；

2）混凝土模板支撑工程：搭设高度 8m 及以上；搭设跨度 18m 及以上；施工总荷载 15kN/m² 及以上；集中线荷载 20kN/m 及以上；

3）承重支撑体系：用于钢结构安装等满堂支撑体系，承受单点集中荷载 700kg 以上。

专项方案经论证后，专家组应当提交论证报告，对论证的内容提出明确的意见，并在论证报告上签字，对论证结论承担责任。该报告作为专项方案修改完善的指导意见。施工单位应当根据论证报告修改完善专项方案，并经施工单位技术负责人、监理单位项目总监、建设单位项目负责人签字后，方可组织实施。

（5）专项施工方案应当包括以下内容：

1）编制说明及依据

相关法律、法规、规范性文件、标准、规范及图纸（国标图集）、施工组织

设计等。

2）工程概况

高大模板工程特点、施工平面及立面布置、施工要求和技术保证条件，具体明确支模区域、支模标高、高度、支模范围内的梁截面尺寸、跨度、板厚、支撑的地基情况等。

3）施工计划

施工进度计划、材料与设备计划等。

4）施工工艺技术

高大模板支撑系统的基础处理、主要搭设方法、工艺要求、材料的力学性能指标、构造设置以及检查、验收要求等。

5）施工安全保证措施

模板支撑体系搭设及混凝土浇筑区域管理人员组织机构、施工技术措施、模板安装和拆除的安全技术措施、施工应急救援预案，模板支撑系统在搭设、钢筋安装、混凝土浇捣过程中及混凝土终凝前后模板支撑体系位移的监测监控措施等。

6）劳动力计划

包括专职安全生产管理人员、特种作业人员的配置等。

7）计算书及相关图纸

验算项目及计算内容包括模板、模板支撑系统的主要结构强度和截面特征及各项荷载设计值及荷载组合，梁、板模板支撑系统的强度和刚度计算，梁板下立杆稳定性计算，立杆基础承载力验算，支撑系统支撑层承载力验算，转换层下支撑层承载力验算等。每项计算列出计算简图和截面构造大样图，注明材料尺寸、规格、纵横支撑间距。

附图包括支模区域立杆、纵横水平杆平面布置图，支撑系统立面图、剖面图，水平剪刀撑布置平面图及竖向剪刀撑布置投影图，梁板支模大样图，支撑体系监测平面布置图及连墙件布设位置及节点大样图等。

（6）高大模板支撑系统专项施工方案，应先由施工单位技术部门组织本单位施工技术、安全、质量等部门的专业技术人员进行审核，经施工单位技术负责人签字后，再按照相关规定组织专家论证。下列人员应参加专家论证会：

1）专家组成员；

2）建设单位项目负责人或技术负责人；

3）监理单位项目总监理工程师及相关人员；

4）施工单位分管安全的负责人、技术负责人、项目负责人、项目技术负责人、专项方案编制人员、项目专职安全管理人员；

5）勘察、设计单位项目技术负责人及相关人员。

（7）专家论证的主要内容包括：

1）方案是否依据施工现场的实际施工条件编制；方案、构造、计算是否完整、可行；

2）方案计算书、验算依据是否符合有关标准规范；

3）安全施工的基本条件是否符合现场实际情况。

4. 搭设、使用、验收及拆除安全管理

（1）模板支撑体系搭设作业人员应持有特种作业人员（架子工）资格证书，且特种作业人员数量应满足工程实际需要，并按规定进行健康体检，经安全培训教育合格后，方可上岗作业。

（2）普通模板支撑体系严禁使用木、竹等材料搭设；严禁钢管扣件和工具式脚手架混合搭设。

（3）模板支撑体系搭设前，施工单位项目技术负责人应当根据专项方案和有关规范、标准的要求，对现场管理人员、作业人员进行安全技术交底，交底应详细说明选用的材料、工艺参数、构造要求、工艺流程、作业要点、安全措施等。

（4）施工单位应按照专项方案和有关规范、标准的要求搭设模板支撑体系，搭设过程中及搭设完成后，施工、监理单位应及时进行检查验收并形成记录，重点检查项目有：

1）立柱基础承载力应满足设计要求，立柱间距应通过计算确定，其纵横向间距应相等或成倍数；

2）每根立柱底部均应设置底座及垫板，顶部应设可调托撑，不得将立柱顶端与做主梁的钢管用扣件连接，可调托撑螺杆伸出立柱顶部的长度不应大于200mm，螺杆外径与立柱钢管内径的间隙不得大于3mm，安装时应保证上下同心；

3）在立柱底距地面200mm高处，沿纵横水平方向应按纵下横上的程序设扫地杆。所有水平拉杆的端部均应与四周建筑物顶紧顶牢。无处可顶时，应在水平拉杆端部和中部沿竖向设置连续式剪刀撑；

4）立柱接长严禁搭接和采用套接（非扣件连接）方式，必须采用对接扣件连接，相邻两立柱的接头不得在同步内；

5）模板支撑系统应为独立的系统，禁止与脚手架、接料平台、物料提升机及施工升降机等相连接。

（5）模板支撑体系在使用过程中，施工、监理单位应安排专人对其安全状况进行检查，对发现的隐患应立即落实整改，重点检查项目有：

1）底座是否松动，立柱是否悬空，扣件螺栓是否松动；

2）立柱的沉降与垂直度的偏差是否超过规定标准；

3）是否有超载现象；

4）其他违反规范标准要求的情况。

（6）模板支撑体系的拆除作业应严格按照有关技术标准及专项方案的要求执行，拆除过程中，施工、监理单位应安排专人进行监护，并对以下关键环节进行检查：

1）模板支撑系统拆除时，地面应设围栏和警戒标志，并派专人监护，严禁非操作人员靠近拆除区域；

2）拆除的钢管、扣件及其他配件严禁从高处抛掷至地面。

（7）高大模板支撑系统搭设前，应由项目技术负责人组织对需要处理或加固的地基、基础进行验收，并留存记录。

（8）高大模板支撑系统的结构材料应按以下要求进行验收、抽检和检测，并留存记录、资料。

1）施工单位应对进场的承重杆件、连接件等材料的产品合格证、生产许可证、检测报告进行复核，并对其表面观感、重量等物理指标进行抽检。

2）对承重杆件的外观抽检数量不得低于搭设用量的30%，发现质量不符合标准、情况严重的，要进行100%的检验，并随机抽取外观检验不合格的材料（由监理见证取样）送法定专业检测机构进行检测。

3）采用钢管扣件搭设高大模板支撑系统时，还应对扣件螺栓的紧固力矩进行抽查，抽查数量应符合《建筑施工扣件式钢管脚手架安全技术规范》JGJ 130—2011的规定，对梁底扣件应进行100%检查。

（9）高大模板支撑系统应在搭设完成后，由项目负责人组织验收，验收人员应包括施工单位和项目两级技术人员、项目安全、质量、施工人员，监理单位的总监和专业监理工程师。验收合格，经施工单位项目技术负责人及项目总监理工程师签字后，方可进入后续工序的施工。

（10）高大模板支撑系统应优先选用技术成熟的定型化、工具式支撑体系。

（11）搭设高大模板支撑架体的作业人员必须经过培训，取得建筑施工脚手架特种作业操作资格证书后方可上岗。其他相关施工人员应掌握相应的专业知识和技能。

（12）高大模板支撑系统搭设前，项目工程技术负责人或方案编制人员应当根据专项施工方案和有关规范、标准的要求，对现场管理人员、操作班组、作业人员进行安全技术交底，并履行签字手续。安全技术交底的内容应包括模板支撑工程工艺、工序、作业要点和搭设安全技术要求等内容，并保留记录。

（13）作业人员应严格按规范、专项施工方案和安全技术交底书的要求进行操作，并正确佩戴相应的劳动防护用品。

（14）高大模板支撑系统的地基承载力、沉降等应能满足方案设计要求。如遇松软土、回填土，应根据设计要求进行平整、夯实，并采取防水、排水措施，按规定在模板支撑立柱底部采用具有足够强度和刚度的垫板。

（15）对于高大模板支撑体系，其高度与宽度相比大于两倍的独立支撑系统，应加设保证整体稳定的构造措施。

（16）高大模板工程搭设的构造要求应当符合相关技术规范要求，支撑系统立柱接长严禁搭接；应设置扫地杆、纵横向支撑及水平垂直剪刀撑，并与主体结构的墙、柱牢固拉接。

（17）搭设高度 2m 以上的支撑架体应设置作业人员登高措施。作业面应按有关规定设置安全防护设施。

（18）模板支撑系统应为独立的系统，禁止与物料提升机、施工升降机、塔吊等起重设备钢结构架体机身及其附着设施相连接；禁止与施工脚手架、物料周转料平台等架体相连接。

（19）模板、钢筋及其他材料等施工荷载应均匀堆置，放平放稳。施工总荷载不得超过模板支撑系统设计荷载要求。

（20）模板支撑系统在使用过程中，立柱底部不得松动悬空，不得任意拆除任何杆件，不得松动扣件，也不得用作缆风绳的拉接。

（21）施工过程中检查项目应符合下列要求：

1）立柱底部基础应回填夯实；

2）垫木应满足设计要求；

3）底座位置应正确，顶托螺杆伸出长度应符合规定；

4）立柱的规格尺寸和垂直度应符合要求，不得出现偏心荷载；

5）扫地杆、水平拉杆、剪刀撑等设置应符合规定，固定可靠；

6）安全网和各种安全防护设施符合要求。

（22）高大模板支撑系统拆除前，项目技术负责人、项目总监应核查混凝土同条件试块强度报告，浇筑混凝土达到拆模强度后方可拆除，并履行拆模审批签字手续。

（23）高大模板支撑系统的拆除作业必须自上而下逐层进行，严禁上下层同时拆除作业，分段拆除的高度不应大于两层。设有附墙连接的模板支撑系统，附墙连接必须随支撑架体逐层拆除，严禁先将附墙连接全部或数层拆除后再拆支撑架体。

（24）高大模板支撑系统拆除时，严禁将拆卸的杆件向地面抛掷，应有专人传递至地面，并按规格分类均匀堆放。

（25）高大模板支撑系统搭设和拆除过程中，地面应设置围栏和警戒标志，并派专人看守，严禁非操作人员进入作业范围。

5. 监督管理

（1）各施工单位应将模板支撑体系作为重大危险源实行重点管理，要设专人负责，重点监控，严格落实各项安全防范措施。

（2）各监理单位应对模板支撑体系的安全履行监理职责，对搭设与拆除、混凝土浇筑实施旁站监理，发现安全隐患应责令整改，对施工单位拒不整改或拒不停止施工的，应当及时向建设单位或建设行政主管部门报告。

（3）存在下列违规行为的责任单位和责任人应当依据相关的法律法规予以严肃查处：

1）未编制专项方案或专项方案未经专家论证擅自施工的；

2）专项方案内容不符实际，缺乏针对性及可操作性的；

3）搭设作业单位及人员资质、资格不符合要求的；

4）使用质量不合格的构配件的；

5）实际施工中不执行专项方案或擅自对专项方案作重大变更、调整的；

6）工程实体存在重大安全隐患的；

7）其他违规行为。

（4）施工单位应严格按照专项施工方案组织施工。高大模板支撑系统搭设、拆除及混凝土浇筑过程中，应有专业技术人员进行现场指导，设专人负责安全检查，发现险情，立即停止施工并采取应急措施，排除险情后，方可继续施工。

（5）监理单位对高大模板支撑系统的搭设、拆除及混凝土浇筑实施巡视检查，发现安全隐患应责令整改，对施工单位拒不整改或拒不停止施工的，应当及时向建设单位报告。

（6）建设主管部门及监督机构应将高大模板支撑系统作为建设工程安全监督重点，加强对方案审核论证、验收、检查、监控程序的监督。

（六）质量保障措施

1. 安全教育

必须脚手架的作业人员进行安全教育。

2. 技术培训

必须对脚手架的作业人员进行专业技术培训。

3. 技术交底

作业前，必须对作业人员进行安全技术交底。

4. 现场监督

必须依据本组织设计的要求，必须安排技术员到现场监督，以确保脚手架的搭设质量，满足要求。

5. 有效整改

工程负责人必须责令有关人员对检查中发现的问题限时整改。

（七）构配件检查与验收要求

1. 新钢管的检查应符合下列规定：

（1）应有产品质量合格证；

（2）应有质量检验报告，钢管材质检验方法应符合《金属材料 拉伸试验 第1部分：室温试验方法》GB/T 228.1—2010 的有关规定，质量应符合《碳素结构钢》GB/T 700—2006 中 Q235-A 级钢的规定。

（3）钢管表面应平直光滑，必应有裂缝、结疤、分层、错位、硬弯、毛刺、压痕和深的划道。

（4）钢管外径、壁厚、端面等的偏差应符合规范规定。

（5）钢管必须涂有防锈漆。

2. 旧钢管的检查应符合下列规定：

（1）表面锈蚀深度应 ≤ 0.5mm。锈蚀检查应每年进行一次。检查时应在锈蚀严重的钢管中抽取三根，在每根锈蚀严重的部位横向截断取样检查，当锈蚀深度超过规定时不得使用。

（2）钢管弯曲变形不得超过规范要求。

3. 扣件的验收应符合下列规定：

（1）新扣件应有生产许可证、法定检测单位的测试报告和产品质量合格证。当对扣件质量有怀疑时，应按国家标准《钢管脚手架扣件》GB 15831—2006 的规定抽样检测；

（2）旧扣件使用前应进行质量检查，有裂缝、变形的严禁使用，出现滑丝的螺栓必须更换。

（3）新、旧扣件均应进行防锈处理。

（八）脚手架验收要求

脚手架搭设和组装完毕后，应经检查、验收确认合格后方可进行作业。应逐层、逐流水段内主管工长、架子班组长和专职安全技术人员一起组织验收，并填写验收单。验收要求如下：

（1）脚手架的基础处理、作法、埋置深度必须正确可靠。

（2）架子的布置、立杆、大小横杆间距应符合要求。

（3）架子的搭设和组装，包括工具架和起重点的选择应符合要求。

（4）连墙点或与结构固定部分要安全可靠；剪刀撑、斜撑应符合要求。

（5）脚手架的安全防护、安全保险装置要有效；扣件和绑扎拧紧程度应符合规定。

（6）脚手架的起重机具、钢丝绳、吊杆的安装等要安全可靠，脚手板的铺设应符合规定。

（7）脚手架使用过程中应定期检查以下项目：

1）杆件的设置和连接，连墙件、支撑、门洞桁架等的构造是否符合要求；

2）地基是否积水，底座是否松动，立杆是否悬空；

3）扣件螺栓是否松动；

4）安全防护措施是否符合要求；

5）是否超载。

（8）新钢管必须有产品合格证，有质检报告。旧钢管应就每根锈蚀程度进行检查。

（9）新扣件应有生产许可证，法定检测单位的测试报告和产品质量合格证。

（10）旧扣件使用前应进行质量检查，有裂缝、变形的严禁使用，出现滑丝的螺栓必须更换，新旧扣件均应进行防锈处理。

（九）模板支撑体系监测措施

1. 模板支撑体系位移的监测目的

为了确保模板支撑体系的安全和混凝土结构施工的顺利进行，掌握模板支撑体系在搭设、钢筋安装、混凝土浇捣过程中及混凝土终凝前后的受力与变形状况，确保模板支撑体系在各种施工工况及荷载的作用下，获得模板支撑体系的实际变形数据，起到对模板支撑体系的实时监控，最终达到最佳安全状况。

2. 模板支撑体系位移影响因素

模板支架传力体系如下：上部荷载→梁或楼板底模→木楞→横向水平钢管

→竖向钢管立杆→承载地基或结构层楼板。在荷载作用下，木楞、水平横杆会产生弯曲变形，钢管立杆会产生竖向压缩变形。一旦杆件变形过大，轻则对混凝土构件的质量产生影响（如标高不准确，平整度超过允许范围，甚至产生结构裂缝），重则使架体受力不均，导致架体失稳坍塌，这要求杆件有足够的刚度来抵抗变形。导致模板支撑体系位移的影响因素主要有局部堆载过大导致偏心受力、放置在楼面上的泵管泵送时产生的单侧推力、施工人员过于集中导致偏心受力、支架基础沉降导致位移等因素。

3. 模板支撑体系位移变形报警值

梁板高支模架体的水平位移和挠度变化，水平位移内控允许值 15mm，挠度内控允许值 $L/150$。支架立杆垂直度控制，高度的垂直允许偏差为 ≤ 7.5‰支架立杆高度，但全高 ≤ 60mm。监测报警：位移、挠度值、垂直度超过以上规定允许值时，应及时通知技术管理人员，以便采取应急措施。

4. 模板支撑体系位移变形监测方法

（1）模板支撑体系搭设完成后应对模板支架的垂直度、挠度、间距、高差、剪刀撑加设、扣件安装等多角度进行施工控制验收，安排 3 个测量人员并配备钢卷尺、线锤、水准仪、经纬仪等若干测量设备辅助监测。首先在超高结构中的主要杆件位置用油漆做好标记，作为首次观测竖向位移的原始位置；对超高结构中的主要杆件悬挂线锤（吊线与支撑体系外立杆齐平），作为首次观测水平位移的原始依据。

（2）钢筋安装完成后对支撑立杆垂直度、水平杆挠度进行复测，与前一次测的数据进行比较，并形成书面记录。

（3）混凝土浇捣过程中，利用水准仪密切观测支模架的竖向位移，利用线锤或经纬仪观测支模架的水平位移，使支撑架的位移变形控制在规范允许的范围之内。

（4）整个支模架位移变形观测延续至混凝土终凝前后止。如有位移变形超出规范允许值时，应立即停止混凝土施工，组织人员按照应急预案要求，积极采取补救抢险加固措施。

（5）对于扣件安装检查，及时采用红色记号笔做出标记，确保一个不漏的全面检查。

（6）严格控制实际施工荷载不超过设计荷载，特别是对混凝土堆高、振捣工艺、人员安排、设备摆放等应严格管理。

（7）由技术负责对施工作业人员进行支架监测和观察的安全技术交底，做好应急响应准备。具体由测量员进行支模架监测，在浇筑混凝土前，一天一次，并记录归档。在混凝土浇筑时，由测量员对高大支模架的竖向位移和水平位移进行全程实时观测。

（8）将测量所得的数据及时整理，与前几次的成果做比较，及时汇报给应急领导小组。

5. 混凝土支模架监测措施

（1）水平沉降监测：观测点用红油漆三角形标注于梁下立杆扣件的上口。实时进行观测，若混凝土浇筑过程中发现扣件处油漆与立杆上的油漆脱开，且超过 5mm，立即停止浇筑，待加固支模架后再行浇捣。

（2）垂直位移监测：混凝土浇筑前对选定的立杆用经纬仪进行初始标定，在混凝土浇筑时进行倾斜观测。若混凝土浇筑过程中发现立杆倾斜严重，立即停止浇筑，待加固支模架后再行浇捣。

（3）确定检测负责人由现场测量员担任。

6. 混凝土浇筑时监测人员安排

每次高大区域砼浇注时，派驻施工员和安全员并在支架外围进行观测，发现上述情况或支架有异响时立即报告项目技术人，同时停止混凝土浇筑，撤离楼面施工人员。立即派架子工对支模架进行加固，完成后再恢复混凝土浇筑。

（十）脚手架各项目验收标准

1. 地基与基础

压实填土地基应符合国家标准《建筑地基基础设计规范》GB 50007—2011第 6.1 节的规定；灰土地基应符合国家标准《建筑地基基础工程施工质量验收规范》GB 50202—2002 第 4.2 节的规定

立杆垫板或底座面标高宜高于自然地坪 50 ～ 100mm。

2. 底座安放标准

（1）底座、垫板均应准确的放在定位线上。

（2）垫板应采用长度不少于 2 跨、厚度不小于 50mm、宽度不小于 200mm的木垫板。

3. 扣件安装规定

（1）扣件规格与钢管外径相同。

（2）螺栓拧紧扭力矩不应小于 40N·m，且不应大于 65N·m。

（3）在主节点处固定横向水平杆、纵向水平杆、剪刀撑、横向斜撑等用的直角扣件、旋转扣件的中心点的相互距离不应大于 150mm。

（4）对接扣件开口朝上或朝内。

（5）各杆件端头伸出扣件盖板边缘的长度不应小于 100mm。

4. 扣件检查验收

扣件进入施工现场应检查产品合格证，并应进行抽样复试，技术性能应符合国家标准《钢管脚手架扣件》GB 15831—2006 规定。扣件在使用前应逐个挑选，有裂缝、变形、螺栓出现滑丝的严禁使用。

5. 脚手架地基、基础验收

（1）脚手架地基与基础的施工，必须根据脚手架搭设高度、搭设场地土质情况按照有关规定进行计算。

（2）脚手架地基与基础是否夯实。

（3）脚手架地基与基础是否平整。

（4）脚手架地基与基础是否积水。

6. 排水沟的设置验收

（1）脚手架搭设场地杂物清除，平整，并使排水通畅。

（2）排水沟的设置应在脚手架最外排的立杆以外的 500 ~ 680mm 之间。

（3）排水沟的宽度为：200 ~ 350mm 之间；深度为：150 ~ 300mm 之间；水沟的端部应设置集水井一座（600mm × 600mm × 1200mm）来保证水沟里的水及时排出。

（4）排水沟的上口宽度：300mm；下口宽度：180mm。

（5）排水沟的坡度为 i=0.5。

7. 脚手架垫板、底托的验收

（1）脚手架垫板、底托的验收是根据脚手架高度及承载来定的。

（2）24m 以下脚手架的垫板规格是：宽度大于 200mm、厚度大于 50mm，保证每根立杆必须摆放在垫板中间部位，垫板面积不得小于 $0.15m^2$。

（3）24m 以上承载脚手架的底部垫板的厚度必须经过严格计算。

（4）脚手架底托必须摆放在垫板中心部位。

（5）脚手架底托宽度大于 100mm，厚度不得小于 50mm。

8. 脚手架扫地杆的验收

（1）扫地杆必须与立杆连接，不得将扫地杆与扫地杆之间连接。

（2）扫地杆水平高差不得大于 1m，距边坡的距离不得小于 0.5m。

（3）纵向扫地杆应采用直角扣件固定在距底座上皮不大于 200mm 处的立杆上。

（4）横向扫地杆宜采用直角扣件固定在紧靠纵向扫地杆下方的立杆上。

9. 脚手架主体验收

（1）脚手架主体验收是根据施工需要经过计算，如安装普通脚手架立杆间距必须小于 2m。大横杆间距必须小于 1.8m。小横杆间距必须小于 2m 验收。建筑承载的脚手架必须按照计算要求验收。

（2）立杆的垂直偏差应根据架体高度来验收，并同时控制其绝对差值：当架体低于20m时，立杆偏差不大于5cm。架高在20～50m之间，立杆偏差不大于7.5cm。架高大于50m时，立杆偏差不大于10cm。

10. 脚手板铺设的验收标准

（1）施工现场脚手架搭设完成脚手板铺设必须满铺脚手板对接必须正确，在架子拐弯处，脚手板应交错搭接，并且必须绑牢，不平处用木块垫平钉牢。

（2）作业层的脚手板应铺平、铺满挤严、绑扎牢固，离开墙面12～15cm端部脚手板探头长度不得大于20cm，横向水平杆的间距应根据脚手架的使用情况搭设，脚手板的铺设可采用对接平铺也可采用搭接铺设。

11. 连墙件的设置验收标准

连墙件设置种类有两种：刚性连墙件和柔性连墙件，施工现场宜采用刚性连墙件。高度小于24m的脚手架，需3步3跨设置连墙件，高度在24～50m之间的脚手架需2步3跨设置连墙件。

（1）连墙件应从脚手架体底层第一步纵向水平杆处开始设置。

（2）连墙件应宜靠近主节点设置，偏离主节点的距离不应大于300mm。

（3）连墙件宜优先采用菱形布置，也可采用方形、矩形布置。

（4）脚手架的两端必须设置连墙件，连墙件的垂直间距不应大于建筑物的层高，并不应大于4m（两步）。

（十一）扣件钢管脚手架搭设中存在的问题

1. 无脚手架搭设方案和设计计算

在检查中发现部分工地没有搭设方案，有的有方案但编制过于简单，计算有误，又没有经过审批，不能指导现场施工。更有甚者，施工员只是向作业人员进行口头交代，就开始盲目作业，严重违反了《建筑施工扣件式钢管脚手架安全技术规范》JGJ 130—2011中"应按施工组织设计中有关脚手架的要求进行"和《建设工程安全生产管理条例》中关于必须编制专项施工方案的规定。

2. 底座安装不符合规定

《建筑施工扣件式钢管脚手架安全技术规范》JGJ 130—2011要求"垫板宜采用长度不少2跨，厚度不少于50cm的木垫板，也可用槽钢"。但在检查中看到不少工地的脚手架底层立杆下端仅用一块小方木或短木板垫起。脚手架搭设完毕投入使用后，由于荷载的逐步增加，加之受风刮雨淋等气候的影响，再因基础未夯实，很容易造成架体不均匀沉降，引起变形。

3. 立杆接头未错开

检查发现，部分工地在搭设过程中，立杆未严格按规范进行，还是沿用老的方法，使相邻的立杆错开，没有满足同步内隔一根立杆的接头在高度方向上错开不小于500mm的规定，造成架体强度不够。

4. 剪刀撑不按规定设置

《建筑施工扣件式钢管脚手架安全技术规范》JGJ 130—2011规定："高度在24m以上的双排脚手架应在外侧面整个高度上连续设置剪刀撑"。在检查中发现部分工地存在问题较多，如跨度不够、不连续、不贯通、未生根，起不到稳定架体的作用。另外《建筑施工扣件式钢管脚手架安全技术规范》JGJ 130—2011规定：剪刀撑斜杆搭接长度为1m，而有的仅有400～500mm长，扣件仅接2个。再者，脚手架已搭设5、6步或全部搭设完，也没有剪刀撑，而是经督促后才补搭。

5. 连墙件设置不合理

《建筑施工扣件式钢管脚手架安全技术规范》JGJ 130—2011规定："对高度24m以上的双排脚手架必须采用刚性连墙件与建筑物连接"。在检查中发现有的工地连墙件设置过少，有的采用柔性接头，造成架体不稳定。还发现有的工地连墙件未与建筑物可靠连接，根本起不到作用。

6. 小横杆设置不合理

规范规定架体主节点必须调协小横杆，而有的工地采用隔根搭设的方法，只是省了一些材料，但却对整体产生一定隐患。另外小横杆的设置还应考虑架板的铺设，不得违反规范"两块脚手架板外伸长度之和不大于300mm"的规定。

7. 架体搭设高度不够

《建筑施工扣件式钢管脚手架安全技术规范》JGJ 130—2011规定："立杆顶端宜高出女儿墙上皮1m，高出檐口上皮1.5m"。主要是保证施工人员安全，但是检查发现少部分工地脚手架与施工不同步，低于操作层，存在较大事故隐患。

8. 安全网挂设不规范

部分工地安全网材质不合格、绑扎不牢靠、两网不衔接、挂设不一致，同时密目网破损孔洞太多起不到防护作用，个别工地未按要求设置安全平网，各项防护措施落实不够。

9. 安全防护不到位

《建筑施工扣件式钢管脚手架安全技术规范》JGJ 130—2011规定："脚手架板应铺满铺稳，离开墙面120～150mm，自顶层作业层的脚手架板往下计算，宜每隔12m满铺一层脚手架板"。而实际上部分工地未能做到，有的甚至无架板，仅是用方木或钢模代替架板。有的作业层局部有架板，但探头板多，未用铅丝绑扎，很容易造成人员坠落。

10. 检查与验收

《建筑施工扣件式钢管脚手架安全技术规范》JGJ 130—2011 规定：脚手架及地基基础应在下列阶段进行检查与验收。

（1）基础完工后及脚手架搭设前；

（2）作业层施加荷载前；

（3）每搭完 10 ～ 13m 高度后；

（4）达到设计高度；

（5）遇有 6 级大风大雨后，寒冷地区开冻后；

（6）停工超过 1 个月。在检查中发现仍有部分工地未按规定执行。在检查安全管理资料时看不到脚手架检查与验收资料，而脚手架已经投入使用。还有一些工地虽然有检查验收资料，但未按阶段验收，无搭设负责人、验收人员签字，起不到见证作用。

（十二）解决对策

1. 加强对《建筑施工扣件式钢管脚手架安全技术规范》JGJ 130—2011 的学习与贯彻

项目经理部的施工管理人员特别是项目经理、项目技术负责人、主管工长、安全员要加强对《建筑施工扣件式钢管脚手架安全技术规范》JGJ 130—2011 的学习，真正弄懂搞清每个章节、每项条文的具体要求，以便编制符合实际的脚手架搭设（拆除）方案和设计计算，有利于对脚手架搭设中的监督与指导、检查与验收。

2. 加大资金投入

项目部应有足够的资金用于购买或租赁搭设脚手架用的各种尺寸钢管、扣件、竹架板、安全网等材料，以保证脚手架的搭设连续性、整体性、安全性、适用性。另外，搭设脚手架应选择有资质、有实力、技术好的专业队伍来承担，以保证搭设质量。

3. 认真组织检查验收

项目部项目技术负责人、主管工长、安全员在脚手架搭设过程中要及时检查，发现不合格的立即整改，直至返工重搭。脚手架搭设完工后，项目部要及时组织有关人员进行验收，合格后才能投入使用。不合格的脚手架严禁投入使用。检查与验收表格由搭设负责人、验收人员签字后存入安全管理资料档案以备查。

4. 加强日常维护

脚手架投入使用后，由于荷载的增加，加之气候变化的影响和人为的因素，易出现问题，这就要求必须有专人负责进行维护，该加固的加固该补充的补充。另外要经常清理架板上的建筑垃圾，以减轻架体载重，保证其安全性。

项目部应每半月对脚手架进行一次全面的安全检查，发现不安全因素及时消除。对公司主管部门和上级安全监督机构到工地对脚手架检查时提出的整改意见，要及时落实整改和反馈。

5.建立奖罚制度

项目部在与脚手架搭设队伍签定承包合同时，对脚手架搭设质量，应负的责任提出明确要求，注明奖罚条款或收取安全保障金，以经济杠杆促使他们承担、履行安全义务。

二、验收程序（参加人员、验收表）

（一）验收程序

架子搭设和组装完毕，在投入使用前，应逐层、逐流水段，由主管工长、加子班组长和专职技安人员一起组织验收。验收时，必须有主管审批架子施工方案一级的技术和安全部门参加，并填写验收单。

（1）脚手架搭设完毕，架设作业班组首先按施工要求先进行全面自检，合格后通知项目部施工管理部门进行检查验收，并办理《脚手架使用许可证》，验收人员对验收结论要签字认可。

（2）脚手架验收应随施工进度进行，实行工序验收制度。脚手架搭设是分单元进行的，单元中每道工序完工后，必须经过现场施工技术人员检查验收，合格后方可进入下道工序和下一单元施工。25m以上的脚手架，应在搭设过程中随进度分段验收。

（3）由业主、监理提供设计的脚手架和报请施工监理审批的脚手架，验收时必须请业主、监理派人参加验收，并对验收结论签字认可。

（4）脚手架验收以设计和相关规定为依据，验收的主要内容有：

1）脚手架的材料，构配件等是否符合设计和规范要求。

2）脚手架的布置、立杆、横杆、剪刀撑、斜撑、间距，门型脚手架立杆垂直度等的偏差是否满足设计，规范要求。

3）各杆件搭接和结构固定部分是否牢固，是否满足安全可靠要求。

4）大型脚手架的避雷、接地等安全防护、保险装置是否有效。

5）脚手架的基础处理、埋设是否正确和安全可靠。

6）安全防护设施是否符合要求。

（5）脚手架检查验收的方法应按逐层、逐流水段进行。并根据验收的主要内容编制检查验收表，对照检查验收表逐项检查。

（6）架子的搭设和组装，包括工具架起重点的选择。

（7）连墙点或与结构固定部分是否安全可靠；剪刀撑、斜撑是否符合要求。

（8）架子的安全防护；安全保险装置必须有效；扣件和绑扎拧紧程度应符合规定。

（9）脚手架的起重机具、钢丝绳、吊杆的安装等，必须安全可靠，脚手板的铺设应符合规定。

（10）脚手架基础处理、作法、埋深必须正确和安全可靠。

（二）参加人员

模板支架搭设完毕后，由项目经理、项目技术负责人、施工员、质量员、安全员、班组长进行自查，按照方案要求进行验收，项目自检完毕后再由公司技术部门（在超高、超限支模架时参加）与监理一起验收，并做好相应记录，并填写模板支架验收记录表。进行外观和实测检验，其主要步骤有：

（1）观察钢管脚手架整体或局部的垂直偏差，尤其观察脚手架四角、开分断处二侧端口，是否偏斜，下沉。如发现有异样者，应立即组织人员进行加固。

（2）经常检查垫铺的竹笆，及时修复断筋断条，填补空洞。并应同时检查各竹笆的绑扎点。

（3）连墙杆件的紧固及移位加固。对影响施工的部位，应在技术部门制定措施后，方可进行移位变更工作，操作人员不得擅自进行连墙杆件的移位。

（4）仔细检查密目网根部绑扎是否松动，网绳是否破断，发现松动者及时恢复，发现破断者及时更换。

（5）清除积聚在脚手架危险部位的材料、砖石、混凝土块等杂物。

（6）监督使用人员所堆放材料，使其不超过施工荷载。用于砌筑的钢管脚手架，以堆砖为例：标准砖单行三层以下，多孔砖单行四层以下。

（三）验收的监理要求

（1）管材应有产品质量合格证和质量检验报告。

（2）管材表面应平直光滑，不应有裂缝、结疤，分层、错位、硬弯、毛刺、压痕和深的滑道。

（3）管材必须涂防锈漆。

（4）管材外径、壁厚和端面的偏差应符合规范规定。

（5）锈蚀深度超过规定的旧管材不得使用。

（6）扣件应有生产许可证、产品质量合格证和检测试验报告。

（7）扣件使用前应进行质量检查，对有裂缝、变形的严禁使用，出现滑丝的螺栓必须更换。

（8）钢脚手板应有产品质量合格证，其表面不得有裂纹、开焊和硬弯，并应涂刷防锈漆。

（9）木制脚手板宽不宜小于 200mm，厚不应小于 50mm，已腐朽的不得使用。

（10）脚手架的检查验收阶段。

（四）验收表

具体见表 6-4 ~ 表 6-16。

模板支架验收记录表　　　　　　　　　　　　　　　表 6-4

项目名称							
搭设部位		高度		跨度		最大荷载	
搭设班组				班组长			
操作人员持证人数				证书符合性			
专项方案编审程序符合性		技术交底情况			安全交底情况		
钢管扣件	进场前质量验收情况						
	材质、规格与方案的符合性						
	使用前质量检测情况						
	外观质量检查情况						

检查内容		允许偏差	方案要求	实际质量情况				符合性
立杆间距	梁底	+30mm						
	板底	+30mm						
步距		+50mm						
立杆垂直度		≤ 0.75% 且 ≤ 60mm						
扣件拧紧		40 ~ 65N·m						
立杆基础								
扫地杆设置								
拉结点设置								

续表

立杆搭接方式				
纵、横向水平杆设置				
剪刀撑	垂直纵、横向			
	水平 （高度＞4 m）			
其他				
施工单位 检查结论	结论： 检查人员：	检查日期：　年　月　日 项目技术负责人：		项目经理：
监理单位 验收结论	结论： 专业监理工程师：	验收日期：　年　月　日 总监理工程师：		

扣件式钢管脚手架验收表 　　　　　　　　　　　　表 6-5

工程名称					
施工单位			项目负责人		
施工执行标准及编号	《建筑施工扣件式钢管脚手架安全技术规范》JGJ 130—2011				
验收部位		搭设高度		材质型号	

序号	检查项目	检查内容与要求	实测实量实查	验收结果
1	施工方案	搭设单位应取得脚手架搭设资质，架子工持证上岗	有资质证及架子工证	
		脚手架搭设前必须编制施工组织设计，审批手续完备	施工方案编、审手续齐全	
		搭设高度50m以下脚手架应有连墙杆、立杆地基承载力设计计算；搭设高度超过50m时，应有完整设计计算书	有承载力计算书	
		立杆、大横杆、小横杆间距符合设计和规范要求	间距符合设计及规范要求	
		必须设置纵横扫地杆并符合要求	连续设置扫地杆	
2	立杆基础	基础经验收合格，平整坚实与方案一致	基础夯实铺设20#槽钢轨道	
		立杆底部有底座或垫板符合方案要求并应准确放线定位	按方案要求设置	
		立杆没有因地基下沉悬空的情况	按方案要求设置	
3	剪刀撑与连墙杆	剪刀撑按要求沿脚手架高度连续设置，每道剪刀撑宽度不小于4跨（6m），角度45°～60°	每四跨设连续剪刀撑	
		按方案要求设置连墙拉结点：高度在50m以下的双排架和高度在24m以下的单排架每根连墙杆覆盖面积≤40m²，高度在50m以上的双排架每根连墙杆覆盖面积≤27m²	按方案要求设置	
		高度超过24m以上的双排脚手架必须用刚性连墙杆与建筑物可靠连接	—	
		高度在24m以下宜采用刚性连墙件与建筑物可靠连接，亦可采用拉筋和顶撑配合使用的附墙连接方式	按方案要求设置	

续表

序号	检查项目	检查内容与要求	实测实量实查	验收结果
4	杆件连接	步距、纵距、横距和立杆垂直度搭设误差符合规范要求；相邻立杆接驳口须错开不小于500mm，除顶层可采用搭接外，其余接头必须采用对接扣件连接	架体垂直度符合要求，立杆搭接位置错开	
		大横杆搭接长度不小于1m，等间距设置3个旋转扣件固定	搭接长度大于1m，用3个扣件固定	
		纵、横水平杆根据脚手板铺设方式与立杆正确连接	根据脚手板铺设方式连接	
		扣件紧固力矩控制在40～65N·m	按40～65N·m力矩紧固	
5	脚手板与防护栏杆	施工层满铺脚手板，其材质符合要求	用木板满铺牢固	
		脚手板对接接头外伸长度130～150mm，脚手板搭接接头长度应大于200mm，脚手板固定可靠	脚手板固定可靠	
		脚手架施工层搭设不低于1.2m高的防护栏杆和180mm的挡脚板并用密目安全网防护	施工层设大于1.2m防护栏杆、180mm高挡脚析，外立面有密目安全网封闭	
6	材质	脚手架材质符合方案或计算书中要求	按方案采用φ48mm钢管	
		禁止钢木（竹）混搭	全钢管搭设	
		材质（钢管及扣件）有出厂质量合格证	材质有合格证、送检报告	
		使用的钢管无裂纹、弯曲、压扁、锈蚀	钢管平直完好	
7	架体安全防护	脚手架外立杆内侧满挂密目式安全网封闭	按方案要求设置	
		施工层脚手架内立杆与建筑物之间用平网或其他措施防护，并符合方案要求	按方案要求设置防护措施	
8	通道	架体已设上下通道（斜道）坡度宜采用1:3	—	
		防滑条间距不大于250～300mm，有防护栏杆及挡脚板，并符合规范要求	—	
9	卸料平台	卸料平台承重量已经设计计算	—	
		卸料平台不得与脚手架连接，必须与建筑物拉结	—	
		已挂设平台限载标志牌	—	

验收结论：

年　月　日

验收人签名	施工单位	监理单位	建设单位
	项目负责人：	专业监理工程师：	现场代表：

落地式钢管扣件脚手架搭设验收表   表6-6

工程名称		施工单位	
项目经理		搭设高度	

序号	项目	验收要求	验收结果
1	施工方案	有专项施工方案，方案能正确指导施工；50m以上的脚手架搭设方案应经专家组论证	
2	材质	无开裂、压扁、严重锈蚀和弯曲，扣件有出厂合格证，并抽样检验，钢管有质保资料并油漆后使用	
3	基础	基础平整夯实，硬化，有排水措施，垫底脚板或垫块符合规范要求，必须按规范要求设置纵横向扫地杆	
4	立杆	立杆纵距、横距符合规范或方案要求，接头错开不在同一步距内，一般里立杆距墙面20cm，垂直偏差 <H（全高）/200，除顶层顶步外，必须采用对接扣件，顶端高出女儿墙上皮1m，高出檐口上皮1.5m	
5	纵横向水平杆	接头平直，互相错开>50cm，搭接时接头不小于1m，步距符合规范要求横向水平倾斜上，主接点处必须设置一根，靠墙一端的外伸长度不应大于0.4L及不应大于50cm	
6	连墙拉接	连墙拉接每两步三跨或三步两跨设置；24m以上脚手架符合设计要求，拉撑材料及方法应符合规范要求，采用刚性连接	
7	剪刀撑	剪刀撑设置符合规范或设计要求，自下而上连续设置，水平夹角45°～60°，接头用钢管扣件搭接，搭接长度不小于1m，搭接扣件不少于3个	
8	脚手板	施工层以下每隔10m应有封闭措施，竹脚手笆操作层应满铺，四周绑扎平整坚固，全高至少满铺4道，不能有探头跳板	
9	防护措施	在架体外立杆内侧设置两道防护栏杆，上栏杆高度为1.2m，中栏杆居中设置，作业层设置不小于180mm的挡脚板。脚手架必须高于操作面，转角处封闭不留豁口，双排脚手架横向水平杆靠墙一端至墙装饰面的距离不应大于100mm，脚手架内立杆与墙面距离大于150mm时，应做水平防护，外侧应用合格密目安全网封严	
10	接地避雷	架体连续长度不超过50m设防雷接地装置一处，四角设接地保护，接地电阻<30Ω	
11	通道	脚手架应有设置符合要求的专用上下通道	

验收意见	监理单位	施工总承包单位	搭设班组（分包单位）
	验收人员： 年 月 日	验收人员： 年 月 日	验收人员： 年 月 日

注：1. 脚手架应按搭设次数分段逐次验收。

2. 脚手架由项目经理、项目技术负责人、搭设班组长和监理单位相关人员进行验收。

脚手架搭设验收表				表 6-7	
工程名称		搭设高度		搭设日期	年 月 日
序号	验收项目	验收内容			验收结果
1	施工方案	有专项安全施工组织设计并经上级审批，针对性强，能指导施工			
		封闭（半封闭）脚手架必须有设计计算书，高度超过 50m 的脚手架应采用分段卸荷等有效措施，并专门设计			
		有专项安全技术交底			
		搭架单位及人员具有相应的资质			
2	立杆基础	基础应平整夯实，符合设计要求			
		立杆底部应设置底座、铺设 50mm 厚、长度不少于 2 跨的木垫或槽钢			
		脚手架必须设置纵、横向扫地杆，设置位置应在距底座上皮不大 200mm 外的立杆上			
		立杆顶端宜高出女儿墙上皮 1m，高出檐口上皮 1.5m			
		有良好排水措施且无积水			
3	材质	钢管脚手架应采用外径 48 ~ 51mm，壁厚为 3 ~ 3.5mm 的 3 号普通钢管，且有产品合格证或质量保证书。严重锈蚀、压扁、弯曲、裂纹、打孔的钢管不得使用			
		扣件应采用可锻铸铁制作的扣件，无裂纹、变形、滑丝，拧紧扭力矩宜为 50 ~ 60N·m，并不得小于 40N·m，且不得大于 65N·m			
		底座：铸铁底座符合国家规定；焊接底座外径尺寸为 150mm × 150mm，厚度不低于 8mm			
		脚手板可采用钢、木、竹材料制作，每块质量应不大于 30kg			
		木脚手板厚度应大于 50mm，宽度应大于 200mm，两端用铁丝箍牢，有腐朽的不得使用；钢脚手板有裂纹、开焊、硬弯的不得使用；竹脚手应是质地坚实、无腐烂、虫蛀、断裂的毛竹片制作的竹榻，松脆、破损散边的竹榻不得使用			
4	架体与建筑物拉接	脚手架立杆必须用连墙件与建筑物可靠连接。当架高在 7m 以下暂不能设置连墙件时，可搭设抛撑，抛撑每 6 跨设置一道，并与地面成 45° ~ 60° 夹角			
		脚手架连墙件布置：当架高不大于 50m 时，按三步三跨设；架高大于 50m 时，按二步三跨设置。连墙件应靠近主节点，且不应大于 300mm			

横板支撑系统验收记录表 表 6-8

模板工程名称：_____ 施工部位：_____
施工单位：_____ 支撑材料：_____
监理公司名称：_____

序号	验收项目	验收要求	检点记录	结果
1	施工方案	方案完整，绘有施工详图，指导施工，支撑系统设计计算、审批手续齐全，作业前应进行安全交底，交底资料完整		
2	支撑材料	支撑立柱材料：木杆应用松木或杉木，有效直径不得 <80mm，并去皮，不得采用易变形、折裂、枯节的木材：如采用钢管，管子外径不得小于 $\phi 48 \times 3.5$ 的钢管，无严重锈蚀、裂纹、变形		
3	立柱稳定	立柱底部的垫块材料，应符合施工组织设计要求，不得用砖块垫高		
		按施工组织设计要求，支撑高度为（ ）m 时，立柱间水平撑设（ ）道水平支撑，纵横向剪刀撑开档间距（ ）m。立柱间距符合设计要求，纵向（ ）mm，横向（ ）mm		
		立柱接长杆件接头应错开，木杆接长按设计要求		
4	木杆连件及扣件	支撑木杆连接应采用符合要求材料，不得采用铁丝、麻绳等绑扎：采用扣件固定其紧固力矩为 45～50N·m，钢管支撑接长。应采用对接，不准绑扎搭接		
5	作业环境	2m 以上高处支模作业，操作人员应有可靠的立足点，防护设施完善		

验收意见：

搭设班组及负责人

验收人员：

支撑排架高度	验收日期	合格牌编号	技术负责人	安全监理工程师

脚手架使用验收证 表 6-9

姓名		申请单位		申请日期	年　月　日
施工队伍		使用部门		施工部位	

脚手架规格：
使用部门作业长 / 工程主管：　　　　　　　　　　　时间：　年　月　日　时
脚手架作业长：　　　　　　　　　　　　　　　　　时间：　年　月　日　时

验收细节（可适当增加细节）	确认后打"〇"	
1. 脚手架所使用的材料质量是否合格	是	否
2. 铁丝捆扎脚手板是否用直径 1.6mm 双股捆紧，铁丝捆扎毛竹片是否用直径 1.2mm 双股捆紧	是	否
3. 立杆间距是否小于 2.5m，层高是否小于 2m；全高的最大偏差是否小于 100mm	是	否
4. 小横杆是否搭在大横杆上面，剪刀撑、斜撑、抛撑是否具备；扣件是否卡在立杆上，是否搭设加强杆	是	否
5. 高度超过 6m 的架子，立杆是否用抛撑加固，抛撑与立杆之间距地面 200 ~ 500mm 处是否设加强杆	是	否
6. 是否搭设了双护栏	是	否
7. 凹型舱壁的探头桥板是否用管子压牢	是	否
8. 护栏的扣件是否卡在立杆上卡紧。每个扣件螺丝是否上紧	是	否
9. 搭设的钢丝绳每端是否用两个绳卡卡紧，中间禁止卡在扣件上，是否保持畅通	是	否
10. 是否在每隔 6m 高度位置搭设休息平台	是	否
11. 架子每层是否搭设爬梯，大舱是否搭设斜爬梯；直爬梯是否错开设置，捆扎是否牢固，梯子口是否有护栏，钢丝绳是否设置在护栏下方，梯子上端是否超出平面 500mm 以上	是	否
12. 相邻两立杆接头是否错开 500mm 以上	是	否
13. 上下大横杆是否错开 500mm 以上	是	否
14. 特涂脚手架脚手管与钢质脚手板间是否垫有胶皮	是	否
15. 桥板铺设是否采用阶梯压叠方法，伸出支点部分是否大于 125mm，重合部分是否超出 250mm，桥板是否平行铺设，间隙是否小于 50mm，每块桥板是否四点捆紧	是	否
16. 毛竹片铺设两边重叠是否大于 50mm，是否用直径 1.2mm 铁丝 4 处封固在横杆上	是	否
17. 是否保证安全通道畅通	是	否
18. 是否符合《脚手架作业指导书》中其他要求	是	否

1. 我已对脚手架进行检查，符合上述验收细节。
施工队伍安全员 / 质量检查员：　　　　　　　　　时间：　年　月　日　时
脚手架作业长：　　　　　　　　　　　　　　　　　时间：　年　月　日　时
2. 我已对脚手架进行检查，符合工程使用要求。
使用部门作业长 / 工程主管：　　　　　　　　　　时间：　年　月　日　时
使用部门：　　　　　　　　　　　　　　　　　　　时间：　年　月　日　时
3. 我已对脚手架进行检查，符合上述验收细节。
安全主管：　　　　　　　　　　　　　　　　　　　时间：　年　月　日　时

备注：1. 此表一式两份，安全主管一份存档，脚手架施工队伍一份留用。

　　　2. "使用部门对脚手架使用要求"一栏，要求使用部门作业长 / 工程主管与脚手架作业长共同商量确定，并要求填写具体，准确。

　　　3. 使用部门作业长 / 工程主管、使用部门、安全主管在验收脚手架时要检查点架是否在内侧焊有防滑板。

190

施工马道（斜道、之字步道）验收表　　表 6-10

项目名称：			编号：		
搭设单位：		搭设部位：	脚手架类型大（ ）中（ ）小（ ）		
使用单位：		用途：	脚手架搭设时间：年 月 日		
序号	验收项目		验收内容 （符合要求划"√"，不符合要求划"×"不对应项划"一"）		检查记录
1	方案与交底		脚手架搭设前编制作业指导书并经审批完毕		
			根据不同部位搭设的脚手架进行安全交底		
2	立杆基础		中小型马道基础找平夯实，垫 5cm 木板，木板长度不少于两根立杆的间距，有排水措施（在钢平台或混凝土平台可不加垫板、可不设排水措施）		
			距脚手架底脚 20cm 处必须设置纵、横向扫地杆		
			大型脚手架（马道）基础及卸荷措施必须按设计方案实施		
3	拉接点与支撑		马道两侧立杆必须用连墙件与建筑物可靠连接，连墙件间距不大于三步（或根据结构柱的间距设置）		
			大型脚手架（马道）连墙件设置必须按设计方案实施		
4	杆件间间		脚手架（马道）立杆横向不少于 3 根立杆，纵向间距不少于 5 根立杆，等间距设置，大横杆间距不大于 1.5m 或与结构脚手架大横杆找齐		
			运料斜道宽度不宜小于 1.5m，坡度宜采用 1：6，人行斜道宽度不宜小于 1m，坡度宜采用 1：3		
5	脚手板铺设		脚手架斜步道及转角平台脚手板应铺满、铺稳、捆绑牢固		
			竹串片脚手板应设置在三根横向水平杆上，必须铺满，捆绑牢固		
			竹笆脚手板应按其主竹筋垂直于纵向水平杆方向铺设，在双排脚手架里、外排大横杆之间等间距设置两根纵向大横杆，且采用对接平铺，四个角应用直径 1.2mm 的镀锌铅丝固定在纵向水平杆上		
			脚手板横铺时，应在横向水平杆下增设纵向支托杆		
			人行斜道和运料斜道的脚手板上应每隔 250 ~ 300mm 设置一根防滑木条，木条厚度宜为 20 ~ 30mm		
6	防护栏杆		脚手架（马道）外侧、斜道和平台应搭设由上下两道横杆组成的防护栏杆。上杆离平台高度 1.05 ~ 1.2m，下杆离平台高 0.5 ~ 0.6m。并设 18cm 高的挡脚板并设防护立网		
7	防护通道		马道出入口必须搭设安全防护棚，防护棚高度 4 ~ 6m，宽度不小于 4m，防护棚出口距脚手架外侧之间距离不小于 6m		
			大型施工马道必须按设计方案实施（包括防护棚顶部防护方案）		
8	安全网		脚手架外侧应挂设密目安全网，密目网应设置在脚手架立杆内侧的大横杆上，并与大横杆绑扎牢固		

保证项目

191

续表

9	小横杆设置	主节点处必须设置一根横向水平杆,用直角扣件扣接且严禁拆除。主节点处两个直角扣件的中心距不应大于150mm		
10	杆件搭接	纵向水平杆的对接扣件应交错布置:两根相邻纵向水平杆的接头不宜设置在同步或同跨内,并使用对接扣件连接		
		采用搭接时,搭接长度不应小于1m,应等间距设置3个旋转扣件固定,扣件盖板边缘至搭接杆端部的距离不应小于100mm		
		立杆接长除顶层顶部可采用搭接外,其余各层各步接头必须采用对接扣件连接,立杆上的对接扣件应交错布置:两根相邻立杆的接头不应设置在同步内,采用搭接时接长度不应小于1m,应采用不少于2个旋转扣件固定,端部扣件盖板的边缘至杆端距离不应小于100mm		
11	脚手架材质	钢管表面应平直光滑,不应有裂缝、硬弯、毛刺、压痕和深的划道、弯曲变形;钢管外径48mm、壁厚3.5mm		
		新扣件应有生产许可证、法定检测单位的测试报告和产品质量合格证;旧扣件有裂缝、变形的严禁使用,出现滑丝的螺栓必须更换		
		木脚手板的宽度不宜小于200mm,厚度不应小于50mm;腐朽、劈裂的脚手板不得使用		
		竹笆脚手板、竹串片脚手板的材料宜采用由毛竹或楠竹制作的竹串片板、竹笆板		
12	剪刀撑	马道纵向由底至顶部必须连续设置剪刀撑,横向可设置斜撑,斜撑必须连续设置,斜杆与地面的倾角宜在45°~60°之间		
		剪刀撑斜杆的接长宜采用搭接,搭接长度不少于1m应采用不少于2个旋转扣件固定,端部扣件盖板的边缘至杆端距离不应小于100mm		

(一般项目)

整改要求: 闭环情况:

检查人:

钢管扣件试验记录   表6-11

编号:

产品名称	钢管扣件	抽检数量		
型号规格	直角	试验日期	年 月 日	

试验内容

检验项目	序号	标准要求	本项结论
外观检查	1	扣件各部位不允许有裂纹存在	
	2	盖板与座的张开距离不得小于52mm	
	3	扣件不允许在主要部位有缩松	
	4	扣件表面大于10mm^{2}的砂眼不应超过3处,且累计面积不应大于50mm^2	
	5	扣件表面凸(或凹)的高值(或深)不应大于1mm	
	6	扣件与钢管接触部位不应有氧化皮,其他部位氧化面积累计不应大于150mm^2	
	7	铆接处应牢固,铆接头应大于铆孔1mm,且不应有裂纹	

续表

抗滑性能试验	1	P 为 1kN 时记录位移零点，P=7kN 时，$\Delta_1 \leq 7.0$mm	$\Delta_1 =$ mm
	2	P=10.0kN 时，$\Delta_2 \leq 0.5$mm	$\Delta_2 =$ mm
抗破坏性能试验	1	P=25.0kN 时，各部位不得破坏	
检验结论			
参加检验人员意见			

施工单位：	监理单位：
年 月 日	年 月 日

脚手架拆除检查验收表

表 6-12

项目名称：　　　　　　　　　　　　　　　　　　　　　　编号：

拆除单位：	脚手架原搭设部位：	脚手架类型大（ ）中（ ）小（ ）
脚手架形式：双单（ ）、单排（ ）、满堂红（ ）、悬挑（ ）、悬吊（ ）、门式（ ）、井字（ ）、马道（ ）、移动式（ ）		脚手架拆除时间： 年 月 日

序号	验收项目		验收内容 （符合要求划"√"，不符合要求划"×"不对应项划"—"）	检查记录	
1	保证项目	方案与交底	脚手架拆除前编制作业指导书并经审批完毕		
			根据不同部位及不同形式的脚手架拆除进行安全交底		
2		拉结点检查	脚手架拆除前检查脚手架的拉结点、悬吊点、支撑点是否缺少或被拆除		
			被拆除的脚手架需要保留部分的拉结点是否牢固可靠		
			与被拆除的脚手架是否有其他脚手架相连，其他脚手架的拉结点是否牢固可靠，脚手架各结点部位是否有杆件连接		
3		杆件检查	脚手架拆除前检查脚手架结点部位的杆件是否被提前拆除，架体是否有变形、悬空、松动等现象		
4		环境及防护设施检查	脚手架拆除前检查脚手架上的浮动物是否清理干净		
			被拆除脚手架的下方是否有电缆、设备等需要进行防护，是否搭设了牢固的隔离设施，防护设施是否经验收合格		
			脚手架拆除区域是否存在交叉作业，交叉作业垂直下方是否采取了隔离措施。隔离措施是否经过验收合格		
			脚手架拆除前下方是否划定了警戒区域，设置了防护栏杆或警戒旗，是否有专人负责监护		
			脚手架拆除前是否有作业人员行走的安全通道和人员上下措施		

整改要求：	闭环情况：

检查人：

脚手架的拆除安全检查表   表 6-13

受检单位		负责人	
检查地点		检查时间	

序号	检查内容	是	否
1	是否由合格的架子工担任		
2	架子拆除时是否划分作业区		
3	拆除区周围是否设围栏及竖立警戒标志 地面是否设专人指挥 是否禁止非工作人员入内		
4	拆除顺序是否遵守由上而下，先搭后拆，后搭先拆的原则 （拆除顺序：栏杆、脚手架、剪刀撑、斜撑、而后小横杆、 大横杆、立杆等） 是否严禁上下同时进行拆除		
5	连墙杆是否随拆除进度逐层拆除		
6	大片架子拆除后要预留的斜道、上料平台、通道、小飞跳 等是否在大片架子拆除前先进行加固		
7	拆除时严禁撞碰脚手架附近的电源线		
8	拆下的材料，是否用绳所拴住杆件并利用滑轮徐徐下运， 严禁抛掷		
9	拆除烟囱、水塔外架时，是否待拆到缆风绳处才解该处缆 绳（不能提前解除）		

检查记录

检查人：

脚手架管理台账   表 6-14

项目名称

序号	搭设日期	搭设具体部位	使用单位	搭设单位	验收单编号	验收日期	参加验收人员	拆除日期	备注

脚手架搭设的技术要求、允许偏差与检验方法　　　　表 6-15

项次	项目		技术要求	允许偏差 Δ（mm）	示意图			检查方法与工具
1	地基基础	表面	坚实平整					观察
		排水	不积水					
		垫板	不晃动					
		底座	不滑动					
			不沉降	−10				
2	单、双排与满堂脚手架立杆垂直度	最后验收立杆垂直度（20~50）m	—	±100	<p>H Δ — Δ</p>			用经纬仪或吊线和卷尺
		下列脚手架允许水平偏差（mm）						
		搭设中检查偏差的高度（m）		总高度				
				50m	40m	20m	
		$H=2$		±7	±7	±7	
		$H=10$		±20	±25	±50	
		$H=20$		±40	±50	±100	
		$H=30$		±60	±75		
		$H=40$		±80	±100		
		$H=50$		±100			
		中间档次用插入法						
3	满堂支撑架立杆垂直度	最后验收垂直度 30m	—	±90				用经纬仪或吊线和卷尺
		下列满堂支撑架允许水平偏差（mm）						
		搭设中检查偏差的高度（m）		总高度				
				30m			
		$H=2$		±7			
		$H=10$		±30			
		$H=20$		±60			
		$H=30$		±90			
		中间档次用插入法						
4	单双排、满堂脚手架间距	步距	—	±20				钢板尺
		纵距	—	±50				
		横距	—	±20				

项次	项目		技术要求	允许偏差 Δ（mm）	示意图	检查方法与工具
5	满堂支撑架间距	步距 纵距 横距	— — —	±20 ±30		钢板尺
6	纵向水平杆高差	一根杆的两端		±20		水平仪或水平尺
		同跨内两根纵向水平杆高差		±10		
7	剪刀撑斜杆与地面的倾角		45°～60°			角尺
8	脚手板外伸长度	对接	$a=(130～150)$ mm $l\leqslant 300$mm			卷尺
		搭接	$a\geqslant 100$mm $l\geqslant 200$mm			卷尺
9	扣件安装	主节点处各扣件中心点相互距离	$a\leqslant 150$mm			钢板尺
		同步立杆上两个相隔对接扣件的高差				钢卷尺
		立杆上的对接扣件至主节点的距离	$a\leqslant h/3$			

197

续表

项次	项目		技术要求	允许偏差 Δ（mm）	示意图	检查方法与工具
9	扣件安装	纵向水平杆上的对接扣件至主节点的距离	$a \leq l_a/3$			钢卷尺
		扣件螺栓拧紧扭力矩	40 ~ 65 N·m			扭力扳手

注：图中 1- 立杆；2- 纵向水平杆；3- 横向水平杆 4- 剪刀撑。

扣件拧紧抽样检查数目及质量判定标准　　　　　　　　表 6-16

项次	检查项目	安装扣件数量（个）	抽查数量（个）	允许的不合格数量（个）
1	连接立杆与纵（横）向水平杆或剪刀撑的扣件；接长立杆、纵向水平杆或剪刀撑的扣件	51 ~ 90	5	0
		11 ~ 150	8	1
		151 ~ 280	13	1
		2851 ~ 500	20	2
		501 ~ 1200	32	3
		1201 ~ 3200	50	5
2	连接横向水平杆与纵向水平杆的扣件（非主节点处）	51 ~ 90	5	1
		11 ~ 150	8	2
		151 ~ 280	13	3
		2851 ~ 500	20	5
		501 ~ 1200	32	7
		1201 ~ 3200	50	10

第七章

施工监测

为了确保模板支撑体系的安全和混凝土结构施工的顺利进行，掌握模板支撑体系在搭设、钢筋安装、混凝土浇捣过程中及混凝土终凝前后的受力与变形状况，确保模板支撑体系在各种施工工况及荷载的作用下，获得模板支撑体系的实际变形数据，起到对模板支撑体系的实时监控，最终达到最佳安全状况。

依据《住房和城乡建设部关于印发〈危险性较大的分部分项工程安全管理办法〉的通知》（建质 [2009]87 号）第十六条：施工单位应当指定专人对专项方案实施情况进行现场监督和按规定进行监测。发现不按照专项方案施工的，应当要求其立即整改；发现有危及人身安全紧急情况的，应当立即组织作业人员撤离危险区域。

依据浙江省工程建设标准《建筑施工扣件式钢管模板支架技术规程》DB 33/1035—2006 第 8.0.8 条：混凝土浇筑过程中，应派专人观测模板支撑系统的工作状态，观测人员发现异常时应及时报告施工负责人，施工负责人应立即通知浇筑人员暂停作业，情况紧急时应采取迅速撤离人员的应急措施，并进行加固处理。

依据《建设工程高大模板支撑系统施工安全监督管理导则》（建质 [2009]254 号）2.1.2 条：（五）施工安全保证措施：模板支撑体系搭设及混凝土浇筑区域管理人员组织机构、施工技术措施、模板安装和拆除的安全技术措施、施工应急救援预案，模板支撑系统在搭设、钢筋安装、混凝土浇捣过程中及混凝土终凝前后模板支撑体系位移的监测监控措施等。及 4.4.3 条：浇筑过程应有专人对高大模板支撑系统进行观测，发现有松动、变形等情况，必须立即停止浇筑，撤离作业人员，并采取相应的加固措施。

依据《建筑施工临时支撑结构技术规范》JGJ 300—2013 第 8 章的内容详细描述模板支架监测的施工方法及具体要求：

一、编制监测方案

支撑结构应按有关规定编制监测方案，包括测点布置、监测方法、监测人员及主要仪器设备、监测频率和监测报警值。

二、监测的内容

监测的内容应包括支撑结构的位移监测和内力监测。

（1）模板支撑传力体系如下：上部荷载→梁或楼板底模→木檩→横向水平钢管→竖向钢管立杆→承载地基或结构层楼板。在荷载作用下，木檩、水平横杆会产生弯曲变形，钢管立杆会产生竖向压缩变形。一旦杆件变形过大，轻则对混凝土构件的质量产生影响（如标高不准确，平整度超过允许范围，甚至产生结构裂缝），重则使架体受力不均，导致架体失稳坍塌，这要求杆件有足够的刚度来抵抗变形。

（2）水平杆件的弯曲变形位移及控制按照《建筑施工模板安全技术规范》JGJ 162—2008 和《混凝土结构工程施工规范》GB 50666—2011 执行：

1）当验算模板及其支架的刚度时，其最大变形值不得超过下列容许值：

①对结构表面外露的模板，为模板构件计算跨度的1/400；

②对结构表面隐蔽的模板，为模板构件计算跨度的1/250；

③支架的压缩变形或弹性挠度，为相应的结构计算跨度的1/1000。

2）组合钢模板结构或其构配件的最大变形值不得超过表 7-1 的规定。

组合钢模板及构配件的容许变形值（mm）　　　　　　表 7-1

部件名称	容许变形值
钢模板的面板	≤ 1.5
单块钢模板	≤ 1.5
钢楞	$L/500$ 或 ≤ 3.0
柱箍	$B/500$ 或 ≤ 3.0
桁架、钢模板结构体系	$L/1000$
支撑系统累计	≤ 4.0

注：L 为计算跨度，B 为柱宽。

（3）立杆的竖向变形位移及控制：

1）支撑立杆的弹性压缩变形：排架搭设高度较高，在轴向压力作用下会产生弹性压缩变形。$\Delta_1 = N_K H / (EA)$，N_K 为支撑系统永久荷载，H 为支撑立杆实际高度。

2）支撑立杆接头处的非弹性变形：排架搭设高度较高，支撑立杆难免存在接头，在轴向压力作用下会产生非弹性变形。$\Delta_2 = n\delta$，n 为高度 H 范围内接头数，δ 为支撑立杆接头处的非弹性变形值，取 0.5mm。

3）立杆因温差引起的线弹性变形：排架搭设过程在夏季或冬季施工期间，因受日照而升温，而模板铺设完成后，立杆在季风及楼盖遮阴影响下温度又逐渐降低，这样在温差作用下立杆会产生线性压缩，故需要考虑温差引起的变形。$\Delta_3 = H\alpha\Delta t$，$\alpha$ 为立杆钢材的线膨胀系数，取 1.2×10^{-5}（以每℃计），Δt 为钢管的计算温度，取 20℃。

4）计算公式确定：$\Delta = \Delta_1 + \Delta_2 + \Delta_3 < [\Delta]$，支架立杆的压缩变形允许值为 $H/1000\text{mm}$（H 为支架的搭设高度）

三、位移监测点的布置

位移监测点的布置可分为基准点和位移监测点。其布设应符合下列规定：
（1）每个支撑结构应设基准点；
（2）在支撑结构的顶层、底层及每 5 步设置位移监测点；
（3）监测点应设在角部和四边的中部位置。

四、内力监测时的测点布设规定

当支撑结构需进行内力监测时，其测点布设宜符合下列规定：
（1）单元框架或单元桁架中受力大的立杆宜布置测点；
（2）单元框架或单元桁架的角部立杆宜布置测点；
（3）高度区间内测点数量不应少于 3 个。

五、监测设备的规定

监测设备应符合下列规定：
（1）应满足观测精度和量程的要求；
（2）应具有良好的稳定性和可靠性；
（3）应经过校准或标定，且校核记录和标定资料齐全，并应在规定的校准有效期内；
（4）应减少现场线路布置布线长度，不得影响现场施工正常进行。

六、监测点及装置的保护措施

监测点应稳固、明显，应设监测装置和监测点的保护措施。

七、监测频率

监测项目的监测频率应根据支撑结构规模、周边环境、自然条件、施工阶段等因素确定。位移监测频率不应少于每日 1 次，内力监测频率不应少于 2 小时 1 次，监测数据变化量较大或速率加快时，应提高监测频率。

八、安全应急预案

当出现下列情况之一时，应立即启动安全应急预案：
（1）监测数据达到报警值时；
（2）支撑结构的荷载突然发生意外变化时；
（3）周边场地突然出现较大沉降或严重开裂的异常变化时。

九、监测报警值

监测报警值应采用监测项目的累计变化量和变化速率值进行控制，并应满足表 7-2 的规定。

监测报警值　　　　　　　　　　　表 7-2

监测指标	限 值
内力	设计计算值
	近 3 次读数平均值的 1.5 倍
位移	水平位移量：$H/300$
	近 3 次读数平均值的 1.5 倍

注：H 为支撑结构高度。

十、监测资料

监测资料宜包括监测方案、内力及变形记录、监测分析及结论。

第八章

安全防护

一、防护

（1）架子工在高处（距地高度2m以上）作业时，必须佩戴安全带。所用的杆子应拴2m长的杆子绳。安全带必须与已绑好的立、横杆挂牢，不得挂在铅丝扣或其他不牢固的地方。

（2）在高处安装和拆除模板时，周围应设安全网或搭设脚手架，并应加设防护栏杆。在临街面及交通要道地区，尚应设警示牌，派专人看管。

（3）模板支撑架搭拆时操作人员应佩戴安全帽、穿防滑鞋。安全帽和安全带应定期检查，不合格者严禁使用。

（4）模板支撑架施工作业层脚手板下应采用安全平网兜底，以下每隔10m应采用安全平网封闭，作业层里排架体与建筑物之间

采用脚手板或安全平网封闭。

二、防雷

采用避雷针与纵向杆连通、接地线与整栋建筑物楼层内避雷系统连成一体的措施。避雷针采用 ϕ 12镀锌钢筋制作，高度1.5m，设置在脚手架四角立杆上，并将所有最上层的纵向杆全部连通，形成避雷网络，接地线采用 40×4 的镀锌扁钢，将立杆分别与建筑物楼层内的避雷系统连成一体。接地线的连接牢靠，与立杆连接采用2道螺栓卡箍连接，螺钉加弹簧垫圈以防止松动，并保证接触面积不小于 $10mm^2$ ，并将表面的油漆及氧化层清除干净，露出金属光泽并涂以中性凡士林。接地线与建筑物楼层内避雷系统的设置按脚手架的长度不超过50m设置一个，位置尽量避免人员经常走动的地方，以避免跨步电压的危害，防止接地线遭机械破坏。两者的连接采用焊接，焊接长度大于2倍的扁钢宽度。焊完后再用接地电阻测试仪测定电阻，要求冲击电阻不大于 10Ω ，同时注意检查与其他金属物或埋地电缆之间的安全距离不小于3m，以避免发生击穿事故。

三、防恶劣天气等影响

（1）若遇恶劣天气，如大雨、大雾、沙尘、大雪及六级大风时，应停止露天高处作业。五级及以上风力时，应停止高空吊运作业。雨雪停止后，应及时清除模板和地面上的冰雪及积水。

（2）在大风地区或大风季节施工时，模板应有抗风的临时加固措施。

四、防火

（1）架体入口处设消防器材与消防标志，附近不得堆物，消防工具不得随意挪用，明火作业必须有专人看守。指定消防责任人和保卫值班人员，定期、不定期组织巡回检查，发现火险，及时整改。

（2）易燃料场和用火处要有足够的灭火工具和设备。干粉灭火器不少于8组。

（3）电线或靠近易燃物的电线要穿线保护，灯具与易燃物要保持安全距离。

（4）现场生产、生活用水均应经主管消防的领导批准，并靠近易燃物，准备好消防器材。

（5）现场焊工、防水工均应受过消防知识教育，持有操作合格证。

（6）现场木材堆放不宜过多，易燃易爆物品的仓库应地势低处。

（7）照明灯具、电线都应绝缘保护，灯具与易燃物一般应保持2m间距。

（8）秋季施工作业面上严禁班组操作人员燃烧木、竹制品取暖，现场禁烟。

第九章

扣件式钢管模板及支撑体系专项方案实例

第一节　常规超限支模架

【案例 9-1】12.45m 超高结构模板支架

一、工程总况

　　某新建幕墙生产基地厂房工程，工程总占地面积 14463m²，总建筑面积 17779.03m² 其中厂房建筑面积 15578.58m²，仓库及辅助用房建筑面积 2170.45m²。本工程室内设计标高 ±0.000，相当于绝对标高 5.380m。

　　该工程为独栋厂房（辅助用房位于厂房一侧），厂房为二层，每层为一个防火分区，辅助用房共四层，一层为仓库，二层为食堂，三层为办公，四层为宿舍。

　　本工程为框架结构，厂房属戊类厂房，耐火等级为二级，建筑等级为二级，屋面防水等级为二级，抗震设防烈度 6 度。

　　该工程建筑立面简洁明快，棱角分明，是较为常规实用的厂房建筑艺术风格。

二、超限结构概况

　　标高：−0.200 ~ 12.250m，超限支撑架搭设高度为 12.45m；轴线范围：（X4 ~ X18）/（YA ~ YL），超限支模架搭设区域面积约为 5568m²，梁截面尺寸为 450mm×1400mm、450mm×1200mm、300mm×600mm，楼板板厚为 130mm。如图 9-1 所示。

三、超限支模架设计参数

　　根据工程实际情况，考虑结构梁板荷载一般，采用钢管脚手架取材方便，且钢管扣件式脚手架应用非常成熟，本工程采用满堂支撑架的支模方案，框架柱最高高度 12.45m，实际施工时框架柱模板、钢筋绑扎、混凝土浇筑以分 3 ~ 4 个施工段分别进行施工，浇筑超高部位梁板前，应先对框架柱混凝土分次浇筑完成。

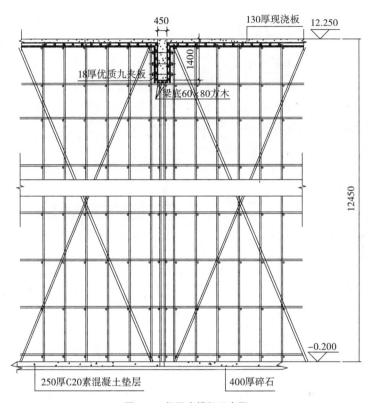

图 9-1 超限支模架示意图

（一）荷载取值

（1）模板支架设计时考虑的荷载标准值：①无梁楼板模板 0.3kN/m²（梁楼板模板 0.5kN/m²）；② 新浇混凝土自重 24kN/m³；③钢筋自重梁为 1.5kN/m³，板为 1.1kN/m³；④施工人员及施工设备荷载荷载 1.0kN/m²；⑤振捣混凝土时产生的荷载 2.0kN/m²。

（2）模板支架的荷载分项系数：① 模板及支架自重、新浇混凝土自重、钢筋自重梁取 1.2；②人员及施工设备荷载荷载、振捣混凝土时产生的荷载取 1.4。

（3）本工程模板支架计算时梁、板支架施工活载组合均采用：①施工人员及施工设备荷载荷载 1kN/m²；②振捣混凝土时产生的荷载 2.0kN/m²。①＋② = 3.0kN/m²。

（4）超高支模架采用中国建筑科学研究院研制开发的 PKPM 施工管理软件计算。

211

（二）超限支模架搭设参数

1. 超限结构大梁侧模板参数

对于梁截面高度为 1400mm 的超限梁设置 3 道 ϕ14 对拉螺栓，螺栓断面内水平间距（250+350+400+400）mm，断面跨度方向间距 500mm。

2. 超限结构支模架搭设参数

① 450mm×1400mm、450mm×1200mm 梁底模板支架搭设参数汇总表，见表 9-1。

450mm×1400mm、450mm×1200mm 梁底模板支架搭设参数汇总表　　表 9-1

搭设参数	超限结构大梁截面尺寸
	450mm×1400mm、450mm×1200mm
支架形式	扣件式钢管模板支架
搭设高度	12450mm
计算高度	12450mm
梁侧、底模板	18 厚胶合板
方木布置方向	平行梁截面
梁底方木尺寸	60mm×80mm
梁底支撑木方长度	2000mm
梁底方木间距	200mm
梁底增加承重立杆根数	2 道
立杆纵距（跨度方向）	850mm
模板支架步距	1500mm
梁两侧立杆间距	850mm
梁底扣件数量	采用双扣件
剪刀撑	水平方向每 2 步设置一道水平剪刀撑，竖向沿支架四周、纵横向每隔 4 排设置一道
扫地杆	离地（楼）面 200mm 高，纵横向连续设置
水平拉结间距	高度方向每隔 3.0m 与周边柱设置一道刚性拉结
立杆基础	C20 素混凝土垫层
钢管类型	ϕ48×3.5（计算按 3.0mm）

② 300mm×600mm 梁底模板支架搭设参数汇总表，见表 9-2。

212

300mm × 600mm 梁底模板支架搭设参数汇总表　　　表 9-2

搭设参数	超限结构大梁截面尺寸
	300mm × 600mm
支架形式	扣件式钢管模板支架
搭设高度	12450mm
计算高度	12450mm
梁侧、底模板	18 厚胶合板
方木布置方向	平行梁截面
梁底方木尺寸	60mm × 80mm
梁底支撑木方长度	2000mm
梁底方木间距	200mm
梁底增加承重立杆根数	0 道
立杆纵距（跨度方向）	850mm
模板支架步距	1500mm
梁两侧立杆间距	850mm
梁底扣件数量	采用双扣件
剪刀撑	水平方向每 2 步设置一道水平剪刀撑， 竖向沿支架四周、纵横向每隔 4 排设置一道
扫地杆	离地（楼）面 200mm 高，纵横向连续设置
水平拉接间距	高度方向每隔 3.0m 与周边柱设置一道刚性拉结
立杆基础	C20 素混凝土垫层
钢管类型	$\phi 48 \times 3.5$（计算按 3.0mm）

③板底模板支架搭设参数汇总表，见表 9-3。

板底模板支架搭设参数汇总表　　　表 9-3

搭设参数	楼板厚度
	130mm
支架形式	扣件式钢管模板支架
板面标高	12.45m
搭设高度	12800mm
计算高度	12800mm
步距	1500mm
立杆间距	850mm

续表

搭设参数	楼板厚度
	130mm
水平横杆间距	850mm
板底方木间距	60mm×80mm，@250
板底钢管扣件	双扣件
剪刀撑	水平方向每2步设置一道水平剪刀撑， 竖向沿支架四周、纵向每隔4排设置一道
水平拉结	高度方向每隔3.0m与周边柱设置一道刚性拉结
扫地杆	离地（楼）面200mm高，纵、横向连续设置
立杆基础	C20素混凝土垫层（−0.20m）
钢管类型	ϕ48×3.5（计算按3.0mm）
扣件类型	可锻铸铁制作

四、超限结构支模架设计计算

（一）计算简图确定及荷载计算

钢管扣件搭设的模板支架，由多根通长的立柱，n 步纵、横向水平杆支撑，纵、横向扫地杆和多道纵、横向抗侧力剪刀撑组成，杆件之间采用扣件连接，扣件连接主要传递轴力，在传力时还有偏心距 e=53mm，鉴于扣件连接承载力矩有限，具有半刚性，故杆件之间的连接点不能按刚节点计算，宜按铰接点考虑。模架的立柱、纵横向水平杆及交叉支撑杆采用的钢管材质均为 Q235A，实际规格为 ϕ48×3.0，面积 A=424.1mm^2，截面惯性矩 I=107830mm^4，材料弹性模量 E=205×10^{3}N/mm^2。

支模架横向立面及纵向立面布置图如图9-2所示，按本方案搭设好的模板实际上形成了空间桁架，为简化计算，本文空间模架按平面排架考虑，进行承载力计算分析。按此方法模架可组成纵向平面排架稳定的结构计算简图和横向平面排架稳定的计算简图。

根据构造要求，模板支承在次檩上，次檩支承在主檩上，主檩通过扣件将荷载传递给立柱，其构造平面图如图9-3所示。次檩承受模板传来的均布荷载，主檩受次檩传来的集中力，主、次檩均按两跨连续梁计算。计算简图如图9-4所示。

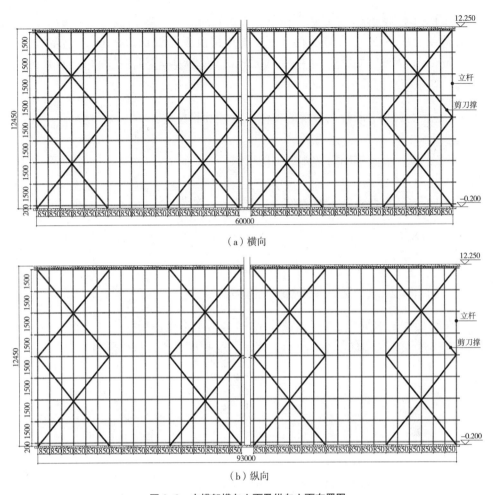

图 9-2　支模架横向立面及纵向立面布置图

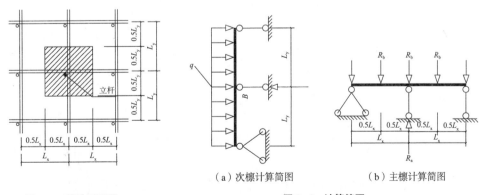

（a）次檩计算简图　　　（b）主檩计算简图

图 9-3　构造平面图　　　　　　　　图 9-4　计算简图

模板上的计算荷载 $G=\sum g_{ik}\gamma_g+\sum q_{ik}\gamma_q=8.778\text{kN/m}^2$，永久荷载分项系数 γ_g=1.2；可变荷载分项系数 γ_q=1.4（其中包括：①按梁模板自重 0.50kN/m²；②混凝土钢筋自重 25.50kN/m³，混凝土楼板按 130mm；③倾倒混凝土荷载标准值 2.00kN/m²；④施工均布荷载标准值 1.00kN/m²）。

（二）主、次檩承载力及挠度校核、立柱间距校核

（三）横、纵向平面模架刚度校核计算

（四）横、纵向水平支撑的强度、稳定性计算

当立柱以无侧移模式失稳时，其在柱顶荷载作用下的计算简图如图 9-5 所示。

（五）横、纵向交叉支撑的强度及侧移计算

交叉支撑是承受水平力的结构，水平力由水平支撑传给交叉支撑，横、纵向交叉支撑计算简图如图 9-6 所示，仅计入受拉杆，不计入受压杆。

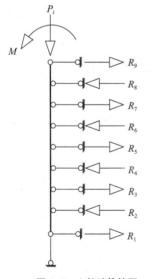

图 9-5 立柱计算简图

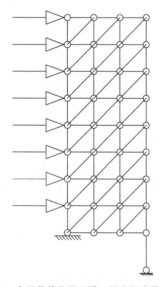

图 9-6 水平荷载作用下横、纵交叉支撑计算简图

计算出横、纵向交叉支撑斜杆拉力最大值，对斜拉杆强度进行校核。

五、施工部署

（1）总体部署：本次高支模架施工区域混凝土全部采用商品混凝土，混凝土的浇捣采用高压混凝土汽车泵的方式，机械振捣混凝土的浇捣工作，并按照进度要求合理进行劳动力的配备。

（2）混凝土施工的材料机具准备

1）准备施工所需的浇捣材料和使用机具，并对所有的机具进行检查和试运转，施工机具及电器的准备，要备足施工配电箱，包括动力配电箱及照明配电箱，混凝土振动机要用高频振动机，并要备足棒头和平板振动器。

2）提前向混凝土供应商提出混凝土配合设计技术要求，在夏季严格控制混凝土的坍落度和出机、入模温度。

3）注意天气预报，不在雨天浇捣混凝土，同时准备好防雨措施和应急物资。

4）对模板及其支架进行检查，确保尺寸正确，强度、刚度、稳定性及严密性满足要求。

（3）浇筑混凝土要求

1）混凝土分层铺设后，即用插入式振动器振捣密实，振捣器的移动间距不大于作用半径的1.5倍。振捣时快插慢拔，振动时间以不冒气泡为宜，插入点呈梅花状布置，插入深度为进入下层5～10cm。

2）本次高支模架区域梁板与柱混凝土强度等级为同级配，故梁板混凝土可同时浇筑，由于层高较高，柱混凝土按下列要求分批浇筑，第一次浇筑至6.1m处，第二次浇筑至梁底，第三次与梁板一起浇筑。

3）混凝土浇筑完后用木抹子压实、抹平，表面不得有松散混凝土。已浇筑的混凝土应在12小时内覆盖并适当浇水养护。

4）浇筑混凝土时，注意防止混凝土的分层离析。混凝土由出料口卸出进行浇筑时，自由倾落高度一般不宜超过2m，在竖向结构中浇筑混凝土的高度不得超过3m，否则用串筒、溜管等下料。

5）浇筑混凝土时，应经常观察模板、支架、钢筋、预埋件和预留孔洞的情况，当发现有变形、移位时，应立即停止浇筑，并应在已浇筑的混凝土凝结前修整完好。

6）混凝土在浇筑和静置过程中，由于混凝土的沉降及干缩产生的非结构性的表面裂缝，在混凝土终凝前二次收面时抹平修整。

7）浇筑与柱和墙连成整体的梁和板时，在柱和墙浇筑完毕后停歇1～1.5小时，使混凝土获得初步沉实后，再继续浇筑，以防止接缝处出现裂缝。

六、实施效果

对于超限结构支模架的杆件的承载力计算及稳定性分析，采用本文所述平面排架简化模型计算，计算思路清晰，计算过程简单，结果满足工程要求，在整个超限支模架施工过程中，承重架搭设符合设计及构造要求，并对框架柱进行先浇筑，混凝土达到强度后，对支撑架进行有效连接作用，对整体支撑体系的稳定性有较好的提高，混凝土浇筑过程中支撑系统变形均在允许范围之内，且拆模后施工观感质量好，无裂缝，梁板挠度满足设计与规范要求。

第二节　高空结构承重支模架

【案例 9-2】43.75m 高空型钢承力平台模板支撑架

一、工程总况

某大酒店工程由地下 3 层，一幢地上 22 层的主楼，4 层 /5 层的裙房组成，建筑总面积 35388m²，其中地上建筑面积 24004m²，地下建筑面积 11384m²，建筑高度 93m，用地面积 6317m²；标准层高 3.6m，结构形式为钢筋混凝土框架剪力墙结构。

二、高空大跨度中庭结构概况及设计思路

本工程主楼 8 层（结构标高 33.52m）6 轴 ~ 8 轴 /D 轴 ~ G 轴部位与主楼 20 层（结构标高 77.27m）6 轴 ~ 8 轴 /D 轴 ~ G 轴部位之间为高空大跨度中庭结构，两者高差 43.75m，在 9 ~ 19 层该区域处无梁、板结构，故主楼 20 层区域的梁、板便成了悬空结构，20 层结构平面尺寸 8400mm×12000mm，楼板板厚为 120mm，梁截面尺寸为 500mm×800mm、400mm×800mm、300mm×600mm、250mm×600mm。如图 9-7 所示。

为了保证施工的安全、经济、可操作性，需减小承重架体搭设高度，且要便于拆卸，对一次结构本身不会有较大的影响，故采用在主楼 18 层楼面中庭结

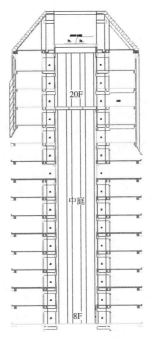

图9-7　高空大跨度中庭结构典型剖面图

构区域搭设型钢承力平台（先均布布置型钢主梁，再在型钢主梁上设置型钢次梁，并在型钢承力平台下设置型钢斜撑），在型钢平台上搭设2层满堂脚手支模架，19层设置钢丝绳对型钢平台进行拉设作用，从而保证型钢平台在下部有型钢斜撑的情况下，又有上部钢丝绳的拉设，对平台的安全性起双重保护的作用，在型钢承力平台下部搭设防护平台作隔离防护。如图9-8所示。

三、型钢承力平台构件设计参数

（一）型钢主、次梁

型钢平台总重量为8.7t，其中以6根HN450×200×9×14作为型钢主梁，型钢主梁长度为13m，重量960kg，钢主梁的间距为2000mm，两端搁置在18层主体结构墙柱上；型钢主梁上面设置12根16号160×88×6×9.9型钢次梁，钢次梁的间距为900mm（承重架搭设的立杆间距），型钢次梁长度为12m，重量246kg，为防止型钢次梁在型钢主梁上不倾覆，在钢主梁上焊短钢筋进行钢次梁固定。如图9-9所示。

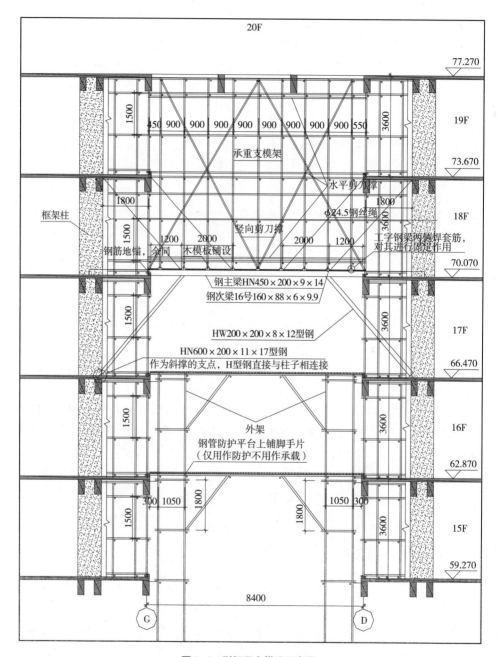

图 9-8 型钢平台搭设示意图

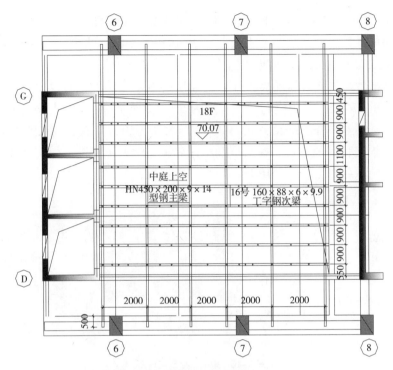

图9-9 18层型钢主、次梁搭设平面示意图

（二）型钢斜撑

承重平台型钢梁的压力最大点处于型钢斜撑位置，故对于节点处理显得至

221

关重要，而处于两端主体结构墙柱搁置点的型钢主梁处于受拉状态，这时上部荷载传递的区域主要在型钢主梁跨中 1/2 范围内，型钢梁两端 1/4 跨范围内基本无荷载，故型钢主梁挠度曲线为中间向下，两端向上。

型钢平台钢主梁下设置两道 HW200×200×8×12 的型钢斜撑，型钢斜撑设置于跨度的 1/4 处，每根钢斜撑的长度为 5m，重量 250kg，钢主梁与钢斜撑节点的连接通过型钢主梁下焊接的耳板，以 4M20（10.9S）高强螺栓对耳板和钢斜撑的腹板进行有效连接，并对型钢斜撑翼缘与型钢主梁进行焊接连接，以保证节点处的承载力。如图 9-10 所示。

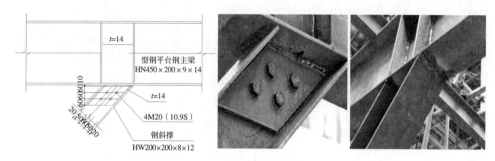

图 9-10　型钢斜撑节点详图

（三）型钢梁（型钢斜撑支点）

若传递到型钢斜撑支点的荷载，直接作用于该位置主体结构主梁，将对该主梁的承载力有不利影响，故在该位置加设一根 HN600×200×11×17 的型钢梁，长度为 5.35m，重量为 0.55t，将型钢斜撑所传导的力直接传递于该型钢梁上，通过该型钢梁直接传递于主体结构剪力墙柱上，需对型钢梁与型钢斜撑的连接节点及型钢梁与主体结构的墙柱的连接进行特殊处理以保证节点的承载力要求。

型钢梁（型钢斜撑支点）与型钢斜撑连接节点：以 4M20（10.9S）高强螺栓使耳板（160mm×170mm×14mm）与型钢斜撑腹板进行有效连接，并保证型钢斜撑翼缘与型钢梁进行焊接处理（图 9-11）。

型钢梁（型钢斜撑支点）与型钢斜撑连接节点：以 5M20（10.9S）高强螺栓使耳板（120mm×340mm×14mm）与型钢斜撑腹板进行有效连接，并保证型钢斜撑翼缘与型钢梁进行焊接处理（图 9-12）。

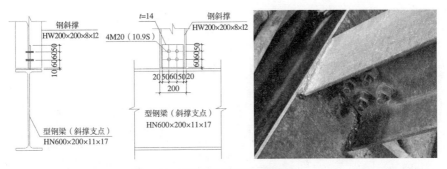

图 9-11　型钢梁与型钢斜撑连接节点一

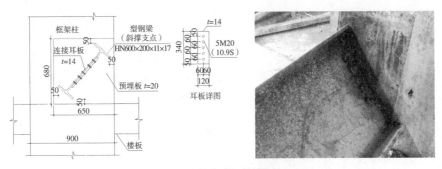

图 9-12　型钢梁与型钢斜撑连接节点二

（四）钢丝绳

为了保证整个承重体系的安全性在每根承重平台钢主梁上拉设两道钢丝绳，钢丝绳与型钢主梁以 $\phi20$ 的吊环进行连接，另一端直接连接于主体结构主梁上，设置的钢丝绳拉索规格为 6×37 公称抗拉强度 2500MPa，直径 24.5mm。钢丝绳使用系数 K 取 8.0。如图 9-13 所示。

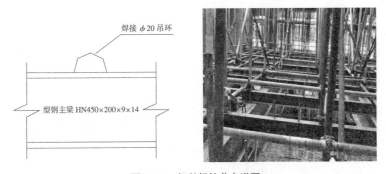

图 9-13　钢丝绳拉节点详图

四、型钢承力平台设计计算

（一）荷载传递线路及型钢承力平台受力模型

见图 9-14。

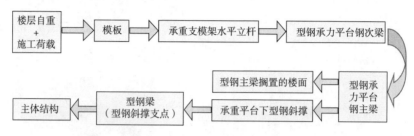

图9-14　高空大跨度结构型钢承力平台荷载传递线路

承重平台型钢梁受力模型按照三跨连续梁进行计算，支模方案中扣件式支模脚手架，采用 PKPM 浙江省标准支模架计算软件及 PKPM 施工系列软件计算生成。承重平台型钢梁涉及的计算均采用 MTS 软件进行计算，承重平台型钢梁为超静定的简支钢架梁结构，型钢钢架梁结构的计算简图见图 9-15。

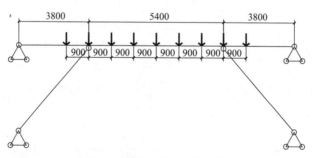

图9-15　型钢钢架梁计算简图

（二）计算结果分析

设计计算中由于工字梁的最大应力远小于材料的屈服应力，具有足够的安全储备，因此承力平台设计时以控制节点垂直位移作为主要考量因素，以此来优化承力平台结构形式，达到最佳施工效果。由计算结构可知，最大位移出现在型钢主梁的跨中位置，挠度值为 3.888mm，可以满足模板支撑架的变形要求。

五、型钢承力平台的施工顺序及技术要求

（一）型钢承力平台的施工顺序

预埋型钢斜撑梁下端支撑点构件→预埋型钢主梁 U 形钢筋压环→放置型钢主梁及次梁连接设置型钢斜撑→型钢承力平台钢丝绳拉设→搭设满堂支撑架→支模、钢筋绑扎及混凝土浇筑。

（二）型钢承力平台施工技术要求

（1）施工方案必须经专家论证，施工单位技术负责人及监理单位总监批准后方可实施，并且各节点的施工应严格按照图纸进行施工。

（2）中庭结构部分跨度大于 4m，为保证现浇结构平面的水平度，对模板应有一定的起拱要求，起拱高度宜为 3/1000。

（3）斜撑支座梁 HN600×200×11×17 与柱的连接方式，应考虑减小柱内预埋钢板及耳板对结构柱钢筋的影响，现按节点详图所示，预埋板上焊接锚固筋，通过锚固筋与结构柱进行很好的连接，并且保证结构柱的主筋不受破坏。

（4）在 20 层楼面混凝土强度未达到 100% 之前，15 ~ 19 层 6-8 轴与 D 轴相交附近区域及 15 ~ 19 层 6-8 轴与 G 轴相交区域的承重架始终保持不拆除。

（5）钢次梁位置两侧均焊套筋，防止钢次梁发生侧向滑移；钢管立杆立于钢次梁上，16 号工字钢上每个立杆的位置均焊套筋，防止立杆发生侧向滑移。

（6）经计算型钢斜撑与型钢主梁的连接位置为本承重架结构受力最大点，故在实际操作过程中的应严格按照节点图进行施工，并采取一定措施以保证焊接质量及高强螺栓的紧固度。

（7）浇筑时应避免混凝土的集中堆放，混凝土的堆积高度不能超过楼面高度的 100mm；浇筑人员在该区域控制人员数目，严禁多余人员停留在该区域。

（8）在 16 ~ 17 层搭设两层防护平台，作为隔离措施，防止坠物伤人。

（9）在浇筑过程中，项目部应对整个支撑体系位移进行监测监控，其实测值必须控制在规范允许范围之内。

六、实施效果

对于本工程高空大跨度中庭结构采用型钢承力平台式模板支撑架，有效解决了高空支模的技术难题，极大地体现出该模板支撑体系的安全性、适用性与

经济性。在工程高空大跨度中庭结构施工从型钢平台安装至混凝土浇捣完成且结构达到设计强度，平台式承重系统完全拆除，共40天时间，比起以往落地式承重架缩短工期至少15天；同时该模板支撑系统相比常规的模板支撑系统减少钢材用量达50t，且大大减少了高处危险施工作业的工作量，型钢承力平台下搭设防护平台，也大大提高了施工操作的安全性；该工程中庭结构20层楼板结构混凝土与周边相连结构一同浇筑，且拆模后施工观感质量好，无裂缝，梁板挠度满足设计与规范要求；该高空大跨度中庭结构的成功施工，为之后其他类似的高空大跨度中庭结构的施工提供了设计思路及施工经验。

【案例9-3】47.67m高空大跨度连廊结构模板支撑架

一、工程总况

柠檬郡二期工程总建筑面积66758m²，其中地上53659m²、地下13099m²，地下室1层、地上32+1层，由1号楼、2号楼和3号楼组成。

二、支模结构概况/超限结构概况

2号楼17层以下结构由2个独立的单体组成，在5层结构面有1连廊屋面连接，连廊屋面标高为12.870m和12.550m。在17层结构面通过高空钢筋混凝土结构的连廊天桥楼面将2个独立结构连接，17层开始每个楼层均由天桥连廊连接成整体。17层天桥连廊楼面结构面标高为47.670m和47.170m，楼板面离地高度为48.47m，标准层高2.90m。高空天桥连廊结构楼板厚为180mm，大梁截面为840×1570、840×1520、600×1470、600×1400和240×1200不等，见图9-16、图9-17。

三、施工部署

（一）模板支架安装顺序及技术要点

1.模板支架安装顺序

先在13层搭设操作平台及围护架子平台→搭设操作架及外架→再在15层搭设型钢承载平台及围护架子→搭设承重架子→铺设模板→进行下道工序。

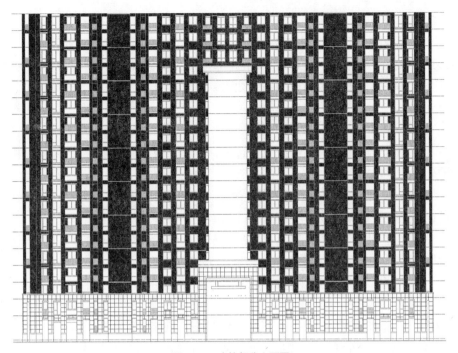

图 9-16　建筑部分立面图

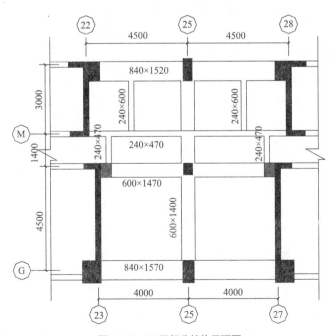

图 9-17　17 层部分结构平面图

建筑扣件式钢管模板支撑体系与安全

2.技术要点

确保操作平台及围护架子平台槽钢次梁与悬挑槽钢之间连接不移动，不倾覆；型钢承载平台槽钢与工字钢采用局部焊接，要保证槽钢在主梁上不移动，不倾覆。其余参照普通模板安装技术要点。

（二）施工顺序安排及注意事项

（1）13 层楼面浇捣完毕后开始铺设悬挑操作平台的悬挑槽钢，并搭设楼层围护外架至 14 层楼面。

（2）14 层楼面浇捣完毕后，拉悬挑操作平台的悬挑槽钢的第一道钢丝绳，并搭设楼层围护外架至 15 层楼面。

（3）15 层楼面浇捣完毕后，拉悬挑操作平台的悬挑槽钢的第二道钢丝绳，开始铺设悬挑操作平台的次梁槽钢，铺设完成后马上进行操作平台的搭设。操作平台搭设时，必须先搭设非悬挑部位，再搭设悬挑围护，围护搭设至 15 层楼面。

（4）15 层楼面浇捣完毕 3 天后，开始进行承载平台的安装。

（5）承载平台的安装完成后，及时将悬挑操作平台的悬挑次梁的钢丝绳捆绑在工字梁上，然后将悬挑围护搭设至 17 层楼面。

（6）悬挑围护完成后，进行满堂支模架的搭设。

（7）满堂支模架搭设完毕后进行铺平板、扎钢筋。

（8）验收后进行 17 层浇捣混凝土。

（9）17 层混凝土浇捣完毕后，及时将悬挑操作平台的悬挑次梁的钢丝绳拉至 17 层天桥楼楼面梁锚筋，并固定牢固。注意，在悬挑次梁的钢丝绳未与 17 层天桥楼楼面梁锚筋固定之前，不得拆除悬挑次梁捆绑在工字梁上的钢丝绳。

（三）混凝土浇筑方式和顺序及施工荷载要求

（1）浇筑方式：采用固定泵进行浇捣，混凝土采用商品混凝土。

（2）施工顺序

天桥楼楼面的面积为 8.8m×9.4m，17 层结构面浇捣顺序为由东向西，在浇捣至天桥楼楼面的时候，要引其重视。在浇捣此部位的混凝土时要采用从中间开始浇捣，然后向南北两端对称浇捣。考虑到架体的稳定性，将与天桥楼楼面相连的柱子提早 3 天浇捣完毕。

（3）施工荷载要求

天桥楼楼面部位混凝土浇筑时，应注意一下要求。

①精心设计混凝土浇筑方案，确保模板支架施工过程中均衡受载，最好采用由结构中部向两边扩展的浇筑方式；

②项目部在施工过程中应严格控制实际施工荷载不超过设计荷载，施工荷载控制在 $2kN/m^2$，人员荷载控制在 $1kN/m^2$，因此浇捣时应避免混凝土的集中堆放，混凝土的堆放高度不能超过楼面高度100mm；对出现的超过最大荷载要有相应的控制措施，钢筋、钢管、模板等材料不能在支架上方集中堆放；

③同时在浇筑过程中，派人检查支架和支承情况，发现下沉、松动和变形情况及时停止浇捣。等处理后方可继续施工。

四、搭设参数

如表9-4及图9-18、图9-19所示。

搭设参数　　　　　　　　　　　　　　　　　　　　　　　表9-4

构件	截面尺寸		梁两侧立杆间距（横距）	梁底增加立杆	支撑立杆的纵距（跨度方向）	梁下小横杆间距	梁下方木数量	梁侧方木内楞间距	螺杆道数	立杆步距
梁	宽	高	1340	2	≤ 450	≤ 450	6	266	$3\phi14$	1500
	840	1570								
	注：梁侧立杆位于梁下扣件采用双扣件，梁底立杆采用顶托（840×1520梁支撑架计算参照此计算书）									
	600	1470	1100	2	≤ 550	≤ 550	5	308	$3\phi14$	
	注：梁侧立杆位于梁下及梁底扣件采用双扣件（600×1400梁支撑架计算参照此计算书）									
	240	600	600	0	≤ 550	≤ 550	2	330	0	
	注：梁侧立杆位于梁下及梁底扣件采用单扣件									
	240	470	780	0	≤ 900	≤ 450	2	320	0	
	注：梁侧立杆位于梁下及梁底扣件采用单扣件									
板	板厚	层高	立杆横向间距		立杆纵向间距		板下方木间距			立杆步距
	180	5300	640		900		320			1500
	注：板下立杆扣件均采用双扣件									
型钢	承载平台型钢布置尺寸具体详见图9-19									
	操作平台型钢布置尺寸具体详见附图9-20									

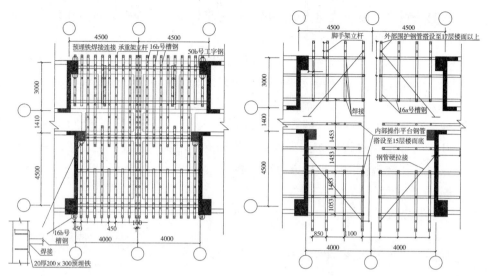

图 9-18 天桥楼面承载平台主次梁布置平面图　　图 9-19 天桥楼面操作平台主次梁布置平面图

五、设计计算

（一）天桥楼面施工荷载传递路线

天桥楼面施工荷载传递路线：楼面施工荷载→模板→承重支模架水平杆→承重支模架立杆→承载平台次梁（16b 槽钢）→承载平台主梁（50b 工字钢）→承载平台支撑（25b 工字钢）→混凝土牛腿→主体混凝土柱。

（二）支撑计算原理

承重平台型钢梁涉及的计算均采用清华大学的结构力学求解器进行，承重平台型钢梁为超静定的简支钢架梁结构，型钢梁结构计算简图见图 9-20，实际施工中考虑型钢梁结构的整体稳定性及两边主体结构存在的位移偏移的影响，型钢梁与主体结构的牛腿连接采用固接，即型钢梁与牛腿埋件之间采取焊接的连接方式。

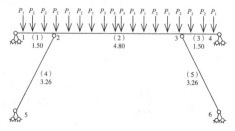

图 9-20 型钢结构计算简图

六、实施效果

　　该天桥连廊结构承重平台吊装至混凝土浇捣完需要 1 个月施工工期，待结构混凝土达到强度，支模架及承重平台拆除完再需 1 个月工期。该连廊结构混凝土施工观感质量好、无裂缝，梁底挠度满足设计与规范要求，支模架搭拆安全，没有发生安全事故。混凝土浇捣过程中将架体及工字钢主梁挠度的监测作为重点监制对象，浇捣结束后工字钢主梁的挠度 < 5mm，达到方案预期效果。天桥连廊结构采用平台式模板承重架施工可减少高处危险作业的工作量，搭设 1 个多用途的操作平台确保满足不同施工工序的操作性，节约了施工成本。虽然搭设平台式支模承重体系一次性材料型钢和人工费用约人民币 15 万元，考虑型钢回收及部分型钢材料周转使用，实际成本约在 10 万元左右。但若采用落地式钢管扣件承重支模架方式，完成相同工程量钢管搭拆工期至少要花费 4 个月，租赁费约 2.0 万元；架体搭拆各 2 次，人工费约 5 万元；材料运输装卸费用 1 万元，合计约 8 万元。综上所述，采用平台式承重体系的施工方法其总的费用增加不多，施工工期缩短了 4 倍，并大大增强了施工的安全性及可操作性。施工现场图见图 9-21。

图 9-21　施工现场图

【案例 9-4】26.1m 高空结构模板支撑架

一、工程总况

工程用地面积 10345m²，建筑基底面积 3325m²，地上建筑面积 25088m²，地下建筑面积 8242m²，总建筑面积 33330m²。总建筑高度 40.80m（室外地面至屋面结构层），地上 9 层，地下 1 层。建筑分类为二类高层，其耐火等级为地上二级，地下为一级。工程 ±0.000 相当于绝对标高为 3.300m（黄海高程）。设计时结合地下人防工程，抗力等级为六级甲类，战时用途为二等人员掩蔽，防化等级丙类，平时用途为汽车库及设备机房和后勤用房，设计车位数为 160 辆。

本方案针对超限、超高支模架，大致可以分为三大部分的支模架体系：①一般楼层的超限支模架；②中庭位置的超高支模架（图 9-22），而中庭又可以分为两部分，一部分是 3 ~ 6 层的超高支模架，另一部分是 7 ~ 9 层支模架，其中包括了在六层楼面搭设贝雷架作为支模架平台的支模架体系；③东北门处的 1 ~ 4 层超高支模架，部位是 6 ~ 10 轴 /H 轴以东。

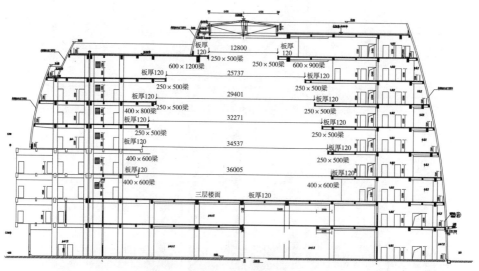

图 9-22　中庭示意图

二、超限结构概况

如表 9-5 所示。

超限梁结构概况			表 9-5
层号	梁截面	位置	板厚（mm）
二层、三层、四层	800×1250	14-15/G、14-15/F、13-15/A、13-15/C	120
五层	800×1250	14-15/G、14-15/F、13-15/A、13-15/C	120
五层	600×1200	H-K/9	120
六层	600×1200	A-F/17、A-F/18、16-18/F	120
六层	650×1200	12-14/F	120
六层	700×1000	12-14/G	120
六层	600×1000	16-18/C	120
八层	500×1200	E-K/10	120

本工程中庭为 3～9 层中空，高度为 26.1m，南北向尺寸由 36005mm 缩小到 12800mm，东西向不变，六层中空面积为 425m²。3～5 层层高为 4.5m，6～9 层层高为 4.2m。板厚是 120mm，涉及的梁尺寸情况见表 9-6。

中庭梁尺寸		表 9-6
层号	梁截面（mm）	板厚（mm）
四层	400×500	120
五层	400×600，250×550	120
六层、七层、八层	250×550	120
九层	600×1200，600×900，250×550，600×800	120

东北门处 6-10 轴 /H 轴以东梁尺寸如表 9-7 所示。

东北门处 6-10 轴 /H 轴以东梁尺寸			表 9-7
层号	最大梁截面（mm）	最小梁截面（mm）	板厚（mm）
四层	600×1200	250×550	120

计算书思路：（1）首先计算 2～9 层的超限梁；（2）计算东北门处的超高支模架，分别计算 600×1200 和 250×500 两条梁，并且计算 120 厚楼板；（3）计算

中庭 3 ~ 6 层的超高支模架,因为 400×600 梁为最大梁,因此只计算 400×600 梁,按 13.5m 计算,板厚为 120mm;(3)计算中庭 7 ~ 9 层超高支模架,然后计算贝雷架上的槽钢以及贝雷架的承载能力。

三、施工部署

(一)施工部位和工期的要求(表 9-8)

工程工期要求   表 9-8

部位 \ 时间	开始时间			结束时间			备注
	年	月	日	年	月	日	此进度按进度计划进行安排
±0.00 以上	2011	10	20	2011	12	29	

(二)劳动组织及职责分工

(1)管理人员分工,见表 9-9。

管理人员分工   表 9-9

人员	职务	负责工作
×××	项目经理	全面负责现场施工,对各种施工问题提出最终具体的解决方案
××	技术负责	实施过程总监督、反映现场发现的问题,并提出解决方案,落实各项技术措施
×××	主施工	负责具体安排、调度、落实各项方案和技术措施
×××	质检员	质量检查、记录
×××	安全员	对施工现场进行安全监督,控制危险源

(2)劳动力配置,见表 9-10。

操作人员配备一览表   表 9-10

序号	工种	人数	备注
1	架子工	22	安装、拆除架子及模板支撑
2	木工	60	配置和安装模板
3	钢筋工	50	钢筋加工、绑扎
4	混凝土工	30	混凝土浇捣

续表

序号	工种	人数	备注
5	机械电工	3	检修机械
6	杂工	10	清理及其他零星工作

（三）技术准备

（1）组织有关人员熟悉图纸，了解各部位使用模板的形状和尺寸，如有对图纸中不详之处经汇总后，及时与设计部门联系解决。

（2）根据工程结构特点及设计要求，组织有关技术人员研究各个部位的模板采用的体系和方法。

（3）根据确定的施工方法提前及时进场材料，对结构复杂部分要放大样，绘制模板施工图。

（4）施工前组织人员培训，学习各种规范和操作规程；编制各部位技术和安全交底；提交并审核各部位材料计划和进场时间；安排机械进场就位和调试；做好各部位的安全防护措施。

（5）进场的材料的质量必须满足国家的有关规定确保工程使用的安全性。

（四）机具准备

见表9-11。

施工现场机械设备表　　　　　表9-11

序号	名称	数量	功率（kW）	备注
1	圆盘锯	2	2.5	
2	压刨	2	3.5	
3	平刨	2	2.5	
4	手提电锯	10	7	
5	手提电钻	8	7	

（五）材料准备

见表9-12。

施工现场重要材料表 表 9-12

名称	规格	单位	数量	使用部位	备注
27 号工字钢	27	t	22	模板支撑	
贝雷架桁架片	150cm × 300cm	片	90	模板支撑	
加强弦杆	—	支	180	模板支撑	
角钢	50 × 5	t	0.6	模板支撑	
覆膜多层板	18mm	m^2	5000	顶板、墙体	
木方	60 × 80	m^3	200	模板龙骨	
扣件脚手架	$\phi 48 \times 3.5$	t	90	模板支撑	
脱模剂	水性	kg	1t	模板	
脱模剂	油性	kg	0.7t	模板	
扣件	直角	个	16000	模板支撑	
扣件	对接	个	3000	模板支撑	
扣件	可调支座	个	1180	模板支撑	

材料要求:(1)模板支架的钢管应采用标准规格 $\phi 48 \times 3.5$mm,壁厚不得小于 3.0mm。钢管上严禁打孔。

(2)模板支架采用的扣件,在螺栓拧紧扭力矩达 65N·m 时,不得发生破坏。

(3)梁底增设立杆均采用可调托座。

(六)混凝土浇捣

1.浇筑方法

本工程六层以下(包含六层)采用汽车泵浇捣混凝土,六层以上采用固定泵浇捣混凝土。

2.浇筑顺序

本工程圆柱单独拿出来先于同层混凝土前浇筑,绑扎完钢筋后采用定制钢模包好便实施浇捣,其余梁板在整层楼面绑扎完钢筋和支好模板后进行整浇。首先浇筑圆柱的好处是可以分担支模架的承载,又可以有效区分梁板和柱的不同强度等级的混凝土。

同层梁板混凝土以伸缩缝为分界处划为两个区域浇筑,分成北区和南区。浇筑时,首先浇筑梁混凝土,同时在浇筑梁混凝土时应从中间向两边浇筑。梁混凝土浇筑完毕后然后浇筑板混凝土。

四、搭设参数

（一）超限梁模板

本工程涉及的超限梁截面类型有六种，计算时分成两大类，以 600×1200 梁的计算书代表 600×1200、500×1000、600×1000；另一类为以 800×1250 梁的计算书代表 800×1250、650×1200、700×1000。超限梁部分，通过计算书得到表 9-13 的结果。

超限梁部分数据		表 9-13
梁截面（mm）	600×1200	800×1250
梁两侧立杆横距（mm）	1100	1200
沿梁跨度方向间距(mm)	425	425
梁底增加支撑立杆（根）	2	2
步距	1.8	1.8
位置	五层（H-K/9），六层（A-F/17、A-F/18、16-18/F、16-18/C）八层（E-K/10）	二层、三层、四层、五层（14-15/G、14-15/F、13-15/A、13-15/C），六层（12-14/F、12-14/G）

（二）东北门处的超高支模架

东北门处（6-10 轴 /H 轴）在四楼伸出挑梁和挑板，伸出的挑梁和挑板从地下室顶板一直悬空到四楼，高度达到 16.1m。通过计算书得到表 9-14、表 9-15 的结果。

计算结果 1			表 9-14
板厚（mm）	立杆间距（m）	板底方木间距（mm）	步距（mm）
120	0.85×0.85	170	1800

计算结果 2		表 9-15
梁截面（mm）	250×550	600×1200
梁两侧立杆横距（mm）	850	1100
沿梁跨度方向间距（mm）	850	425
梁底增加支撑立杆（根）	0	2
步距（mm）	1800	1800

（三）中庭模板

本工程由于中庭为 3 ～ 9 层中空，高度为 26.1m，南北向尺寸逐层缩小（四楼 36005，五楼 34537，六楼 32271，七楼 29401，八楼 25737，九楼 12800mm），东西向不变，中空面积为 425m²。考虑到采取从三层楼面搭设支模架的情况下，支架、钢筋混凝土、模板等的自重将非常大，三层 120 厚楼板会承受不了重量；如采用门式架的话，本身门式架的自重也非常大，同样三层楼板会不堪重负；所以最终选择采用贝雷架。

贝雷架搭设在六层楼面，3 ～ 5 层支模架从三层楼面搭设，而 6 ～ 9 层支模架从六层搭设的贝雷架上搭设。

四层、五层、六层楼板及梁从三层楼面搭设支模架，层高为 4.5m 即最高支模架为 13.5m。

六层楼面至九层楼板中空部分首先在六层楼面搭设双排单层 321 贝雷架，大致以 4m 一榀的间隔放置。贝雷架搁置在梁上，为保证荷载传递到梁上所以在贝雷架和梁间增设木枕，安装工人应事先在室外安装拼接桁架节，然后由塔吊将组装好的每一榀贝雷架吊至各个位置，然后在贝雷架上以 850mm 间距铺设 4.5m 长 27 号工字钢，同时为避免搭设在工字钢上面的立杆发生滑移从而事先在工字钢上面焊接 5cm 长短钢筋。此外，为保证工字钢横向刚度，因此在工字钢铺设完毕后应在工字钢两边位置面上各焊接一道角钢 L50×5 将工字钢焊接在一起来抵抗扭矩。工字钢与贝雷架的连接采用定制的 U 形扣进行紧固，最后在工字钢上满铺 2cm 厚的模板，以此作为搭设七层、八层、九层中空部分的梁板支模架。

三层楼面至六层楼板（高度为 13.5m），通过计算书得到表 9-16 所示结果。

计算结果 3 表 9-16

板厚度（mm）	立杆间距（mm）	板底方木间距（mm）	步距（mm）
120	850×850	170	1600

梁截面（mm）	400×800		250×550	
梁两侧立杆横距（mm）	850		850	
沿梁跨度方向间距（mm）	425		850	
梁底增加支撑立杆（根）	0		0	
步距（mm）	1800		1800	

六层楼面至九层楼板（12.6m），通过计算书得到表 9-17 所示结果。

计算结果 4   表 9-17

梁截面（mm）	250×550	600×1200
梁两侧立杆横距（mm）	850	1100
沿梁跨度方向间距（mm）	850	425
梁底增加支撑立杆（根）	0	0
步距（mm）	1800	1800

五、贝雷架计算书

贝雷架跨度为 13.2m，间隔 4m 一榀，中间铺设 27 号工字钢，最后在工字钢上面铺设 2cm 厚木板，以此作为搭设九层梁板支模架的平台。由于板底立杆所受力最大，因此验算此处工字钢即可。

贝雷架跨度为 4m，而 600×800 梁梁跨方向间距为 0.85m，按最不利、立杆分布最多计算。

因此将工字钢受力图简化成如下计算模型。

（一）按力从工字钢一边开始布置

受力简图如图 9-23 所示。

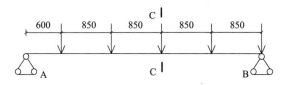

图 9-23 受力简图 1

$M_A = R_B \times 4 - 10.465 \times 5 \times 2.3 = 0$

$R_B = 30.1\text{kN}$ $\qquad$ $R_A = 22.2\text{kN}$

弯矩最大的地方发生在 C-C 截面

$M_C = 30.1 \times 1.7 - 2 \times 10.465 \times 1.275 = 24.48\text{kN} \cdot \text{m}$

（二）按力在工字钢中间布置

受力简图如图 9-24 所示。

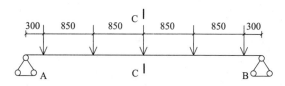

图 9-24　受力简图 2

$R_A = R_B = 2.5 \times 10.465 = 26.16\text{kN}$

$M_C = 26.16 \times 2 - 2 \times 10.465 \times 1.275 = 25.63\text{kN}$

模板重量及自重计算：

模板自重标准值为 0.3kN/m^2，27 号工字钢自重为 31.54kg/m。

贝雷架上相邻工字钢距离为 850，因此作用在工字钢上的均布荷载 $q = 300\text{N/m}^2 \times 0.85 + 31.54 \times 10 = 570\text{N/m}$。

计算简图见图 9-25。

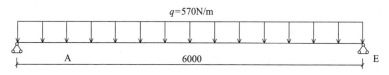

图 9-25　计算简图

$R_A = R_B = 570 \times 4/2 = 1140\text{N}$

$M_{max} = (1/8) \times 570 \times 4^2 = 1140\text{N} \cdot \text{M}$

剪力最大值 $F_{max} = 1140\text{N}$

终上可得：$M_{max} = 25.63 + 1.14 = 26.77\text{kN} \cdot \text{m}$

$F_{max} = 30.1 + 1.14 = 31.24\text{kN}$

工字钢参数：$h = 270\text{mm}$，$b = 125\text{mm}$，$t = 9.8\text{mm}$，$I_x = 5011\text{cm}^4$，
$W_x = 371.2\text{cm}^3$，$S_x = 210\text{cm}^3$，$t_w = 6\text{mm}$

1. 整体稳定性：

$\phi = (570bt/l_1h)(235/f_y) = (570 \times 125 \times 6/4000 \times 270)(235/235) = 0.40$

弯矩产生的应力 $= M/\phi W_x = 26.77 \times 10^6/0.40 \times 371.2 \times 10^3 = 180.3\text{ N/mm}^2 \leq 215\text{N/mm}^2$
满足要求。

2. 局部稳定

$b/t = 125/9.8 = 12.76 \leq 13(235/f_y)^{1/2}$，满足要求。

$h_0/t_w = 250.4/6 = 41.7 \leq 80(235/f_y)^{1/2} = 80$，满足要求。

3. 抗弯强度

查《钢结构设计规范》表 5.2.1 得到 $\gamma_x = 1.05$

$M_{max}/(\gamma_x W_{nx}) = 26.77 \times 10^6/(1.05 \times 371.2 \times 10^3) = 68.7 \text{N/mm}^2 \leq 215 \text{N/mm}^2$，满足要求。

4. 抗剪强度：

$V_{max}S_x/(I_x t_w) = 31.24 \times 10^3 \times 210 \times 10^3/5011 \times 10^4 \times 6 = 21.82 \text{N/mm}^2 \leq 215 \text{N/mm}^2$，满足要求。

5. 局部承压

支撑 $a = 150\text{mm}$，$h_R = 0$，$h_y = 9.8\text{mm}$，$\Psi = 1.0$，$F = 31.24$

$l_Z = a + 5h_y + 2h_R = 199$

$\sigma_c = 1 \times 31.24 \times 10^3/9.8 \times 207.5 = 16.42 \text{N/mm}^2 \leq 215 \text{N/mm}^2$，满足要求。

6. 折算应力

$\tau = V_{max}S_{1x}/(I_x t_w) = 31.24 \times 10^3 \times 210000/5011 \times 10^4 \times 6 = 21.81 \text{N/mm}^2$

$\sigma = M_{max}y_1/I_x = 26.77 \times 10^6 \times 125.2/5011 \times 10^4 = 66.88 \text{N/mm}^2$

$(\sigma^2 + \sigma_{c2} - \sigma\sigma_c + 3\tau^2)^{1/2} = 71.22 \text{N/mm}^2 \leq 215 \text{N/mm}^2$，满足要求。

7. 挠度计算

$P = 5 \times 10.465 = 52.325 \text{kN}$，$L = 4.5\text{m}$，$E = 2.1 \times 10^6 \text{N/mm}^2$，$I = 2570 \text{cm}^4$

查《钢结构设计规范》GB 50017—2003 得到：主梁或桁架挠度允许值为 $l/400$。

$Y_{max} = PL^3/48EI = 1.84\text{mm} < L/400 = 11.25\text{mm}$，所以满足要求。

单榀贝雷架计算：

支座处最大力为 31.24kN，又因为有两根槽钢同时搭在贝雷架的同一地方，所以以最大力计算，贝雷架受到的集中力为 62.28kN

受力简图见图 9-26。

图 9-26 受力简图

支座处 $R = 8 \times 62.28\text{kN} = 498.24\text{kN}$

最大弯矩发生在梁跨中间截面

M_{max}=498.24×6.4 - 62.28×[8×0.425+（7+6+5+4+3+2+1）×0.85]=1495kN·m

由于每一榀贝雷架直接搭接在六层梁板上，因此中庭支模架以及九层梁板荷载均通过贝雷架与梁板搭接的两个接触面直接传至六层梁板，所以要计算贝雷架支座处受力情况只需计算支模架、槽钢、木板和梁板自重即可求出支座力。根据贝雷架布置图：9 轴和 10 轴之间的贝雷架所受力最大，因此选择此处贝雷架进行验算其最大集中荷载即支座力（表 9-18）。

荷载值　　　　　　　　　　　　　　　　　表 9-18

	模板（kN/m²）	0.18
	次檩（kN/m）	0.01
模板及支架自重标准值	主檩（kN/m）	0.033
	支架（kN/m）	0.15
	梁侧模板自重标准值（kN/m²）	0.5
新浇筑混凝土自重标准值（kN/m³）	24	
钢筋自重标准值（kN/m³）	梁	1.5
	板	1.1

S=98m²

所以由 BLJ1 承受的面积为 49m²。

（1）计算混凝土及钢筋自重

G_1=55×0.12×25.1+[（0.25×0.43×12.8+2×8.4×0.25×0.43+8.4×0.6×0.68）×25.5]/2=257.66kN

（2）计算模板及方木自重

G_2=55×0.18+0.01×6×55+（0.43×12.8+8.45×0.43×2+0.68×8.45）×0.5=22.5kN

（3）计算支架的自重

G_3=10×0.15×49/（0.85×0.85）=101.7kN

（4）槽钢以及木板自重

G_4=224.53×4.225×18+55×80=21475.5N=21.5kN

（5）施工人员及设备

G_5=75×10×20+25×10×2=15500N=15.5kN

（6）贝雷架自重

G_6=43kN

贝雷架搁支点的力=（G_1+G_2+G_3+G_4+G_5+G_6）/2=223.6kN

本贝雷架采用的是加强双排单层，查阅《装配式公路钢桥多用途使用手册》，

"321"贝雷桁架容许应力表：

　　容许弯矩：3375.0kN·m

　　容许剪力：490.5kN

　　因此，对于 4×15m 一联，贝雷桁架纵梁结构受力的各项指标均满足要求。

六、实施效果

　　26.1m 的支模架高度对于使用扣件式钢管支模架来说安全性是非常之低的，同时中庭部分 26.1m 的扣件式钢管传力给三层楼板的荷载为 11kN/m²，而采用贝雷架作为此部分支模架的一个重要部分，将贝雷架搭设在六层楼面作为支模架钢平台，使得原本 26.1m 的支模架缩减成 12.6m 和 13.5m 两部分，增加了支模架的安全性和可操作性，有效地确保工程砼的成型质量，同时跟普通支模架相比节约了成本约为 10 万元。取得了良好的社会效益和经济效益。贝雷架及中庭施工效果见图 9-27、图 9-28。

图 9-27　贝雷架搭设全貌

图 9-28　中庭混凝土成型质量

第三节　大梁、厚板支模架

【案例 9-5】650mm×2000mm 超限大梁结构模板支架

一、工程总况

　　某轮胎车间单位工程建筑层数：地上一层，局部二层（1 ~ 36 轴地上车间一层，37 ~ 44 轴地上车间二层），用地面积 44400m²，建筑面积 53789.98m²；本工程建筑类别为丙类多层厂房，设计耐火等级为一级，屋面防水等级 Ⅱ 级。本工程结构的框架梁、柱的抗震等级均为四级（表 9-19）。

轮胎车间单位工程结构类型 表 9–19

序号	项目		内容
1	建筑类别		三类
2	建筑安全等级		二级
3	结构设计使用年限		50 年
4	建筑抗震设防类别		丙类建筑
5	抗震设防烈度		6 度
6	建筑场地类别		Ⅰ0 类
7	结构形式	地上	预应力混凝土框架结构
		基础	柱下独立基础和柱下桩基（以 11 ②层强风化泥质石英砂岩为持力层）

二、超限结构结构概况及设计思路

（一）本工程超高结构情况及支模架设计范围

根据《建设工程高大模板支撑系统施工安全监督管理导则》（建质 [2009]254 号）、《危险性较大的分部分项工程安全管理办法》（建质 [2009]87 号），本工程属于超高、超跨、超重结构主要有：

轮胎车间（Ⅰ）1/6 ~ 1/11×A ~ d（平面尺寸为 55m×120m），屋面一梁板属超高结构。单层层高 10.5 ~ 12.36m，屋面一板面结构标高 10.5 ~ 12.36m，板厚 120mm，梁截面尺寸有：650mm×2000mm（预应力梁），300mm×900mm，300mm×800mm。梁板最大跨度 24m。

该部位结构承重架搭设高度为 10.75 ~ 12.61m，从底板承重架基础垫层（承重架地坪基础标高为 –0.250）到屋面一结构板面（板面标高为 10.5 ~ 12.36m）。

（二）支模架施工特点

（1）模板体系材料的选用：

根据本工程的实际情况并结合工程的质量目标的相关要求，我项目部综合

上述因素,确定本工程模板体系选用的材料如下:

本工程的全部现浇钢筋混凝土构件(包括梁、板)的模板均选用双面光面、尺寸为 $1830 \times 915 \times 18$ 的优质九夹板材,并辅以相配套的 60×80、80×80 方木。模板工程施工中所涉的材料为:九夹板、$\phi 16$ 对穿(止水)螺杆、60×80、80×80 方木、加厚伞形销及钢板垫片、$3.5mm$ 厚 $\phi 48$ 普通钢管、十字、一字、转角扣件等组成材料。

(2)支模架特点:采用扣件式钢管脚手架与可调顶托相结合的支撑体系。

模板支架四边满布竖向剪刀撑,中间每隔五排立杆设置一道竖向剪刀撑,由底到顶连续设置。支架从顶层开始向下每隔 4 步设置一道水平剪刀撑,底层扫地杆处设置一道水平剪刀撑。离地面 200 高纵、横向连续设置扫地杆。纵、横向水平杆满设。

立杆位于梁下和板下第一个扣件采用双扣件。大梁底两侧承重立杆均沿全跨全高设置竖向剪刀撑。梁、板下立杆上部悬臂不得大于 0.3m,顶托杆调节高度不得大于 0.2m。

(3)支模架难点:由于上述部分承重支模架高度高,预应力梁超重,跨度大,因此如何保证高支模的安全性和稳定性及确保承重架基础的安全是该工程的难点及重点。

三、施工部署

(一)施工顺序

本工程上述超高部位楼面梁板支模前先行完成操作层以下的柱钢筋混凝土结构施工。

(二)现场施工管理体系

(1)由项目经理部统一管理。

(2)由项目经理、技术负责人对施工现场进行统一管理。

(3)生产负责人、主要施工员、技术员专项负责施工中的管理工作。

(4)安全员负责安全生产管理工作。

(5)各架子班班长直接负责施工质量、施工安全管理工作。

(6)现场专项施工管理机构框架图。

（三）施工管理人员职责

（1）项目经理、技术负责：实行高支撑模板架施工目标负有直接责任。布置和组织高支撑模板架工程施工全过程工作，及时提出工程施工资源使用计划、工期控制计划，落实施工专项方案工程质量、安全文明施工、环境保护所实现的目标要求，组织好施工阶段的质量、安全、环境保护检查工作，将创优计划中有关模板工程施工内容落到实处。认真、无条件接受甲方代表和监理工程师对工作的检查和改进意见。

（2）项目安全员×××、×××和项目生产负责：布置好高支撑模板架安全和文明施工、环境保护工作，按施工专项方案检查高支撑模板架安全情况，推行模板工程安全文明施工、环境保护奖罚制度，在安全、文明施工、环境保护方面有否决权。

（3）高支撑模板架施工作业组：按高支撑模板架专项方案要求，进行高支撑架的搭设，接受安全员×××、×××，施工员×××、×××、×××，质量员×××的监督检查，保证高支撑模板架的施工安全。

（四）材料、设备、劳动力组织

根据本工程的实际情况并结合工程的质量目标的相关要求，项目部综合上述因素，确定本工程模板体系选用的材料如下：本工程全部现浇钢筋混凝土构件（包括柱、墙、梁、板等）的模板均选用双面光面、尺寸为 1830×915×18 的优质九夹板材，并辅以相配套的 60×80、80×80 方木。楼板及梁模板支承承重体系拟采用 3.5mm 厚 ϕ48 普通钢管扣件式钢管脚手架与可调顶托相结合的支撑体系。模板工程施工中所涉的材料为：18 厚九夹板、60×80 方木、3.5mm 厚 ϕ48 普通钢管、十字扣件、一字扣件、转角扣件、ϕ16 对穿螺杆、加厚伞形销及钢板垫片等组成材料。

（五）临时用电布置

根据现场实际情况，轮胎车间东面道路上设置 2 个配电室，在现场四边各设置一个二级配电箱，用以抽水、施工照明以及施工需要。并配置两台 5GF-M（E）3 柴油发电机，最大输出功率 5800W，用以应急状况下使用。

施工现场临时用电必须严格执行《施工现场临时用电安全技术规范》，并设置安全型配电箱。

各种电动施工机械设备，必须设有可靠的安全接地或接零，施工机械的传动部位必须装有防护罩。

手持电动工具必须设触（漏）电保护器。

夜间施工，必须保证足够的照明设施。在沟、槽、坑、洞及危险设红灯示警，以防止人员伤亡。

照明灯具必须悬挂在干燥、安全、可靠处，严禁随意设置。

在潮湿场所或金属容器管道内的照明电源，必须使用 36V 以下（含 36V）的安全电压。

四、搭设参数

（1）轮胎车间梁承重架搭设参数，见表 9-20。

轮胎车间梁承重架搭设参数　　　　　　　　表 9-20

截面类型	承重架支设方式	顶托内托梁材料	梁底木方规格及间距	立杆沿梁跨度方向间距	步距	布置形式
650 × 2000	6根承重立杆＋顶托支撑	梁顶托内材料采用60mm×80mm木方		0.45m	1.5m	搭设采用 φ48mm×3.5mm 钢管（壁厚不得小于 3.0mm），梁下必须采用顶托，沿梁跨度方向设置竖向剪刀撑，梁下顶托杆调节高度不得大于 0.2m。 梁两侧立杆间距 1.45m。 梁底小横杆间距 0.45m。 该梁主要分布于屋面二结构中，梁顶标高最高处为 18.845m。 （钢管扣件式＋可调顶托高支撑架梁底模板支架搭设，梁底铺设槽钢）

续表

截面类型	承重架支设方式	顶托内托梁材料	梁底木方规格及间距	立杆沿梁跨度方向间距	步距	布置形式
300 × 900	2根承重立杆木方支撑		采用60mm×80mm，沿梁跨度方向均匀布置3根	0.9m	1.5m	 搭设采用 ϕ48mm×3.5mm 钢管（壁厚不得小于3.0mm），立杆上部悬挑端不得大于0.3m。 梁两侧立杆间距0.8m； 梁底支撑小横杆间距0.3m。 该梁主要分布于屋面二结构中，梁顶标高最高处为17.945m。 梁底采用双扣件（钢管扣件式高支撑架梁底模板支架搭设）

（2）梁侧模搭设参数，见表9-21。

梁侧模搭设参数　　　　　　　　　　表9-21

截面类型	内龙骨材料及间距	外龙骨材料	对拉螺栓跨度方向水平间距	对拉螺栓直径	备注
650 × 2000	采用80mm×80mm，间距200mm	搭设采用 ϕ48mm×3.5mm 双钢管，间距900mm（考虑材料误差，计算采用 ϕ48mm×3.0mm 双钢管）	900mm	选用螺杆直径：16mm	

续表

截面类型	内龙骨材料及间距	外龙骨材料	对拉螺栓跨度方向水平间距	对拉螺栓直径	备注
300×900	采用60mm×80mm，间距150mm	搭设采用 $\phi48mm×3.5mm$ 双钢管，间距900mm（考虑材料误差，计算采用 $\phi48mm×3.0mm$ 双钢管）	900mm	选用螺杆直径：14mm	

（3）轮胎车间板承重架搭设参数，见表9-22。

钢管扣件式高支撑架板底模板支架搭设参数表　　　　表9-22

截面类型	板底支撑形式	板底木方规格及间距	立杆横向间距	立杆纵向间距	步距	备注
120屋面板	木方支撑	采用60mm×80mm@300mm	0.9m	0.9m	1.5m	 搭设采用 $\phi48mm×3.5mm$ 钢管（壁厚不得小于3.0mm）； 水平拉结：高度方向每隔3m与周边柱设置一道刚性拉结； 扫地杆：离地（楼）面200mm高，纵横向连续设置； 板下立杆上部悬挑端不得大于0.3m； 立杆基础：素土夯实，100厚碎石垫层，150厚C15素混凝土（四周设置排水沟）； 搭设高度12.36m，板底采用双扣件

五、实施效果

对于本工程超限结构采用扣件式钢管脚手架与可调顶托相结合的支撑体系，有效解决了高空支模的技术难题，极大地体现出该模板支撑体系的安全性、适用性与经济性。在轮胎车间（Ⅰ）1/6 ~ 1/11 施工从扣件式钢管脚手架与可调顶托相结合的支撑体系安装至混凝土浇捣完成且结构达到设计强度，扣件式钢管脚手架与可调顶托相结合的支撑体系完全拆除，共 126 天时间，比起以往落地式承重架缩短工期；同时该模板支撑系统相比常规的模板支撑系统减少钢材用量，且大大减少了高处危险施工作业的工作量。该模板承载力大，搭设灵活，更稳定，美观、耐用、节约成本。该项超高、超跨、超重结构的成功施工，为之后其他类似的超限结构的施工提供了设计思路及施工方向。

第四节　斜柱结构模板支架

【案例 9-6】20m 高斜柱结构模板支架

一、工程总况

宁国市体育中心，位于宁国市大道北段西侧，东津河与西津河交汇处，总建筑面积 16360m²，总用地面积 250552m²。建筑层数 2 层，建筑高度 22.199m，本工程室内地坪 ±0.000 相当于绝对标高 48.000m。

二、斜柱结构模板支架概况

支撑看台罩棚斜柱共 36 个，柱顶标高均在 23.200 ~ 25.645m 之间。柱截面积在 600mm×600mm ~ 600mm×2500mm。

斜柱（倾斜角度为 10°）自由高度高均在 20m 左右，且各柱之间相互独立，支模、混凝土浇捣的施工难度较大。由于高度高支模架的搭设高度近 23m 左右，且受到较大的水平荷载，支模架体的稳定性的整体稳定性、刚度等较难控制。经讨论分析考虑，因斜柱高度较高，柱混凝土不可能一次性浇捣完成，经工程技术部门协商后确定，在斜柱上留设施工缝，按施工缝分段进行浇筑，为加强支模架体的整体稳定性和刚度，通过钢管斜拉及钢管刚性连接等构造措施，以满足施工的安全及实用性要求。如图 9-29 所示。

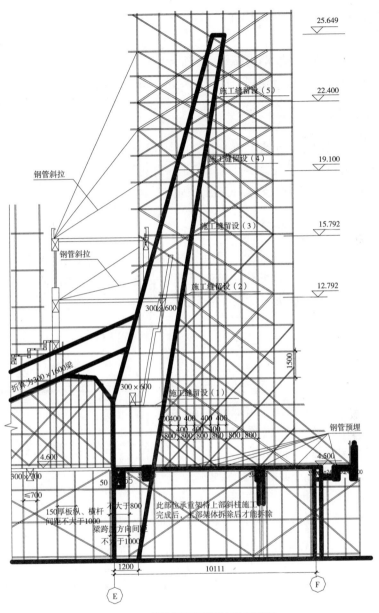

图 9-29　斜柱承重架搭设剖面示意图

三、施工工艺流程及搭设参数

因斜柱高度较高，柱混凝土一次性浇捣施工难度大，模板支架安全性无法得到保障，经工程技术部门协商后确定，在斜柱上留设施工缝，按施工缝分段进行浇筑。

施工工艺流程：预埋钢管接头→柱筋校正及绑扎→模板安装及加固→钢管斜撑及加固→斜度调整与控制→浇筑混凝土→养护拆模。

（一）预埋钢管接头

在每层的结构板浇筑前，在相应的位置埋设钢管接头，钢管接头需与板筋焊接牢固。各预埋件位置距为1m，跨度方向间距为0.3m，每根斜柱需预埋40个钢管接头（为后期斜柱支撑斜支撑加固体系做准备）。

（二）柱钢筋校正及绑扎

首先放样出柱四边的边线，然后通过特制角度的三角模具来比对，调整柱主筋至正常的位置。然后绑扎柱箍筋，箍筋安装时必须与主筋垂直。最后于斜柱四侧放置塑料卡口垫块，以保证柱保护层厚度。

（三）柱模安装及加固

柱截面（短边长度600mm，长边长度600～2500mm之间），先封柱侧模板，保证侧模连接紧密，出现的接缝不应大于1mm。设置穿柱螺栓，直径为14mm；短边截面方向布置3道穿柱螺栓，竖向钢管作为外檩固定于侧模上，钢管间距不大于200mm，长边截面方向

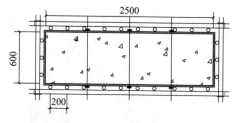

图9-30　斜柱模板加固示意图

不布置穿柱螺栓，竖向柱箍间距控制在500mm以内，详见图9-30。

（四）钢管斜撑及加固

整个支撑架搭设长度、宽度均在6000mm左右，钢管间距控制在900mm以内。步距控制1500mm以内。具体的搭设及构造措施。

（1）模板支架四周外立面满设剪刀撑，柱投影面下设置剪刀撑。

（2）由于本模板支架高度较高，每隔2步设置水平剪刀撑。

（3）架体立杆均设纵、横扫地杆。

（4）每步水平杆均要与已浇筑好混凝土柱做好有效的刚性连接。

（5）上部架体要做好如图所示的钢管斜拉（撑）等构造措施

在斜柱支模按施工缝进行加固进行支模，先在柱倾斜面的侧横上竖向固定2根90mm×90mm的大木方，详见图9-31。

斜柱的倾斜方向设置6根 $\phi 48 \times 3.5$ 钢管支撑，按照斜柱各施工缝的位置分段，总计分5条施工缝，详见图9-32。

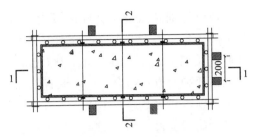

图9-31　斜柱支模示意

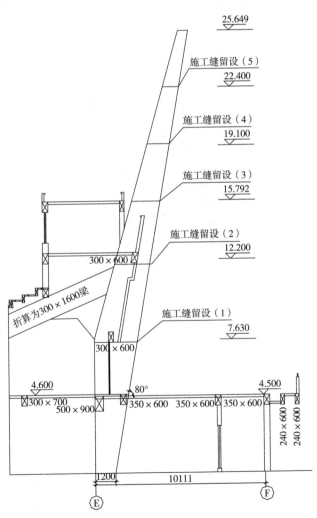

图9-32　斜柱施工缝留设剖面示意图

现以底部施工缝 1 斜柱区段为例进行分析，每组两根，各组水平间距为 200mm，各组钢管上支撑点分别位于 1/4 高、1/2 高及 3/4 高处，下支撑点离斜柱底边距离分别是 1100mm、2000mm 及 3000mm 处。钢管的上支撑点处采用可调顶托和大方木组合，以便调查斜柱的倾斜角度。可调顶托和大方木之间用小木楔顶紧，保证连接牢固、不滑移。钢管的下支撑点处采用预埋的钢管接头来进行防滑支撑。另考虑到 6 根支撑钢管可能失稳情况，在斜柱倾斜向设置 4 根连接钢管，分为两组，各组钢管支撑点分别支撑于最外侧斜撑 1/3 高、2/3 高处，下支撑点离斜柱底边距离分别是 300mm、1500mm。钢管互相连接处用旋转扣件扣牢（图 9-33）；对于施工缝 3 以上部分的斜柱的支撑架采用钢管斜撑及钢管斜拉的方式。

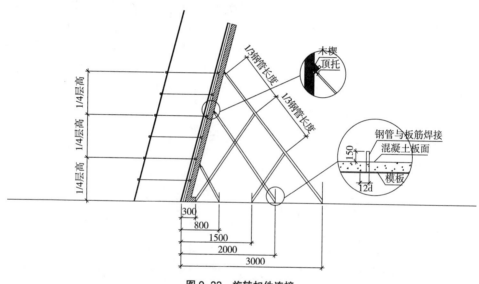

图 9-33　旋转扣件连接

无倾斜方向的侧面支撑采用单钢管支撑，来保证整个柱模板在浇筑混凝土时不偏位。上支撑点位于柱子的 2500mm 高处，下支撑点离斜柱底边距离为 1000mm 处，详见图 9-34。

（五）斜度调整与控制

为保证斜柱的轴线位置和倾斜角度的精度，在结构板上放样出三张控制线。一条为上层梁底内侧边线，用来控制斜柱底部边线。另两条为通过计算得出 1.5m、3m 高的斜柱偏离值控制边线，用来控制倾斜角度。这样从斜柱的底部、

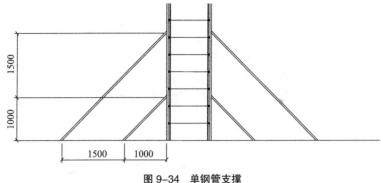

图 9-34　单钢管支撑

中部、顶部都有控制,充分提高了对斜度平整度和倾斜角的控制。调整尺寸较小,可采用推、敲、打等方式,调整尺寸较大时,可利用顶托的长度来调节。在调节过程中一定要确保模板的完好及牢固。保证轴线位置偏差不大于 6mm,斜度位置偏差不大于 6mm。

（六）浇筑柱混凝土

采用商品混凝土,泵送浇筑。运用串筒将混凝土浇筑自由倾落高度降低到 2m 以内,减少混凝土对柱模的冲击力,避免混凝土质量泌水离析。在浇筑斜柱混凝土过程中,应注意下料不得过快,应按不大于 500mm 分节浇筑,每节须用振捣棒振捣密实,方可进行下一节浇筑。在浇筑过程中因柱筋过密与斜度过大而造成的下料困难,可采用特制的推子辅助下料。为了严格控制下料速度,可将每 4 ~ 6 根柱作为一个小循环,循环浇筑,保证单根柱混凝土浇筑速度不大于 2m/h。

（七）养护、拆模

在浇筑完混凝土 12h 内必须采用淋水的方式对柱混凝土进行养护,养护时间不少于 7d,以使柱混凝土充分水化,保证其强度。拆模施工需严格执行以下要求:

（1）斜柱倾斜方向底模板（其他方向各面模板可根据实际情况,按照垂直柱施工要求拆除）拆除时结构需达到 100% 强度后拆模。梁板宽度小于 8m 的承重结构需达到 75% 强度后拆模,跨度大于 8m 和悬挑结构构件需达到 100% 强度后拆模。

（2）模板拆模后,通过柱周边搭设钢管卸料平台,利用塔吊作垂直运输,清理后刷脱模剂备用，或循化上翻到上部柱体使用。

（3）模板拆除时，应将支承件和连接件逐件拆卸，模板应逐块拆卸传递，拆除时不得损伤模板和混凝土的表面。

（4）模板拆除后应及时利用，已浇筑好的柱体结构，对周围架进行加固，已确保整个架体的稳定和安全性。保证上部柱体施工时架体有足够的刚度。

四、设计计算

（一）斜柱底支撑架验算

斜柱的相对于垂直方向的倾斜角度为 10°，按每段柱体浇筑高度为 3500mm，截面面积均按 600mm×3500mm 进行验算。

按图 9-35 所示梁截面验算计算简图考虑。

扣件抗滑移的计算：

纵向或横向水平杆与立杆连接时，扣件的抗滑承载力按照下式计算：$R \leqslant R_c$

其中，R_c——扣件抗滑承载力设计值，单扣件取 8.00kN，双扣件取 12.00kN；

R——纵向或横向水平杆传给立杆的竖向作用力设计值。

计算中 R 取最大支座反力，$R=11.91$kN，满足承载力要求为满足抗滑移承载力采用顶托

立杆的稳定性计算：

公式为：$\sigma = \dfrac{N}{\phi A} \leqslant [f]$

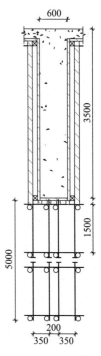

图 9-35 计算简图

其中，N——立杆的轴心压力最大值，它包括：

横杆的最大支座反力 $N_1=11.91$kN（已经包括组合系数）

脚手架钢管的自重 $N_2=0.9 \times 1.35 \times 0.107 \times 5.000=0.651$kN

$N=11.906+0.651=12.556$kN

i——计算立杆的截面回转半径，$i=1.60$cm；

A——立杆净截面面积，$A=4.239$cm^2；

W——立杆净截面模量（抵抗矩），$W=4.491$cm^3；

$[f]$——钢管立杆抗压强度设计值，$[f]=205.00$N/mm^2；

a —— 立杆上端伸出顶层横杆中心线至模板支撑点的长度，a=0.20m；

　　h —— 最大步距，h=1.50m；

　　l_0 —— 计算长度，取 1.500+2×0.200=1.900m；

　　λ —— 长细比，为 1900/16.0=119＜150，长细比验算满足要求；

　　ϕ —— 轴心受压立杆的稳定系数，由长细比 l_0/i 查表得到 0.458。

　　经计算得到 σ=12556/(0.458×424)=64.675N/mm^2。

　　立杆的稳定性计算 $\sigma＜[f]$，满足要求。

　　架体竖向承载按照：支撑立杆的横距（跨度方向）l=0.40m；柱两侧立杆间距为 1000mm，中间加两根立杆验算完全能够满足要求。

　　水平方向（包括风荷载）的荷载主要通过钢管斜拉撑等构造措施承担。

　　水平方向线荷载为 7.5kN/m，转化为集中荷载（32kN）考虑。通过 4 根钢管斜拉（撑），每个扣件的所承受的力为 8kN。采用双扣件抗滑能够满足要求。

（二）柱模板支撑计算（图9-36）

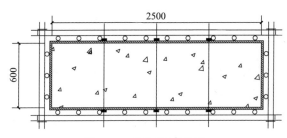

图 9-36　柱模板计算简图

　　柱模板的截面宽度 B=600mm；

　　柱模板的截面高度 H=2500mm，H 方向对拉螺栓 3 道；

　　柱模板的计算高度 L = 3600mm；

　　柱箍间距计算跨度 d = 500mm；

　　柱箍采用双钢管 48mm×3.0mm；

　　柱模板竖檩截面宽度 50mm，高度 80mm；

　　B 方向竖檩 4 根，H 方向竖檩 10 根；

　　B 方向无对穿螺杆，H 方向 3 道 ϕ12 的对穿螺杆；

　　面板厚度 18mm，剪切强度 1.4N/mm^2，抗弯强度 15.0N/mm^2，弹性模量 6000.0N/mm^2。

木方剪切强度 1.6N/mm²，抗弯强度 13.0N/mm²，弹性模量 9000.0N/mm²。经验算符合承载力要求。

五、实施效果及总结

在两个多月的混凝土斜柱施工过程中，我们采用有效的施工技术措施，使混凝土斜柱的施工质量得到保证、施工进度上也不落后，降低了施工成本和管理成本，为项目创造了良好的经济效益。同时也赢得了业主、监理的一致好评，为企业树立了良好的社会形象，提高了企业的市场竞争力，为之后斜柱的施工提供了思路及经验。

致　　谢

记忆是一个永远不会过去的现在。如同所有的感恩之情带来的这份感激，深深地根植于我们心中：朋友、老师、同事和家人，许多幕后英雄默默地奉献着自己的理解和关切，提供想法、启迪、晤谈、批评、鼓励、援助以及各种支持。致谢辞让笔者有机会代表丛书编委会向所有爱心单位和爱心人士表达谢意并且致敬。没有他们，也就不可能有这套丛书的诞生，也不可能有青川县未成年人精神家园的援建和诞生。

首先，要感谢中共青川县委、县人民政府对这一援建工程的高度重视。在汶川大地震中，青川受灾学生高达 42000 多人，学生死亡数 380 人，全县的学校基本夷为平地。青川县有 64 个孩子失去了双亲，365 个孩子成了单亲家庭，还有更多的未成年人成了残疾儿童。受伤亡人员的亲情影响，许多未成年人思想负担重，心理创伤大。本项目的规划、建设得到了陈正永县长、现任县委书记罗云同志、刘自强县长的关心。为了重点建设好、早日建成这一公共建筑，县委县人民政府将其列为近几年县十大民生工程之一。

在此，还要感谢浙江省精神文明办领导对灾区未成年人健康成长和环境建设的关怀。感谢顾承甫同志的支持和鼓励。感谢你为此所做的努力，以及多年来的友谊、交流、相助和那份简洁明了的热忱。

非常感谢马健部长，在县城乔庄镇可利用土地资源承载极其有限的情况下，在本援建工程立项与否，以及项目启动以后，面临建设用地移作他用的压力下，是你挺身而出，成功保住了这一重点项目的建设。谢谢你尤其对友人的淳厚与大度。在援建活动最困难的情况下，你总是给我们以信任与呵护，患难中见真情。

在此，还十分感谢罗家斌副县长。历历往事，悠悠乡愁，在青川工程的共同努力中，你多次不辞辛劳来浙江，甚至在身体不适的情况下。一切心灵的意境在世上皆有其地方。非常幸运，在灾区家乡建设中，我们结下了诚挚的友情。这犹如播下种子，度过秋冬季节，直到春临大地，新绿萌生。

感谢你，刘成林同志，启动县未成年人校外活动中心建设项目阶段工作十分艰巨，这一段经历给人留下了无法忘怀的深刻记忆，谢谢你为此洒下了辛勤的汗水，还有你的热情、友谊、付出和期待。

芶蔚栋主任，你对灾区孩子们遭遇的巨大灾难与不幸比许多人认识的都更深刻，你讲的木鱼中学遇难学生的亲历往事让人听了心碎。青川工程推进之际，我们的联系最为频繁。谢谢你的友情、川味、信赖和合作，以及抱着一个美好的目的所付出的一切，许多往事都将成为值得回味的故事。

中共青川县委宣传部、县精神文明办作为项目业主单位，有一个优秀的群体：熊凯、杨丽华、尤顺亮、李玖碧、司机赵友等诸位朋友，感谢你们从这场历经五载的友情马拉松、奉献、精神成长和从这场社会公益之旅的第一天起，一路给予我们的支持。在此，还要感谢敬飞同志的帮助、交流和友谊。

在任何一项事业的起步阶段，总有一些人冒着风险支持襁褓中的理念。一些善心人士在我们进行社会公益活动的初起阶段，便直接投入或参与进来。他们无论在援建灾区未成年人精神家园建设还是本套丛书编写仍然处于艰难起步阶段的时候就给予信任和支持，这份感激让人一直铭记于心。

感谢董丹申先生，为了2009年5月那天我们所通的电话。谢谢你在第一时间做出的决定，并带领如此优秀的勘察设计团队援建此一工程，你还多次为优化设计方案提出建议，这种园丁式的建筑师敏锐和悟性，在废墟中给人性开创了丰富的空间可行性，从而将助长花园中的生命。历经五载，风风雨雨见证了我们的友谊。

感谢本建筑的主创设计师陆激博士，谢谢你对作品内涵的把握、表现力、讨论、午餐、诗歌——这种酬唱，相信是对忧思的另一种释放，它使人确信，每个人在自己的内心，都会保留着一片精神的花园，每个人的内心最深处，都住着一位辛劳而又快乐的园丁。在此，还要感谢蔡梦雷先生所展示的才华、合作、敬业、潜力和沉静，谢谢你付出的辛勤劳动。

浙江大学建筑设计研究院作为本工程特邀设计单位，得到了各专业背景的专家伸出的援助之手，谢谢你们——甘欣、曾凯、雍小龙、冯百乐、王雷、严明、周群建、杨毅等诸位朋友，你们的职业操守，印证了法国当代建筑师鲍赞巴克的一句话："建筑师处在社会的建设性的、积极的山肩上……建筑师需要具备为他人修建的责任感"。

在此，非常感谢浙江籍企业家楼金先生对本援建项目的庇护、关照和相助。汶川大地震发生后，海南亚洲制药集团先后四次伸出慷慨援助之手，包括这一座青川的花园。楼先生长期活跃在祖国医药事业的前沿。在这场援建活动中，率先垂范。但报效祖国、报答社会的目标，却使他觉得任重道远，做得很不够。

它使人想到：人之为人，假若没有对大地、对人的无比热爱，没有追求美和爱的激情和为之忍受苦难的精神，那生之意义又何在呢？

十分幸运，这套丛书经中国建筑工业出版社选题审阅后，决定列入重点出版计划。这对作者们来说并不容易。在此尤其要感谢沈元勤先生的热情、眼光、鼓励和对丛书援建灾区活动的策划支持。编辑部的决定表现了一家大型出版社的社会责任感，若不是你们提供发表这些书籍的园地，丛书出版说不定还要走较长的探索之路。在后面我还将进一步提及并致谢。

盛金喜先生，感谢你的友情和破费周折地热心相助，促成了本工程启动后的一笔重要捐赠。这种事先铺平道路的爱心，正如在地里播种。

做人意味着无法免遭不幸与灾难，意味着时而感到自己需要救助、慰藉、排遣或启迪。我们的状况多半是平凡的，不是非凡的。我们对他人负有的最低限度的道义责任，不在于为他指点救赎之道，而在于帮助他走完一天的路。

雷与风，持续不停。在此特意要感谢恽稚荣先生，在本援建活动十分困难的情况下给予的热心相助！谢谢你的电话、热情引见和浙江省建筑装饰行业协会的帮助。我还要感谢你多年的友情、同事和关照，而最重要的是你对做这类事情的人文理解，和要求确保内心的那份坚定。

衷心感谢吴飞先生，人只要能记和忆，记忆中的事情总能从现时的思维活动中涌出。多谢浙江省建工集团有限责任公司及所属建筑装饰工程公司对项目装饰工程派出的援建队伍，使工程推进迈开了转折性的一步！在此，还要感谢于利生先生、徐伟先生和金健先生给予援建活动的雪中送炭！

十分感谢浙江中南集团吴建荣先生，建造较高水准的室内影院是你的一个心愿，这样的目光决非仅限于卡通和影像的虚拟世界。假如没有"浓浓绿荫"也就没有"绿色之思"。因为这份情感正是植根于祖国的文化传统。

友谊本身于人生必不可少，在此，我想对俞勤学先生、姚恒国先生说：在本工程筹资阶段极度困难的日子里，得到你们两家大型民营单位的爱心相助，这非常特别。如果把春风化雨比喻成援建灾区的助学方式，那么，正是这种育人为本、德育为先和服务社会的理念，使我们对"善的栽培者"有了新的理解。

由衷地感谢浙江省规划设计界的朋友们！感谢郑声轩先生、张静女士、陆峰先生、吴伟年女士、胡永广先生、周筱芳女士的热情相助！与你们同行之所以顺利，莫过于一种源自心灵的共识。谢谢你们——金国平先生、杨立新先生、何志平先生、陈金辉先生、李本智先生、方素萍女士、应生伟先生、黄生良秘书长、张能恭先生、钱毓峰先生、郑耀先生、方利强先生、吕海力先生、张建浩先生、宣日锦先生、俞名涛先生、原正先生、吴震阳先生、胡伟俊先生、张黎建先生、王鸿飚先生、鲍力先生、吴海燕先生、李斌先生，王剑笠先生、徐瑾女士，徐颖女士、张峰先生、喻国强先生、明思龙先生、袁建华先生、刘自勉先生、王建珍女士、徐永明先生、董奇老师、施明朗先生、朱持平先生、盛维忠院长、赖磅茫先生、虞慧忠先生，林胜华先生，郑国楚先生，写你们的名字是一种友情温暖。假如这种心灵的共识有道理，那么，最能帮助我们从忧思中得到慰藉的，莫过于一座活生生的花园。

由衷地感谢社会各界爱心人士的热心相助！尹文德先生、柴理明先生、李全明先生、倪明连先生、吴荔荔女士、李东流先生、朱定勤先生、李晓波先生、李一峰先生、李晓松先生、冯军先生、陆剑峰镇长，你们的价值关怀是灾区家乡建设的财富！在此还要感谢林周朱先生、黄亚先生、杨仁法老师、麻贤生先生、贾华琴秘书长、郑锦华先生、郑育娟女士、饶太水先生、丁国幸校长、单德贵先生、马毓敏女士、蒋干福先生、周全新同学、周荣鑫先生、李光安先生、周引春先生、付晓波女士、叶克盛先生、陈黎先生、陈新君女士、李娜娜和叶洁主任等诸位朋友，谢谢你们对灾区建设困难的仁慈之助！

由衷地感谢每一位参与本援建项目管理、装修设计、园艺设计、影院设计和技术安装的朋友们！感谢施泽民总经理、陈冀峻院长、沈玉良总经理、陈颖副院长、高淑微副总经理、所给予的爱心关怀。谢谢王海金和张威两位监理工程师，这几年和你们一起坚守，使一箩筐的困难得以一点点地消化克服，这很棒。感谢专业技术人员徐旻、沈杰、陈奕、李文江、王小俨、陈倩、董瑜明、金永杰、吴志铜、谭激、陈俐婧、徐照工程师等朋友的真诚奉献！

本套丛书在理论实践和服务社会过程中有个大本营。他们的价值观维系着关怀呵护之努力的个人与社会。

在这套丛书中，我们与中国建筑工业出版社开展了深入的合作。感谢社长沈元勤先生就丛书选题和发行、编写援建项目纪念图册、出版社赠送灾区未成年人活动中心图书、建筑模型等系列活动给予了热情洋溢的策划支持，并带队一行四人来浙江，参加丛书编写工作启动会，与作者们交流互动。

中国建筑工业出版社的决定不仅在丛书的发行渠道及其模式创新上做出了积极探索，给予了丛书援建活动以有力的帮助和支持，更从精神上体现了我们这个社会最具价值的人文关怀。

感谢郭允冲先生为本丛书作序。谢谢您对丛书编写出版和丛书援建灾区活动所做的肯定。这样的鼓励，使人重温了建设者忧思和关怀的天职，它培养我们以有限的存在方式尽心服务社会，并以播种大地和建设家园为己任。

感谢谈月明先生、赵克先生对编者的信任、鼓励和支持，以及对丛书社会实践活动的评语。浙江，青川，相隔2000多公里，却感觉近在咫尺。你们对编委会活动的支持，使人倍感亲切。①

十分感谢出版社副社长王雁宾先生的热情和支持，何时再能领略你即兴赋诗的场景。感谢出版社编审郦锁林先生对专业性书籍编写要点的热情指导。

在此，尤其要感谢丛书责任编辑赵晓菲女士的热情和不懈努力。谢谢你的耐心、献疑、澄清、编辑以及数年来付出的辛勤劳动。你和你的同事朱晓瑜女士为每本书做了高度复杂的校对工作，使得本丛书具有更佳的可读性。最重要的是，对编辑这份工作，让我们理解它吧，如今可能理解得更好些！

请允许我向丛书的每一位作者致谢。技术书籍的普遍价值，首先表现在服务于现实世界和社会的风格、内容，或者说表现于满足需求的适切性和书的聚合力，同时也体现于这样一个方面，即一个人为同时代的其他人所作的贡献。

谢谢每位参与者的认真构思、调研、读写修改的过程，以及一切与孤独相伴的劳动；谢谢你们在书籍撰写中所体现出的协作、智慧和团队精神，以及一遍一遍、一遍又一遍地讨论、通稿、争辩，发通稿纪要，交流信息。做这样的事情需要沉下来，和艰难的美融合在一起，拒绝平庸！

感谢吴恩宁先生，在生病住院的情况下还为书稿的完善而操劳，为了去芜存菁所进行的一切严谨、朴实的工作。谢谢邓铭庭教授级高工对数本书稿和援建活动多个场合的相助。感谢丛书编委会同仁和每位作者，为书写工程建设安全生产、保护劳动者权益等内容而承担的责任和义务，在一个非常特殊的意义上来说，你们就是这整套书。

感谢龚晓南院士对本丛书有关专业书籍的审核、指导和建议。感谢史佩东先生、金伟良教授、钱力航研究员多年来的友情和支持。感谢有关单位在丛书统稿过程中所给予的方便。

最后，要感谢丛书的作者们把所有版权收入捐给灾区未成年人精神家园的建设，用义写这种形式，不仅从专业性反思到实践语言的投入，更用一种沉默的行动表达了一个知识群体的一片爱心，一种塑造价值的真诚！

希望是面向未来的应有姿态，正如感恩是面向以往的应有姿态。昔日的友

---

① 汶川大地震中青川县的4697条鲜活生命瞬间消逝，另有15000多人重伤，上百人失踪。大地震发生后，根据中央部署，浙江受命于危难之际，迅速调集人员、物资等奔赴对口援建的青川县，上万名援建者在青川洒下了辛勤的汗水。在灾后恢复重建过程中，谈月明为浙江省援建青川县总指挥、赵克为副总指挥。

谊令人心存感激，这份感恩之情始终也是催人奋进的一处泉源，因而也成了来日建设家园的一种保证。

值此机会，特意要感谢胡理琛先生的信任、友情、照拂和相助，就像光线和声音，始终如一。谢谢你形诸笔端对于人类潜能的信念、对历史的反思和对建筑环境等诸多现象的阐释与思虑，善的知识只可能植根于善的心灵。宁静愉悦中的交谈与交往，收获之处总能带来新的见地、意义、感受和思绪，而其中的启示更使人受益匪浅。

感恩园艺专家楼建勇先生，为这一花园建筑屋顶花坛所做的植物配置设计，还专门从川浙等地精心挑选了一百多种花卉植物，风尘仆仆亲运现场，亲手栽种！

再次感谢吴荔荔女士、陈金辉先生、李晓松先生的亲蔼、体恤和相助。这种体恤的鼓励也意味着，当艰难来临，使我们有准备无怨无悔地忍受困苦；当福祉临门，则心安理得地去迎接它。

这里有一份念想：就是要衷心感谢张建浩先生、骆圣武先生爱智人生尽其所能，以及对工程困难富有人性的理解和对贫困灾区建设施以援手。

感谢澳大利亚艺术家卡尔·吕先生，雕塑家林岗先生合作构思创作的喷雕《命运交响曲》，谢谢你们这样神奇美妙的作品，它显示了——恰恰在历史事件呈现出"命运"特征的情况下，人的能动作用才既遭遇挫折，又获得解放。

许多事情不在我们力所能及的范围之内，比方说防范日后的不幸——我们拥有的许多东西，包括健康、亲人、朋友、财富，都可能被夺走，但是没有什么能夺走我们对生命过程的热爱和家园建设中的乐观与感激之心。

感谢我们的家人、朋友和老师，你们的默默支持和爱心捐赠，让我想起了一句心理学格言——"使你的爱更博大以扩大我的价值"。[①] 超越存在的自我努力使每个充满爱的生命都扩大了。希望我们所做的一切能让你们引以为豪。

感谢彭茗玮，你策划的"浙报公益联盟"爱在春苗行动使笔者又经历了一次意义之旅。谢谢你直到对公益活动小册子的细微处都心领神会时才给予的肯定。

由衷地感谢消防战线的严晓龙总工、龚承先和蒋妙飞工程师，谢谢你们的友情参与和价值关怀！

十分感谢李建平老师、倪吾钟研究员参与"为了生命和家园"丛书系列的

---

① Make thy love larger to enlarge My worth 引自英国女诗人伊丽莎白·巴雷特·布朗宁（1806～1861）的一句诗。

讨论和策划。

　　汤静，谢谢你说的话"我们不是金钱的奴隶"，在人事的无常面前，本真的语言交流确实能起到缓冲和抚慰的作用。在此，还要谢谢金建平、田军县和孙宝梁三位专家对该工程外墙建筑节能多次提出构造措施建议，这份热心弥足珍贵。谢谢仁慈的朋友朱向娟和张健先生。

　　郑耀先生，谢谢你的信赖和诚挚交流。听你说"这个事能够帮好忙是很开心的。"听这样的话，也让人由衷地开心啊！这样的对话直到遥远的将来都会给人带来温馨的回忆。

　　感谢中国美术学院董奇老师，赠送给活动中心两台钢琴，为人师表的老师，谢谢你们的行动照亮生活，燃烧生命。

　　微光处处，总能发现人性光亮的绰约闪烁。樊秋和女士、周伟强先生，感谢你们为川浙两省的民间友好往来所做的热忱建议。感谢同仁宋炳坚先生、朱文斌先生的信任和支持。感谢诗人余刚的相助！

　　在此，还要向其他不计其数的无名英雄致以谢意：感谢每一位对这套作品和援建活动有过知遇之恩，并且给予它支持和鼓励的人士。

　　宁波市轨道交通工程建设指挥部和集团公司，去年早春，从决策层到建设工人们，共有2600余人次，以及28个参建单位参加了由单位发起的爱心捐献活动。如此感人，体现了当代城市轨道交通建设工作者的精神风貌！

　　谢谢许成辰老师的电话、热情和对灾区少年儿童健康成长的关心！中国计量学院视觉传达设计专业大二学生马颐真同学为活动中心进行了logo设计，其造型在具象和抽象之间，寓意颇为生动活泼。

　　感谢教育界人士于大鹏老师、邵甬老师、饶戎老师、李丹青老师、张姗姗老师、陈馨如老师、孙斌老师、武茜老师等对丛书编写和援建活动，以不同的方式关注之。这种友人在百忙中的交流也意味着：汇聚在祖国一座座花园里的活力属于我们这个星球谐和同一的生命，因为教师本来就是园丁。

　　涓涓爱心皆溪流，溪流可以成江河。藉此再次向每位富有情怀的朋友致敬并致谢！

青川县未成年人校外活动中心
参加援建和业已捐资的单位、团队和个人名单

工程建设安全技术与管理丛书全体作者

海南亚洲制药股份有限公司

浙江大学建筑设计研究院

中国建筑工业出版社

温州东瓯建设集团股份有限公司

浙江省建筑装饰行业协会

浙江省建工集团有限责任公司

浙江中南集团

永康市古丽高级中学

杭州市建筑设计研究院有限公司

浙江省武林建筑装饰集团有限公司

温州中城建设集团股份有限公司

浙江工程建设监理公司

宁波弘正工程咨询有限公司

桐乡市城乡规划设计院有限公司

浙江华洲国际设计有限公司

新昌县人民政府

宁波市城市规划学会

宁波市规划设计研究院

义乌市城乡规划设计研究院

金华市城乡规划学会

温州市城市规划设计研究院

温州市建筑设计研究院

宁海县规划设计院

余姚市规划测绘设计院

宁波市鄞州区规划设计院

奉化市规划设计院

浙江诚邦园林股份有限公司

浙江诚邦园林规划设计院

浙江瑞安市城乡规划设计研究院

金华市城市规划设计院

东阳市规划建筑设计院

永康市规划测绘设计院

浙江中南卡通股份有限公司

浙江省诸暨市规划设计院

浙江省宁波市镇海规划勘测设计研究院

浙江武弘建筑设计有限公司

慈溪市规划设计院有限公司

浙江高专建筑设计研究院有限公司

乐清市城乡规划设计院

温州建苑施工图审查咨询有限公司

宁波大学建筑设计研究院有限公司

平阳县规划建筑勘测设计院

卡尔·吕先生（澳大利亚） 林岗先生

浙江同方建筑设计有限公司

袁建华先生

宁波市轨道交通集团有限公司

宁波市土木建筑学会

浙江建设职业技能培训学校

电子科技大学计算机科学与工程学院

上海瑞保健康咨询有限公司 李晓松先生

浙江华亿工程设计有限公司

徐韵泉老师 钟季鍪老师

杭州大通园林公司

浙江天尚建筑设计研究院

浙江荣阳城乡规划设计有限公司

衢州规划设计院有限公司

中国美术学院风景建筑设计研究院

森赫电梯股份有限公司
嘉善县城乡规划建筑设计院
慈溪市城乡规划研究院
温州建正节能科技有限公司
董奇老师 吴碧波老师 夏云老师
云和县永盛公路养护工程有限公司
浙江宏正建筑设计有限公司
浙江双飞无油轴承股份有限公司
浙江蓝丰控股集团有限公司
浙江城市空间建筑规划设计院有限公司
浙江玉环县城乡规划设计院有限公司
台州市黄岩规划设计院
象山县规划设计院
湖州市公路局